Südwestdeutsche Beiträge zur historischen Bauforschung

Sonderband

Vereinigung für Bauforschung (VEBA) Schweiz

Arbeitskreis für Hausforschung, Regionalgruppe Baden-Württemberg

Regierungspräsidium Stuttgart – Landesamt für Denkmalpflege

Südwestdeutsche Beiträge zur historischen Bauforschung

Vorindustrieller Holzbau
Terminologie und Systematik für Südwestdeutschland und die deutschsprachige Schweiz

Thomas Eißing, Benno Furrer, Christian Kayser, Stefan King,
Ulrich Klein, Ulrich Knapp, Burghard Lohrum,
Tilmann Marstaller, Claudia Mohn, Heinz Pantli,
Hans-Hermann Reck, Daniel Reicke

Südwestdeutsche Beiträge zur historischen Bauforschung
Sonderband

2., überarbeitete Auflage

Propylaeum
FACHINFORMATIONSDIENST
ALTERTUMSWISSENSCHAFTEN

Südwestdeutsche Beiträge zur historischen Bauforschung – Sonderband

Herausgeber
Regierungspräsidium Stuttgart – Landesamt für Denkmalpflege
Arbeitskreis für Hausforschung, Regionalgruppe Baden-Württemberg
Vereinigung für Bauforschung (VEBA) Schweiz

Lektorat
LEXIS | Karen Schmitt, Stuttgart – www.lexis-lektorat.de

Layout
Katrin Atzbach, Emiliedalen 55, DK-8270 Aarhus – www.atzbach-design.net

Propylaeum
FACHINFORMATIONSDIENST ALTERTUMSWISSENSCHAFTEN

In Kooperation mit arthistoricum.net

arthistoricum.net
FACHINFORMATIONSDIENST KUNST · FOTOGRAFIE · DESIGN

Diese Publikation ist auf https://www.propylaeum.de dauerhaft frei verfügbar (Open Access).
doi: https://doi.org/10.11588/sbhbf.2023.1
eISBN: 978-3-96929-235-8
Print-ISBN: 978-3-96929-223-5

Gefördert vom Ministerium für Landesentwicklung und Wohnen Baden-Württemberg – Oberste Denkmalschutzbehörde

Publiziert bei
Universität Heidelberg / Universitätsbibliothek, 2023
Propylaeum – Fachinformationsdienst Altertumswissenschaften
Grabengasse 1, 69117 Heidelberg
https://www.uni-heidelberg.de/de/impressum

2. überarbeitete Auflage

eISSN: 2366-9233
Print-ISSN: 0944-4009

Vorwort

Der Band „Vorindustrieller Holzbau. Terminologie und Systematik für Südwestdeutschland und die deutschsprachige Schweiz" ist die 2., nun vollständig überarbeitete Auflage der erstmals 2012 erschienenen Publikation zur Terminologie des vorindustriellen Holzbaus.
Es gab viele konstruktive Rückmeldungen auf die 1. Auflage, die die Autorengruppe dankbar angenommen hat. Die Zahl der Autor:innen ist nun größer geworden, ebenso Inhalt und Umfang. Von den Leser:innen vermisste Themen wie statische Grundbegriffe und Holzgewölbe sind dazugekommen, andere Kapitel wurden grundlegend oder teilweise überarbeitet.
Das Ergebnis ist wie bei der Erstauflage ein Gemeinschaftswerk von Bauforscher:innen überwiegend aus Süddeutschland, wobei die Arbeit an diesem Projekt geprägt war von einer intensiven Diskussion aller Beteiligten.
Die bewusste regionale Begrenzung ist beibehalten worden, denn nur mit der umfangreichen Kenntnis des Bestandes und der bauhistorischen Entwicklung ist eine exakte und präzise Herleitung der Begrifflichkeiten möglich. Erst durch die systematischen Untersuchungen in den letzten 40 Jahren und die dabei gewonnenen neuen Erkenntnisse und Einsichten in die historische Entwicklung des Holzbaus wurde diese Gesamtschau realisierbar.
Das Buch wendet sich sowohl an Denkmalpfleger:innen, Bauforscher:innen und Bauhistoriker:innen als auch an Architekten:innen und Handwerker:innen sowie natürlich an alle anderen Interessierten, die sich mit historischem Holzbau beschäftigen.
Mein Dank gilt der Arbeitsgruppe: Überwiegend aus freiberuflichen Bauforschern:innen bestehend, haben diese in mühevoller Arbeit viel Zeit investiert, um das Projekt zu einem guten Abschluss zu bringen. Last but not least danke ich Karen Schmitt für das Lektorat und Katrin Atzbach als Grafikerin.

Esslingen, im September 2022

Prof. Dr. Claus Wolf
Präsident des Landesamtes für Denkmalpflege
im Regierungspräsidium Stuttgart

Inhalt

Einführung

Wer einen historischen Holzbau beschreibt, macht oft die Erfahrung, sich nicht nur mühsam die Bezeichnungen aus der Literatur erarbeiten zu müssen, sondern zudem auf differierende Ansprachen zu treffen. Auch tauchen beim Lesen entsprechender Texte zuweilen Begriffe auf, die einem unverständlich scheinen und sich erst aus dem Zusammenhang erklären. Mit dem vorliegenden Band soll versucht werden, Ordnung zu schaffen, auch wenn es wohl etwas vermessen wäre, wollten wir diese Probleme damit ein für alle Mal lösen.

Anfänglich stand nur der Wunsch nach einer Sammlung und bildlichen Darstellung der im Südwesten Deutschlands und der deutschsprachigen Schweiz bekannten Begriffe im Vordergrund. Doppelungen, Missverständliches, teilweise auch schlichtweg Falsches verlangten schließlich nach einer neuen Systematik und einer in sich stimmigen Terminologie.

Die systematische Zusammenführung aller in diesem Gebiet vorkommenden Holzbauweisen und eine genaue Herleitung ihrer Begrifflichkeiten war nur durch die bewusste räumliche Eingrenzung möglich. Die Kenntnis bauhistorischer Entwicklungen war dafür Voraussetzung, die Grundlage bildeten jedoch die konstruktiven Aspekte des Holzbaus, verbunden mit zimmerungstechnischen Abläufen – also ein gefügekundlicher Ansatz. Entwicklungsgeschichtliche Ansätze wurden soweit möglich vermieden. Alle dargestellten Phänomene können an tatsächlich untersuchten Objekten nachgewiesen werden. Umgekehrt bleiben somit Konstruktionen unerwähnt, für die es in der behandelten Region bislang keine Nachweise gibt. Hier und da wurden als ergänzende Belege auch Beispiele aus unmittelbar benachbarten Gebieten einbezogen.

Betrachtet wurde der vorindustrielle Holzbau, soweit er bis heute überliefert ist. Die frühesten herangezogenen Beispiele stammen aus der Zeit des beginnenden 12. Jahrhunderts, die spätesten aus der Zeit, in der grundlegend neue Produktions- und damit auch Konstruktionstechniken einsetzen, das heißt aus dem beginnenden 19. Jahrhundert, je nach Bauweise und technischen Gegebenheiten derweilen aber auch erst aus dem 20. Jahrhundert.

Wie umfangreich und komplex unser Unterfangen war, hat die zehnjährige Bearbeitungszeit erwiesen. Die vorliegenden Texte sind das Ergebnis eines intensiven Diskussionsprozesses innerhalb der Gruppe.

Bereits während der Bearbeitungszeit wurden Teile der Systematik und der Begriffe in Berichten und Aufsätzen von einigen der Beteiligten angewandt, doch der eigentliche Praxistest kann erst jetzt, nach der Fertigstellung, erfolgen. Ob sich die Terminologie auch in anderen Regionen anwenden lässt, wird die Zukunft weisen.

Das Buch ist in zusammenhängende Kapitel nach konstruktiven und funktionalen Aspekten gegliedert, also nicht in Form einer lexikalischen Abhandlung.

In den ersten beiden Kapiteln werden grundlegende Aspekte des Holzbaus erläutert: Ausgehend vom Werkstoff Holz werden im ersten Kapitel Rohstoff und Verarbeitung die physiologischen Eigenschaften, die Bearbeitung vom Bauholz bis hin zum Abbund einschließlich der dafür notwendigen Werkzeuge vorgestellt. Das zweite Kapitel hat die Holzverbindungen zum Thema, beginnend mit den meistverwendeten, bevor eine große Auswahl an Verbindungen entsprechend ihrer Lage im Gefüge vorgestellt wird. Von komplexen Knotenverbindungen wurden nur wenige geläufige Kombinationen berücksichtigt,

da sie sich gut mithilfe der Einzelverbindungen beschreiben lassen.
Das Kapitel Systeme des Holzbaus stellt ausgehend von den statisch relevanten Grundanordnungen die wesentlichen Konstruktionstypen des Holzbaus vor. Dazu gehören die Blockbauweise, die Holzgerüstbauweise, Dachwerke sowie Spreng- und Hängewerke. Die Darstellung des Blockbaus beinhaltet neben dem Konstruktionstyp über Wand- und Deckenaufbau auch Details wie besondere Gestaltungsformen. Beim Holzgerüstbau haben wir eine Systematik auf Basis der Stöcke – der innerhalb eines Bauwerks separat bestehenden Abbundeinheiten – entwickelt. Die Systematik der Dachwerke orientiert sich konstruktiv an den die Dachhaut tragenden Hölzern. Die hier gewählte Gliederung stellt zwar bestimmte Aspekte in den Hintergrund, bietet jedoch eine stringente Möglichkeit, die eigentliche Konstruktion der Dachgerüste entsprechend ihrem unterschiedlichen Tragverhalten sauber differenzieren zu können.
Das letzte Kapitel Gestaltungsformen bietet Beschreibungsansätze, die von der Kubatur des gesamten Gebäudes bis zu Verzierungen am Einzelholz reichen.
Unsere Bearbeitung konzentriert sich auf den konstruktiven Holzbau und damit weitgehend auf den Handwerksbereich des Zimmerers. Ausbauteile werden nur so weit beschrieben, wie sie mit dem Gefüge in unmittelbarer Verbindung stehen. So sind beispielsweise Fenster und Türen, soweit sie im konstruktiven Zusammenhang errichtet wurden, als Öffnungen benannt, ihre beweglichen, erst nach dem Abbund eingesetzten und überwiegend durch den Schreiner hergestellten Fenster- bzw. Türflügel, Rahmen, Läden usw. bleiben dagegen unerwähnt. Diese Grenzen sind fließend und werden hier und da – soweit es sinnvoll erschien – überschritten.
In den vergangenen Jahren fand eine intensive, zuweilen auch kontroverse, vor allem aber sehr fruchtbare Diskussion statt. Für gedanklichen Austausch und inhaltliche Anregungen danken wir Rainer Barthel, Konrad Bedal, Ulrich Klein, Heinrich Stiewe und Walter Weiss.
Karen Schmitt sei für das engagierte Lektorat und viele Hinweise schon während der Diskussion und Erarbeitung, Katrin Atzbach nicht nur für das Layout, sondern auch für inhaltliche Anmerkungen und für ihre Geduld, immer wieder neue Änderungen umzusetzen, gedankt. Elsbeth Wullschläger, Ursula Lutz und Borislav Majdandzic unterstützten uns bei der Erstellung der Zeichnungen. Zudem gilt ein herzlicher Dank Rita Lohrum für die gute Verköstigung während unserer Klausurphase.
Esslingen 2012

Thomas Eißing, Benno Furrer, Stefan King, Ulrich Knapp, Burghard Lohrum, Tilmann Marstaller, Claudia Mohn, Heinz Pantli, Daniel Reicke

Ergänzung zur 2. Auflage
Für die erste Auflage der „Terminologie", die im Zeitraum 2005 bis 2012 erarbeitet worden war, haben wir viel Zustimmung und konstruktive Kritik erhalten. Die von Beginn an geplante Überarbeitung betraf nicht nur die Korrektur und Ergänzung einzelner Begriffe, sondern auch eine Erweiterung des Inhaltes um neue Themen. Mit Christian Kayser, Ulrich Klein und Hans-Hermann Reck kamen weitere Autoren dazu, die sich mit ihren Erfahrungen und Spezialgebieten intensiv in die Überarbeitung eingebracht haben.
Die Gliederung in die Hauptkapitel ist unverändert geblieben. Ergänzungen und Überarbeitungen betrafen im Wesentlichen das Kapitel III Systeme des Holzbaus. Hier wurde zusätzlich ein Abschnitt zu den statischen Grundbegriffen eingefügt. Im Abschnitt zur Holzgerüstbauweise sind einige Begriffe geändert und ergänzt worden. Auch bei dem Abschnitt zu den Dachgerüsten erbrachte die intensive Diskussion weitere Klärungen und damit Ergänzungen. Neu hinzugekommen ist zudem ein kurzer Beitrag zu den Holzgewölben. Grundlegend überarbeitet ist das ehemalige Unterkapitel zu den Spreng- und Hängewerken. Diese Zusatzgerüste sind nun als abgestrebte, abgesprengte, gebogene und abgehängte Gerüstkonstruktionen zusammengefasst worden.
Mit dem neu vorliegenden Format der Online-Publikation hoffen wir eine weite Verbreitung zu finden. Selbstverständlich sind wir auch weiterhin an konstruktiver Kritik und Diskussion interessiert. Neue Befunde, weitere wissenschaftliche Forschungen ebenso wie die praktische Anwendung der Terminologie wird möglicherweise zu weiteren Ergänzungen oder nötigen Korrekturen führen.
Unser Dank gilt erneut allen Mitwirkenden.
Esslingen 2022

Thomas Eißing, Benno Furrer, Christian Kayser, Stefan King, Ulrich Klein, Ulrich Knapp, Burghard Lohrum, Tilmann Marstaller, Claudia Mohn, Heinz Pantli, Hans-Hermann Reck, Daniel Reicke

I Rohstoff und Verarbeitung

1 Werkstoff Holz

1.1 Verwendung

(Abb. 1)
Holz ist einer der vielseitigsten und am häufigsten eingesetzten Werkstoffe im vorindustriellen Bauen. Die Auswahl der verwendeten Holzarten hängt von verschiedenen Faktoren ab, wie z. B. Dauerhaftigkeit, Dimensionierung, Verfügbarkeit und Repräsentationsanspruch. So ist es von Bedeutung, ob es sich um ein Bauwerk handelt, das auf eine dauerhafte Nutzung angelegt war, oder um eines, das nach wenigen Jahren oder Jahrzehnten wieder aufgegeben bzw. ersetzt wurde.
Im südwestdeutschen und schweizerischen Holzbau wurde vorwiegend Holz der Eiche (Stiel- bzw. Traubeneiche), Tanne, Fichte, Kiefer sowie regional Lärche und Edelkastanie verbaut. Standen diese Holzarten nicht in genügendem Maß zur Verfügung, wurde beispielsweise auch auf Holz von Pappel, Erle, Esche, Birke, Buche, Ahorn oder Ulme, trotz ihrer teilweise geringeren natürlichen Dauerhaftigkeit, zurückgegriffen. Im Innenausbau (Täfer, Fußböden, Türfüllungen) kamen aufgrund der geringeren Verwitterungsbeanspruchung und des Bedürfnisses nach repräsentativer Wirkung weitere Holzarten wie Nussbaum und verschiedene Obsthölzer hinzu. Für das Schließen der Gefache wurden sämtliche verfügbaren Holzarten als Staken und für Flechtwerk verwendet.

1.2 Wachstum und Festigkeit

(Abb. 2, 3)
Funktion und Ausbildung des Stammes im lebenden Baum sind bestimmend für die Eigenschaften des späteren Bauholzes. Zunächst muss der Stamm das Gewicht der Krone tragen. Wasser und Nährstoffe werden innerhalb des Stammes zu den Blättern transportiert, während die Photosyntheseprodukte aus den Blättern in einem Teil des äußeren Stammbereiches, dem **Leitungsbast**, zu den zellteilungsfähigen Schichten im Stamm, dem Kambium, und zu den Wurzeln befördert werden. Eine stärkere Schicht abgestorbener Zellen, die **Borke**, schützt den Leitungsbast. Das **Kambium** besteht aus einer oder mehreren Zellreihen, die in Form eines Zylinders die äußeren Stammbereiche, den Leitungsbast und die Borke, von den inneren Stammbereichen, dem eigentlichen Holz, abgrenzen. Das Kambium bildet Zellen nach innen für das Holzgewebe und nach außen für den Leitungsbast.
Die Zellteilungsfähigkeit des Kambiums ist temperaturabhängig. Im Winter können keine Zellen gebildet werden. Die Zellteilungsaktivität wird erst im Frühjahr mit steigenden Temperaturen wieder aufgenommen. So kommt es zur Ausbildung von **Jahrringen**. Das Holzgewebe innerhalb eines Jahrrings ist entsprechend seiner zeitlich unterschiedlichen Entstehung verschieden ausgeprägt. Während im Frühjahr vor allem der schnelle Wassertransport für den Blattaustrieb und die Photosynthese nötig ist, werden im **Spätholz** dickwandige Zellen ausgebildet, die der Festigung des Gewebes dienen. Bei Nadelholz ist das **Frühholz** heller und in der Regel deutlich vom dunkleren Spätholz abgesetzt. Beides zusammen bildet einen Jahrring.

Abb. 1a: Häufig genutzte Holzarten. Nadelhölzer mit Harzkanälen als weiße Punkte, Tanne ohne Harzkanäle, Eiche mit ringförmig angeordneten Poren und breiten Holzstrahlen (mikroskopisches Holzbild, Maßstäbe nicht einheitlich). Kiefer und Lärche mit dunkel rotbraunem Kernholz, bei Tanne und Fichte Splint- und Kernholz farblich nicht unterscheidbar, Eichenkernholz bräunlich; Splintholz bei allen Holzarten weiß-gelblich.

Nächste Seite:

Abb. 1b: Weitere Holzarten. Linke Spalte: Esche, Ulme und Kastanie wie Eiche ringporige Holzarten, im Gegensatz zur hellen Esche mit braunrötlichem Kernholz, Kernholz der Kastanie bräunlich. Nussbaum halbringporig bis zerstreutporig, Kernholz hell- bis dunkelbraun. Apfel und Zwetschge mit dunklem Kernholz; Buche, Ahorn, Birke und Pappel zerstreutporig, Kern- und Splintholz meist hell ohne farbige Differenzierung des Kernholzes.

Mikro-/Makroskopisches Holzbild | Borkenbild | Mikro-/Makroskopisches Holzbild | Borkenbild

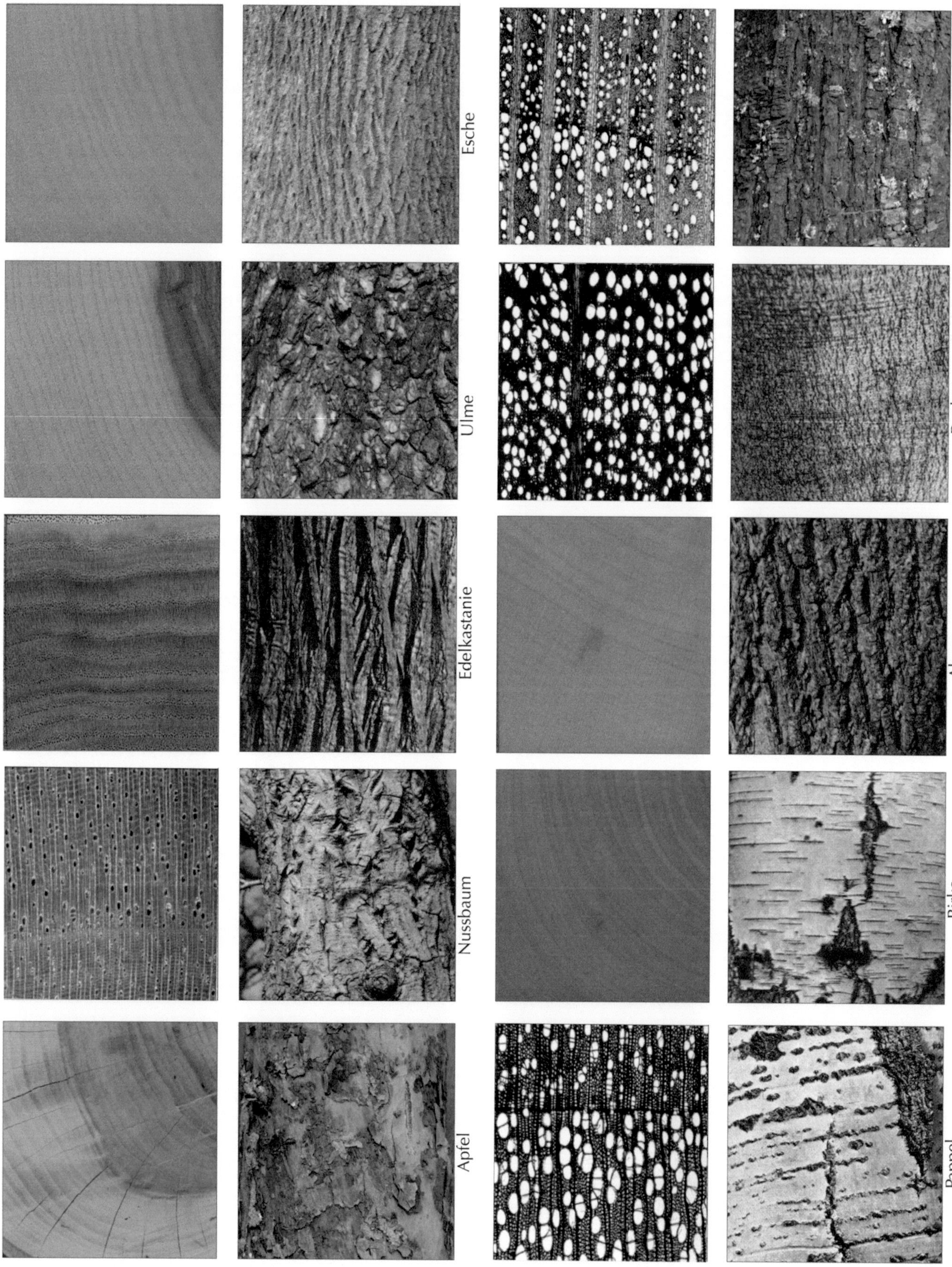

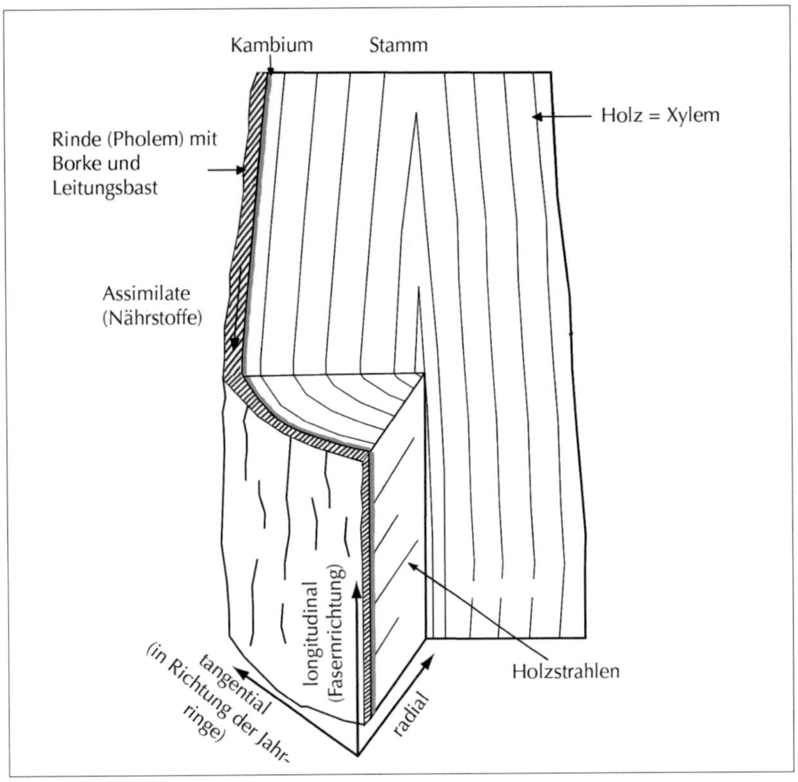

Abb. 2: Aufbau eines Baumstamms.

Abb. 3a-d: Druck- und Zugholzzellen.

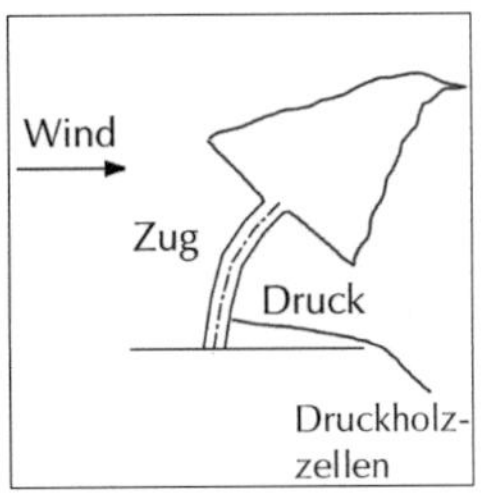

Belastung eines Nadelholzstammes und Ausbildung von Druckholzzellen.

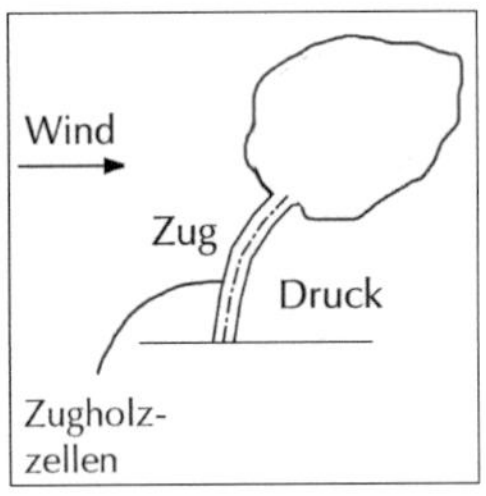

Belastung eines Laubholzstammes und Ausbildung von Zugholzzellen.

Druckholzzellen nach dem Trocknen. In den dickwandigen Zellen sind Trocknungs-risse zu erkennen, die die Tragfähigkeit von Druckholz im getrockneten Zustand stark herabsetzen.

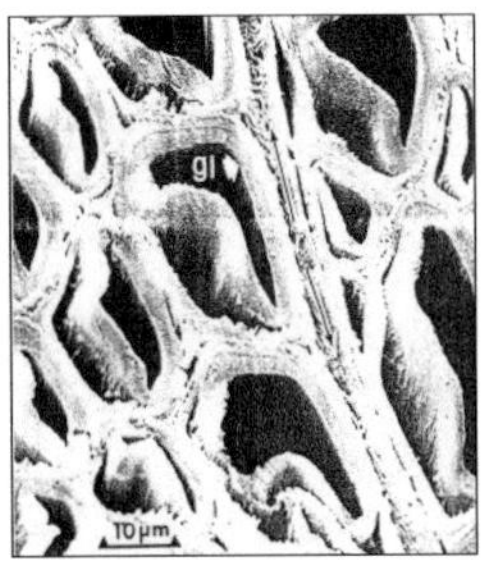

Zugholzzellen nach dem Trocknen. Die stark verformten Zellwände weisen im getrockneten Zustand eine erheblich reduzierte Festigkeit auf.

Die Festigkeitseigenschaften von Bauholz hängen neben anderen wesentlich vom Früh- und Spätholzanteil innerhalb des Jahrrings ab. So ist z. B. bei engringigem Nadelholz der Spätholzanteil deutlich höher als bei weitringigem. Der Stamm und das später daraus gefertigte Bauholz weisen bei engringigem Nadelholz daher eine größere mechanische Festigkeit auf. Bei Eiche ist es umgekehrt. Hier ist der Frühholzanteil bei eng- und weitringigen Jahrringen nahezu gleich, während der Spätholzanteil und damit der Anteil an dichterem Holz bei weitringigen Eichen deutlich größer ist. Bei Eichenholz kann man den Frühholzanteil nur anhand der großen Poren erkennen, nicht jedoch an einem farblichen Unterschied. Schnell wachsende Eichen mit breiten Jahrringen weisen daher bessere Festigkeitseigenschaften auf als langsam wachsende, engringige Eichen. Engringige Eichen können dagegen aufgrund der geringeren Dichte leichter bearbeitet werden.

Das Stammholz muss Druck-, Zug- und Biegekräfte aufnehmen. Dies gewährleistet das spezielle Holzgewebe. In Richtung der Fasern und der Wassertransportwege liegen die größten Zug- und Druckfestigkeiten vor. Daher ist der Stamm gut auf Biegung beanspruchbar. Diese Beanspruchung entsteht durch Windkräfte, Stellung des Baumes in einer Hanglage oder asymmetrische Kronenausbildung. Weil im Stamm weniger Kräfte quer zur Faser einwirken, sind Festigkeiten in diese Richtung für den Baum von untergeordneter Bedeutung. Werden aus dem Baumstamm Konstruktionshölzer hergestellt, sind unterschiedliche Festigkeiten in Faserrichtung und quer zur Faser zu berücksichtigen.

1.3 Dauerhaftigkeit

Der Schutz des Holzes im wachsenden Baum gegen Zersetzung wird zunächst durch den hohen Wasseranteil gewährleistet. So ist im stehenden Stamm das Holzgewebe vollständig wassergesättigt und der Sauerstoffanteil zu gering für einen Befall durch Pilze und Insekten. Für den Transport des Wassers zu den Blättern herrscht im Stamm Unterdruck, der notwendig ist, damit das Wasser von den Blättern angesaugt werden kann. Daher ist Lufteinbruch (**Embolie**) die größte Gefahr für den lebenden Baum. Die Wahrscheinlichkeit eines solchen Lufteinbruches nimmt mit der Fläche des wasserführenden Stammquerschnittes zu. Einige Bäume grenzen den inneren Stammbereich, das **Kernholz**, gegen den äußeren wasserleitenden Stammbereich, das **Splintholz**, ab. Das Kernholz dient ausschließlich der Festigkeit des Stammes, wogegen das Splintholz sowohl Festigungs- als auch Leitungsfunktion besitzt. Kernholz ist daher der innere Teil des Stammes, der keine lebenden Zellen und keine Reservestoffe mehr enthält. Die Umwandlung von Splint- zu Kernholz beginnt, sobald die zum Wasser- und Stofftransport erforderliche Breite des Splintes erreicht ist. Diese **Verkernung** setzt je nach Holzart nach 10 bis 20 Jahren Wachstum ein. Bei vielen Baumarten mit **obligatorischem Farbkern,** d. h. genetisch bedingter Kernholzbildung, z. B bei Eiche, Kiefer, Lärche, ist das Kernholz durch die Einlagerung von farbigen Inhaltsstoffen abgesetzt (sogenanntes **Farbkernholz**). Darüber hinaus gibt es Baumarten, die einen **fakultativen Kern** (sogenanntes **Reifholz**, z. B. Fichte, Tanne) und Baumarten, die einen **fakultativen Farbkern** (sogenannter **Falschkern**, z. B. bei Buche, Esche) ausbilden. Im Unterschied zur obligatorischen Farbkernbildung werden beim Falschkern die farbigen und z. T. dauerhaften Inhaltsstoffe überwiegend in den Lumen (= Zellinnenraum) der abgestorbenen Parenchymzellen und nicht in den Zellwänden eingelagert, so dass das Falschkernholz keine erhöhte Resistenz gegenüber holzzerstörenden Pilzen und Insekten besitzt. Das Kernholz von Bäumen mit obligatorischer Farbkernbildung zeichnet sich in der Regel durch eine erhöhte natürliche Dauerhaftigkeit aus.

Die Einlagerung der farbigen bzw. toxischen Substanzen führt zu einer leichten Erhöhung der Rohdichte im Kernholz. Allerdings ist diese Erhöhung so gering, dass sich daraus keine nennenswerten Erhöhungen der Festigkeitseigenschaften ergeben. Ferner sind die für die Festigkeitseigenschaften maßgeblichen Zellstrukturen von Kern- und Splintholz gleich, denn jedes Kernholz bildet sich aus Splintholz. Allerdings weist das Kernholz im Vergleich zum Splintholz eine geringere **Holzausgleichsfeuchtigkeit** auf. Dies bedeutet, dass bei gleichen Umgebungsbedingungen Kernholz weniger Wasser als Splintholz einlagert – was sich in geringem Umfang positiv auf die Festigkeitseigenschaften auswirkt, denn die Festigkeit des Holzes nimmt mit dem Anteil an eingelagertem Wasser ab. Der entscheidende Unterschied für die spätere Verwendung liegt in der Farbigkeit des Kernholzes und seiner in der Regel höheren Dauerhaftigkeit.

Auch bei Tanne und Fichte kommt es im stehenden Stamm zu einer Reduktion des Wassergehaltes im inneren Stammbereich. Es werden jedoch keine farbigen Kernholzstoffe und Toxine ausgebildet.

Nach der Fällung ist das Splintholz durch Schädlingsbefall besonders gefährdet. Bläuepilze können Holz bereits bei Temperaturen knapp unterhalb des Nullpunktes besiedeln. Diese führen jedoch nur zu einer Farbänderung, die Festigkeitseigenschaften des befallenen Holzes werden nicht wesentlich verringert. Ein Befall durch holzzerstörende Pilze ist ab Temperaturen von rund 3 °C möglich. Ein Befall durch holzzerstörende Insekten setzt artenabhängig höhere Temperaturen – z. B. für den Flug des Hausbockkäfers von mindestens 26 °C – voraus. Unterhalb von rund 10 °C ist die Entwicklung holzzerstörender Käferlarven stark vermindert bzw. eingestellt. Daher ist es günstig, wenn die Bäume im Winter bzw. im Frühjahr eingeschlagen werden und die Temperaturen sich noch um den Nullpunkt bewegen.

Durch die Lagerung der Stämme im Wasser oder durch das Entfernen des Splintholzes bei Eiche und Kiefer kann einem Schädlingsbefall vorgebeugt werden. Daher ist die Holzflößung, die im Frühjahr bis zu den Wasserhochständen im Juni/Juli erfolgte, zugleich ein wirksamer Schutz gegen Pilz- und tierischen Befall des eingeschlagenen Holzes. Darüber hinaus wird bei längeren Flößzeiten ein Teil der für die holzzerstörenden Insekten wichtigen Nährstoffe ausgeschwemmt. Allerdings verschwinden durch die Flößung die Nährstoffe nicht vollständig aus dem Holz, so dass auch Floßholz nicht grundsätzlich gegen Insektenbefall immunisiert ist.

1.4 Konsequenzen für die Bauholzverwendung

(Abb. 4–6)

Der Verwendungszweck, lokale Holzvorkommen und damit Verfügbarkeit, Resistenz gegen Pilze und Insekten sowie die Festigkeit waren Faktoren, die über die Wahl der Holzart entschieden. Oft wurden Holzarten gemischt verbaut. Hölzer mit geringerer Dauerhaftigkeit wurden vorzugsweise für statisch wenig belastete Bauteile eingesetzt. Im Idealfall

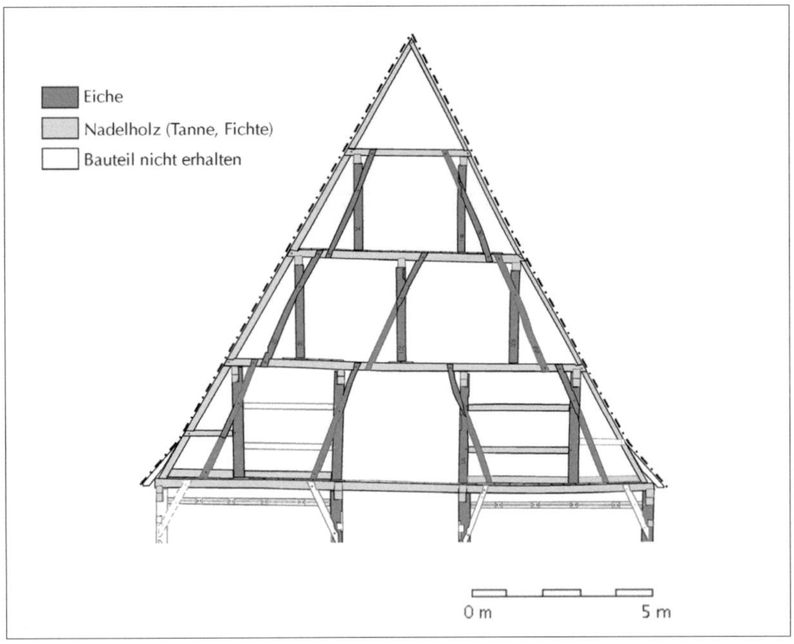

Abb. 4: Differenzierte Holzartenverwendung in einem Dachwerk. Tübingen, Kronenstraße 7, 1479/80 (d).

Abb. 5: Vollholzquerschnitt (Nadelholz) mit Schwundrissen: radialer Riss durch tangentialen Schwund.

wählte der Zimmermann die zu fällenden Bäume passend für die jeweilige Bauaufgabe aus. Er konnte aufgrund der Stamm- und Kronenform auf bestimmte Eigenschaften (Tragverhalten, Verhalten bei der Trocknung etc.) des späteren Bauholzes schließen. Diese differenzierte Holzartenverwendung ist eine wesentliche Qualität des vorindustriellen Holzbaus.

Die hohe Festigkeit in Verbindung mit der guten Widerstandsfähigkeit gegen Schädlingsbefall des Kernholzes prädestinieren Eiche, Edelkastanie und Lärche als ideale Bauhölzer im Außenbereich, sofern sie ohne unmittelbaren Erdkontakt und ohne dauerhaften Wassereintrag verbaut sind. Die Dichte bzw. Härte des Holzes hat – entgegen immer wieder vorgebrachter Behauptungen – keinen unmittelbaren Einfluss auf die Dauerhaftigkeit des Holzes.

Im lichteren Wald oder im Freistand entstehen mehr Äste, und bei Laubbäumen entwickelt sich eine weite Krone. Ihre Stämme werden dadurch kürzer und dicker. Eine starke Ästigkeit des Stammes wirkt sich negativ auf die Verwendung als Bauholz aus, da dessen Bruchgefahr steigt. Starke Äste, auch wenn sie krumm gewachsen waren, wurden ebenfalls als Konstruktionshölzer verwendet.

Nach dem Fällen beginnt das Wasser aus dem Holz zu verdunsten. Der Entzug des Wassers aus den Zellwänden führt zu dem bekannten Phänomen des **Schwindens**. Die Schwindmaße sind in den drei Holzrichtungen verschieden. In der Richtung der Jahrringe (tangential) schwindet das Holz etwa doppelt so stark wie in radialer Richtung. Dieses ungleiche Schwindverhalten führt zu tiefen radial verlaufenden Rissen, die zum Teil bis zum Mark reichen und nach außen keilförmig aufklaffen. In Längsrichtung, d. h. parallel zur Faser, schwindet Holz dagegen so gut wie gar nicht und behält sein Längenmaß auch nach der Trocknung bei. Im Gegensatz zu vollholzigen Balken mit Markröhre (umgangssprachlich „mit Kern“) sind Kanthölzer ohne mittige Markröhre, Bohlen oder Bretter in der Regel weniger rissgefährdet. Die ungleichen tangentialen und radialen Schwindmaße führen hier vielmehr zu einer mehr oder weniger stark ausgeprägten Verformung der Holzquerschnitte. Die Verzerrung ist umso größer, je stärker die kreissegmentförmigen Jahrringverläufe von der Orientierung der Schnittkanten abweichen. So weisen Bohlen oder Bretter, die aus den äußeren Bereichen des Stammes eingeschnitten wurden (**Randbohlen** oder **Randbretter**), sehr viel stärker gekrümmte Jahrringe auf der Querschnittsfläche auf als mittig eingeschnittene Bohlen oder Bretter (**Kern-** oder **Herzbohlen** bzw. **-bretter**) mit stehenden Jahrringen. Ziehen sich die Jahrringe der Randbohle oder des Randbrettes zusammen, kommt es zum Schüsseln des Holzes. Kern- oder Herzbohlen bzw. -bretter schwinden wegen der weitgehend parallel oder rechtwinklig zu den Schnittkanten verlaufenden Jahrringe (stehende Jahrringe) gleichmäßiger und meist ohne **Schüsselung**. Der Grad der Querschnittsverzerrung wird stark durch die Wuchsform beeinflusst. Ein krumm

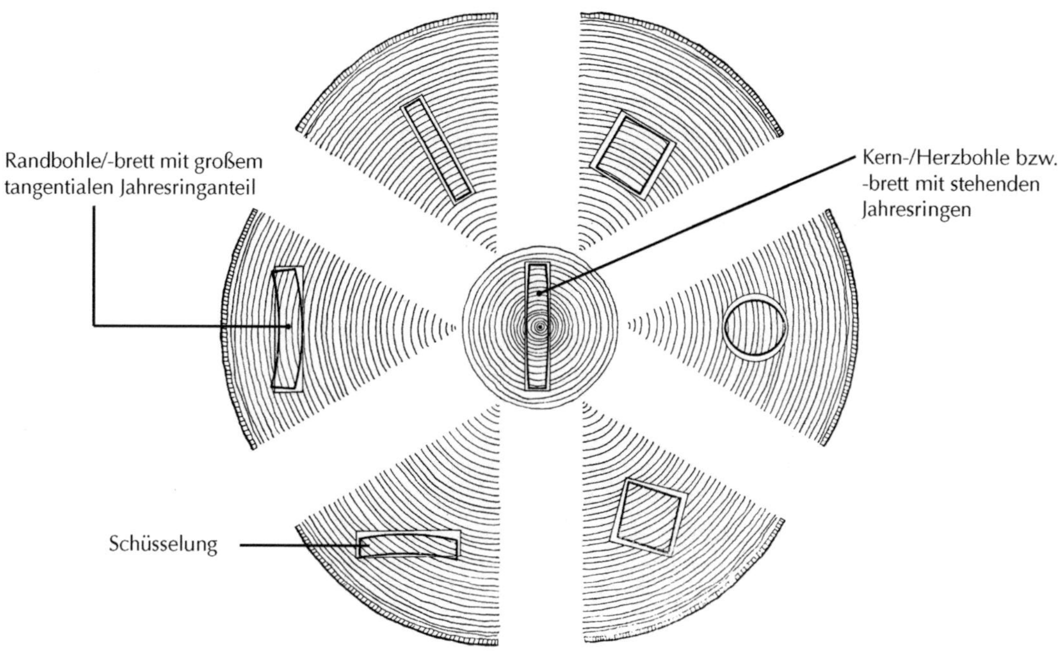

Abb. 6: Stammquerschnitt mit von der Lage abhängigen Querschnittsverzerrungen der Bauhölzer.

gewachsener Stamm wird unregelmäßigere Jahrringverläufe und -breiten aufweisen. Dies ruft beim Trocknen stärkere Verzerrung hervor als bei einem geraden Stamm mit weitgehend konzentrischen Jahrringen.

Die Bedeutung der Holzqualität und des Holzeinschnittes im Hinblick auf die Schwindprozesse war den Zimmerleuten im historischen Holzbau bekannt. Dieses Wissen war nötig, weil Bauholz in der Regel nicht getrocknet bearbeitet wurde. So wurden zum Beispiel die Bohlen für Bohlenstuben überwiegend aus mittig eingeschnittenen und gut gewachsenen Stämmen hergestellt.

Beim Blockbau wirkt sich das tangentiale Schwundmaß durch ein „Setzen" der Blockwand um mehrere Zentimeter bis zu einem Dezimeter aus. Bei senkrecht in die Blockwand eingesetzten Fenster- oder Türständern bzw. -stielen musste das Setzen durch spezielle Verbindungen aufgefangen werden (vgl. S. 76).

Bauholz wurde überwiegend in frisch geschlagenem Zustand bearbeitet (**saftfrisch**). Ein Vorteil der Nassbearbeitung – entweder saftfrisch, geflößt oder nass gelagert – liegt darin, dass nasses Holz gegenüber getrocknetem Holz eine um bis zu 30 % reduzierte Festigkeit aufweist. Dadurch bleiben Werkzeugschneiden länger scharf. Vor allem Eichenholz konnte bei dem in vorindustrieller Zeit verhältnismäßig weichen Eisen leichter im nassen Zustand behauen werden.

Dadurch, dass der Zimmermann sein Holz meist ohne weitere Trocknung verarbeitete, traten Verformungen und Risse in aller Regel erst im verbauten Zustand auf. Zugerichtete Hölzer konnten aber auch ohne direkte Bauabsicht mehrere Jahre bevorratet werden. Die anderen holzverarbeitenden Gewerke wie Schreiner ließen die vorbereiteten Balken, Dielen, Bretter oder Bohlen vor dem weiteren Gebrauch trocknen.

2 Herstellung des Bauholzes und Abbund

2.1 Holzeinschlag

(Abb. 7)

Es gibt unterschiedliche Ansichten über den vermeintlich besten Zeitpunkt des Fällens der Bauhölzer. Die oftmals als allgemein üblich bezeichnete **Winterfällung** ist nach den Befunden der Dendrochronologie zu differenzieren. So wurden zwar 70 bis 80 Prozent der untersuchten Hölzer im Winter gefällt, die übrigen Hölzer jedoch im Sommer. Die Winterfällung erklärt sich vor allem durch eine bessere Transportfähigkeit des Holzes im hügeligen und gebirgigen Gelände bei gefrorenen oder schneebedeckten Böden. Eine bessere mechanische Qualität des Bauholzes aus einer Winterfällung ist nicht gegeben. Im Gegenteil: Durch die erhöhte Einlagerung von Reservestoffen im Baum über den Winter, die zum Blattaustrieb im

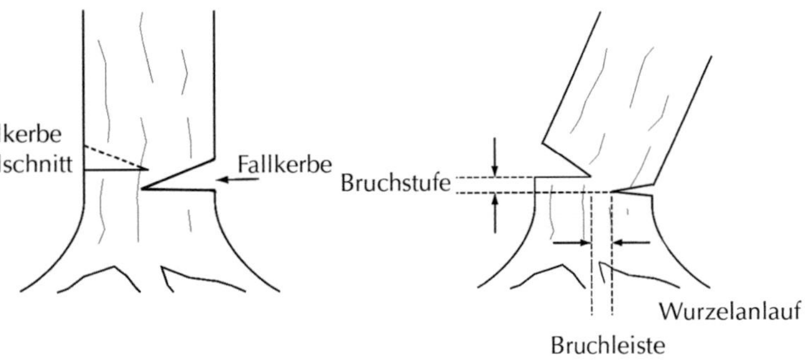

Abb. 7: Das Fällen eines Baumes.

Frühjahr (Ende Februar, Anfang März) mobilisiert werden, weist im Winter geschlagenes Holz einen hohen Nährstoffgehalt auf, der nach dem Holzeinschlag bei steigenden Temperaturen einen pflanzlichen oder tierischen Befall befördert. Daher ist der Einschlag bei beginnendem Blattaustrieb im Frühjahr günstig, weil dann der Nährstoffgehalt im Splint besonders niedrig ist. Zu diesem Zeitpunkt sind Holzeinschläge auch bei Temperaturen um 0 °C weniger problematisch, weil aufgrund der geringeren Nährstoffkonzentration auch die Befallswahrscheinlichkeit geringer ist. Auch der vielfach beschriebene „richtige Fällzeitpunkt" entsprechend den Mondphasen führt zu keiner Verbesserung der Holzeigenschaften wie z. B. einer höheren natürlichen Dauerhaftigkeit, einer Herabsetzung der Brennbarkeit oder einer Verringerung des Schwindens und Quellens des Holzes.

Die **Sommerfällung** kann beispielsweise durch eine Sekundärnutzung der Rinde für die Gerbstoffgewinnung begründet sein, da sich die Rinde im Frühsommer leichter vom Stammholz trennen lässt. Auch ein erhöhter Bauholzbedarf z. B. nach Bränden konnte ein Grund für Sommerfällungen sein.

Die **Axt** ist das älteste und war lange Zeit das einzige Werkzeug zum Fällen eines Baumstammes. Die Schneide bestand in der einfachsten Form aus zugerichteten Steinen, dann aus Kupfer, Bronze und später aus Eisen. Der Hieb wurde quer zur Faser geführt (**Schroten**), daher stammt die Bezeichnung der Äxte als **Schrotäxte**. Die **Quer-** oder **Schrotsäge**, von zwei Männern geführt (**Zweimannsäge**), setzte sich erst im 19. Jahrhundert als Hauptfällwerkzeug durch. Sie besitzt ein bogenförmiges oder gerades Sägeblatt. Tief unten am Stamm angesetzt, kann mit dieser Säge eine bessere Holzausnutzung erreicht werden. Dazu wurden die **Wurzelanläufe** bis zum Stammfuß abgeschlagen. Anschließend wurde mit der Axt die **Fallkerbe** gehauen und mit der Säge der eigentliche **Fällschnitt** ausgeführt. War der Sägeschnitt genügend tief geführt, setzte man **Fällkeile** an und trieb diese durch Schläge mit dem Nacken der Axt ein, um dem Baum die vorgesehene Fallrichtung zu geben. Der liegende Baum wurde anschließend mit der Axt entastet. Als nächster Schritt konnte das Entrinden mit dem **Schäleisen** erfolgen, wobei Borke und Bast entfernt wurden. Die Borke von jungen Eichen und Tannen ließ sich zu Gerberlohe verarbeiten. Spuren des Holzeinschlags, wie Fallkerben, Wurzelanläufe, Fällschnitte oder Keilspuren können zum Teil noch am beschlagenen Bauholz festgestellt werden.

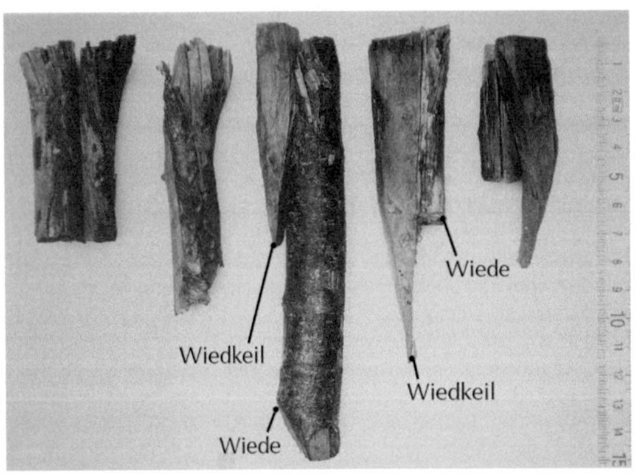

Abb. 8: Wieden und Wiedkeile. Basel, 14./15. Jh.

2.2 Holztransport

(Abb. 8–15)

Die gefällten und entasteten Stämme aus gebirgigen Einschlagsgebieten konnten über natürliche Rinnen (**Erdriese**, regional Reistzüge) oder abgezimmerte Geleite (**Riese**) zu Tal transportiert werden. Das Holz gelangte sowohl auf dem Wasser- als auch auf dem Landweg zum Bestimmungsort. Aufgrund der unzureichenden Ferntransportwege war der Landtransport in der Regel auf kurze Distanzen beschränkt. Dieser geschah durch einfaches Schleifen, mit Schlitten oder auf der Achse.

Der Holzferntransport erfolgte überwiegend über die Wasserwege. Es konnten sowohl entrindete Rundstämme als auch kantig beschlagene Balken verflößt werden, meist war es Nadelholz. Das in saftgrünem Zustand nicht schwimmfähige Eichenholz konnte nur in geringen Mengen in sogenannten Wagen, d. h. zwischen schwimmfähige Nadelhölzer eingebunden, oder als Oblast auf den Flößen mitgeführt werden. Neben behauenen Balken oder Rundstämmen wurden auch Bretter geflößt.

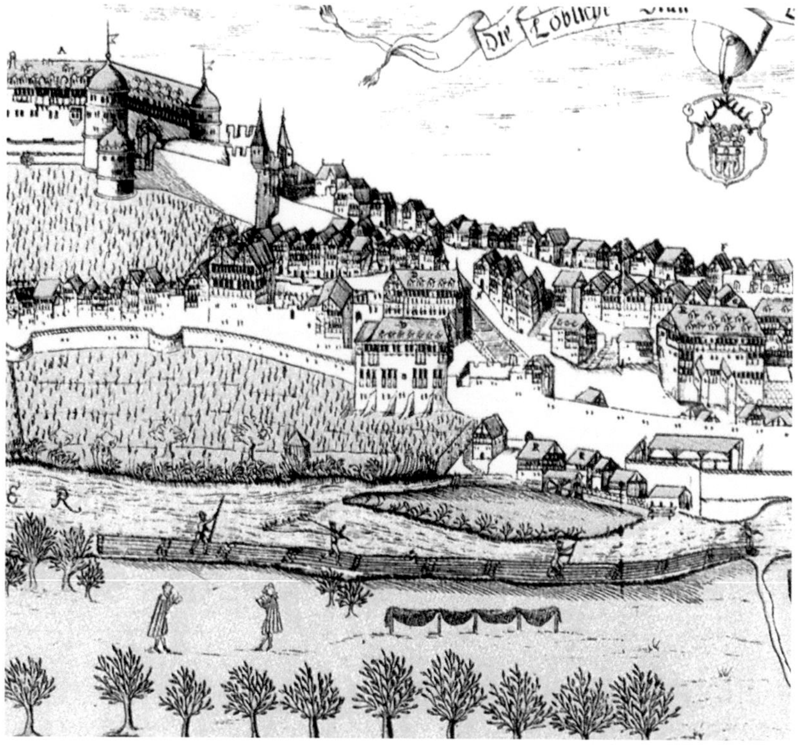

Abb. 9 (oben links): Modell einer Tafel mit verkeilter Wiedenbindung, Flößermuseum Lechbruck.

Abb. 10 (oben rechts): Neckarfloß mit Schwarzwaldfloßbindung durch „verbohrte Wieden“, bestehend aus elf Gestören mit vier Mann Besatzung. Hans Pfister, Stadtansicht von Tübingen (Südansicht, Detail), 1620.

Als wichtiges Bindemittel dienten **Wieden**. Diese stellte man aus jungen Bäumchen (vor allem Nadelholz, seltener Laubholz) her. Deren Stämme wurden zunächst im Wasser eingeweicht, dann über dem Feuer oder in einem speziell dazu angefertigten Ofen erhitzt und anschließend zu einer Art Seil gedreht.

Die Technik der Floßbindung war regional sehr unterschiedlich. An Main, Donau und deren Zuflüssen sowie im Alpenraum wurden die Stämme parallel aneinandergelegt und mit Querhölzern zu einlagigen **Tafeln** (Donau mit Zuflüssen) verbunden bzw. in teils mehrlagige **Boden** (Main) eingebunden. Mehrere Tafeln oder Boden bildeten hintereinander zusammengebunden ein **Floß** bzw. einen **Floßzug**. Zur Befestigung der Querhölzer an den Stämmen dienten Wieden und **Wiedkeile**. Diese getrockneten Keile sicher-

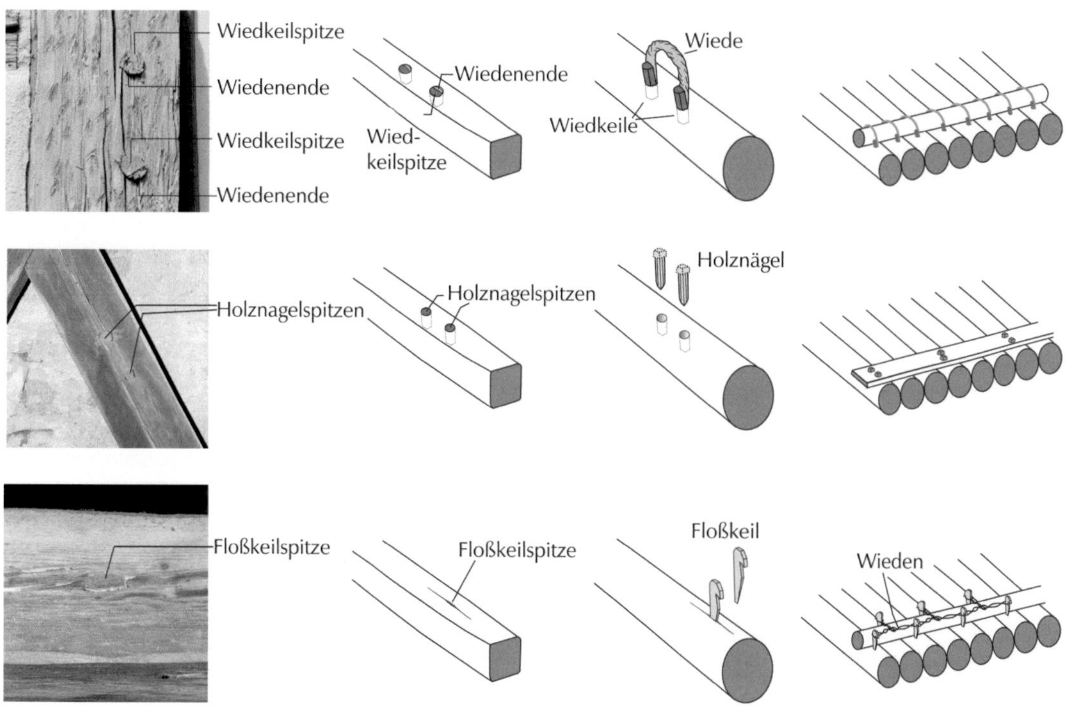

Abb. 11: Verschiedene Formen der Querholzaufbindung.

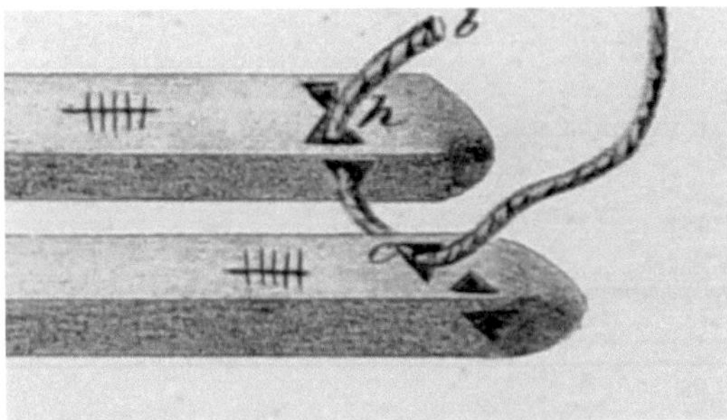

Abb. 12: Schwarzwaldfloßbindung mithilfe von Wieden und über Eck geführten Wiedlöchern/Floßaugen.

Abb. 13: Dreieckig vorgekerbtes, senkrecht geführtes Bohrloch mit eingeschlagenem Holznagel, vermutlich für Floßaufbauten.

ten die Wieden, welche in vorbereitete Bohrlöcher in Stämmen bzw. Balken, die **Wiedkeillöcher**, gesteckt wurden. Der Keilschaft ist häufig gleichmäßig spitz zulaufend und im Querschnitt polygonal bis rechteckig ausgeformt. Im Wasser quollen die Keile auf und bildeten mit den Wieden eine hoch belastbare Verbindung. Die Wiedkeile können aus unterschiedlichen Holzarten bestehen.

Die Spuren der Bindung sind in Form von Resten der Wieden und Keile erkennbar, die beim Beschlagen des Stammes mitgeglättet wurden und dadurch häufig im Balken erhalten blieben. An Main oder Werra finden sich derartige Querholzaufbindungen meist paarweise im Abstand von 10–20 cm in Längsrichtung des Stammes angeordnet. An der Donau sowie an Bauhölzern in Basel mit den möglichen Transportflüssen Rhein, Aare, Emme, Birs (Alpen) und Wiese (Schwarzwald) treten auch bis zu vier Wiedkeillöcher sowie Kombinationen aus Wiedkeil- und Holznagellöchern auf, die auf Überkreuz-Aufbindungen der Querhölzer schließen lassen.

Bei der Schwarzwaldflößerei mit den Flüssen Kinzig, Wiese, Murg (□ Rhein), Neckar (□ Rhein), Enz, Nagold, Würm (□ Neckar) erfolgte die Haupteinbindung der Hölzer in **Gestöre** und das Zusammenbinden der Gestöre zum Floß fast ausschließlich durch „verbohrte Wieden“. Dabei wurden die Stämme an den Enden mithilfe von Wieden zusammengebunden, die man durch ösenartige Bohrlöcher (**Wiedlöcher**) führte und miteinander verknotete. Bei Langhölzern, die vor dem Verflößen kantig behauen wurden, sind die Wiedlöcher übereck geführt. Um ein Abrutschen des Löffelbohrers beim Ansetzen auf der Holzoberfläche zu verhindern, wurden in die Rund- oder Vierkanthölzer dreieckige, ovale, rechteckige oder trapezoide Vorkerbungen eingeschlagen. Bei Vierkanthölzern sind sie an der Ansatzseite des Bohrers regelhaft dreieckig ausgeführt. Wegen ihrer speziellen Optik werden die vorgekerbten Wiedlöcher auch als **Floßaugen** bezeichnet.

Obwohl sie bei der eigentlichen Floßbindung keine entscheidende Rolle spielten, sind auch bei den Schwarzwaldflößen immer wieder Spuren von quer oder auch längs auf den Gestören befestigten Hölzern zu finden. Sie treten fast immer gemeinsam mit Wiedlöchern/Floßaugen auf und zeigen dieselben Ausprägungen wie die Flößereispuren am Main in Form von doppelten, balkenparallel gesetzten Wiedkeillöchern. Andernorts wie an der Enz sind es stattdessen meist doppelte, zwischen 8 cm und 15 cm weit auseinander liegende Holznagellöcher, die von der Aufnagelung von Querhölzern (eventuell Bohlen) zeugen.

Holznagellöcher treten auch am oberen Neckar auf. Jedoch sind sie durchweg einzeln, eben-

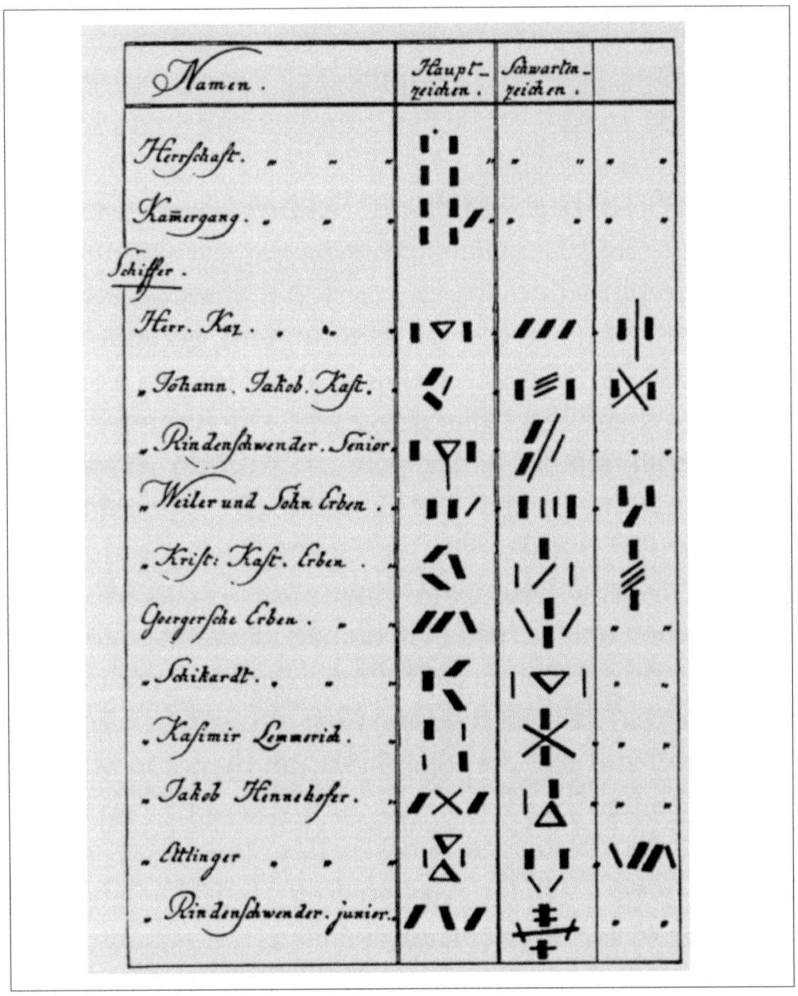

Abb. 14: Handelsmarken aus dem Schwarzwald (Murg, Lkr. Waldshut), 19. Jh.

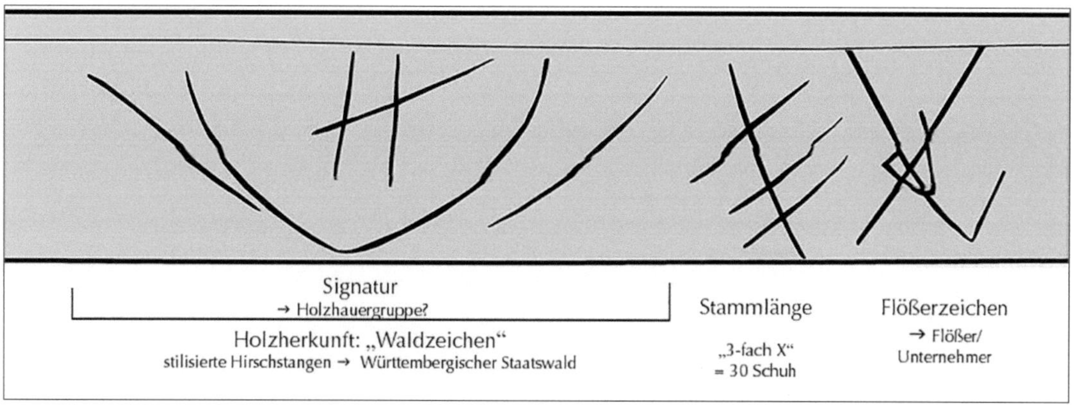

Abb. 15: Flößerzeichen mit Zusatzinformationen. Weilheim/Teck (Lkr. Esslingen), Brückengasse 1, 1765 (d).

falls senkrecht zur Stammmitte und teils diesen vollständig durchdringend in dreieckige Vorkerbungen gebohrt, so dass sie auf den ersten Blick an Floßaugen erinnern. In diesen Bohrlöchern steckt jedoch keine Wiede, sondern der Rest eines kräftigen, kantig und teils mit verdicktem Kopf bearbeiteten Holznagels. Dadurch geben sich diese Hölzer als auf den Gestören aufgenagelte Quer- oder Längshölzer zu erkennen.

Bei den Schwarzwaldflößen dienten sie häufig nicht allein zur Stabilisierung. Da ihre Spuren nicht nur an den Stammenden, sondern auch mittig auftauchen, dürften einige davon von Floßaufbauten wie Plattformen etwa für Oblasten oder Flößerhütten herrühren. Andere wiederum können von sogenannten Sperren stammen, die am vorletzten Gestör befestigt wurden. Die Sperren wurden zur Zeit der Holländerflößerei eingeführt und dienten als Bremsvorrichtung, mit deren Hilfe ein Floß bei Gefahr des Abknickens („Ellenbogens“) im Zusammenspiel mit dem fließenden Gewässer wieder gerade gestreckt werden konnte.

Beinahe multifunktional muten Floßkeile an, mit denen offenbar schon bei den ältesten Schwarzwaldflößen stabilisierende Querhölzer auf die Gestöre aufgebunden, die Gestöre aneinandergebunden oder Oblasten auf den Flößen mit Seilen gesichert wurden. Zu den seltenen Flößereispuren gehören große, im Querschnitt quadratische Löcher bzw. Hölzer, bei denen es sich vermutlich um die Negative bzw. Reste senkrecht eingelassener Befestigungspfosten für Ruder- oder Lenkstangen handelt.

Je nach Länge der Floßstrecke wurden die Flöße bei Erreichen größerer Flüsse auseinandergebaut und zu Flößen von größerer Breite, Länge und gegebenenfalls auch Stärke neu zusammengestellt. Wichtige Umbindestationen waren Schaffhausen, Basel, Strasbourg und Mannheim. Daher lassen sich an den verbauten Balken zum Teil die Reste aus mehreren Floßbindungen nachweisen.

Einige der verbauten Floßhölzer tragen ebenfalls sich räumlich und zeitlich stark unterscheidende Markierungen. Viele dieser Zeichen sind bei der weiteren Bearbeitung der Stämme verloren gegangen. Sie bezeichnen als **Flößerzeichen** oder **Handelsmarken** den Flößer oder Holzhändler und können Zusatzinformationen zur Holzherkunft, den Holzhauern und zur Floßholzlänge beinhalten.

Als **Trift (Drift)** bezeichnet man die ungebundene Flößerei. Stammabschnitte bis maximal 4 m Länge, aber auch gespaltenes Scheitholz wurden bei Wasserhochstand in die Flüsse geworfen und bis zum Zielort getriftet. Die Trift setzt einen erheblichen Aufwand für die Pflege und den Ausbau der Flüsse, Bäche und spezieller Triftkanäle voraus. Auch zur Entnahme des Holzes waren besondere Wasserbauten wie Wehre erforderlich, an denen das Holz aufgestaut, entnommen und in sogenannten Holzgärten aufgestapelt wurde. Die ungebundene Flößerei diente vor allem der Brennholzversorgung von Salinen und größeren Städten. Für die stammweise Trift von Blöchern wurden zum Teil spezielle Kanäle angelegt, in denen die Blöcher mit langen Stangen bis zur Schneidmühle bewegt werden konnten. Der **Bloch**, der untere Stammabschnitt, diente zur Fertigung von Schnittwaren (**Borte**) wie Bretter oder Bohlen.

2.3 Werkzeuge für die Holzbearbeitung
(Abb. 16)

Werkzeuge und handwerkliche Techniken zur Bearbeitung von Holz und zur Herstellung von Holzverbindungen sind über Jahrhunderte nahezu unverändert geblieben und erst mit dem Aufkommen der maschinellen Holzbearbeitung weitgehend aufgegeben worden.
Während anfänglich der Zimmermann die meisten Tätigkeiten der Holzbearbeitung selbst ausführte, konnte regional und in Zeiten starker Bautätigkeiten eine Spezialisierung eintreten. Dies betrifft das Herstellen von Balken, Brettern, Holzkeilen und Nägeln. Bauhölzer ließen sich durch Beschlagen mit dem Beil, Spalten oder Sägen herstellen.
Holzoberflächen aus vorindustrieller Zeit sind auffallend glatt. Sie sind mit dem Beil gearbeitet, was gegenüber dem Einsägen von Balken den Vorteil hat, dass der Arbeitsvorgang einfacher und schneller auszuführen ist. Zudem bleiben durch die Führung des Beils in Faserrichtung die randständigen Fasern weitgehend unbeschädigt erhalten. An solchen glattgebeilten Oberflächen läuft das Wasser schneller ab, und sie sind im Gegensatz zu sägerauen Oberflächen schwerer entflammbar. Beim unabhängig vom Faserverlauf längs durch den Stamm geführten Sägen werden zudem gerade die randständigen Fasern angeschnitten, die die größten Zug- und Druckkräfte aufnehmen müssen.
Es lassen sich folgende Werkzeuggruppen unterscheiden: Beschlagwerkzeuge, Sägen, Bohrer, Hobel und sonstige Werkzeuge. Nicht alle diese Werkzeuge hinterlassen eindeutig zuweisbare Bearbeitungsspuren.

Abb. 16: Die Darstellung von Jost Amman von 1588 zeigt die Arbeiten des Zimmermanns. An der vorderen Bildkante liegen Löffelbohrer (a), Breitbeil (b), Kreuzaxt (c), Schlagschnur mit Farbkasten (d) und Schrotaxt (e). Im Vordergrund richtet ein Zimmermann einen Balken mit der Schrotaxt grob zu, dahinter wird aus einem anderen Balken ein Zapfenloch mit der Kreuzaxt herausgearbeitet und mit dem Löffelbohrer ein Nagelloch gedreht. Im Hintergrund längen zwei Personen einen Balken mit der Schrotsäge (f) ab.

2.3.1 Beschlagwerkzeuge
(Abb. 17)

Die **Schrotaxt (Bundaxt)** mit geradem Stiel und kurzer Klinge diente zum Fällen und Spalten von Holz. Mit ihr lassen sich nur grobe Oberflächen erzielen.
Das **Breitbeil** besteht aus einer geschweiften, bis zu etwa 30 cm großen, gebogenen Klinge und einem leicht verschwenkt dazu angesetzten Stiel. Das Breitbeil hat einen einseitigen Schliff und wurde zweihändig am Balken anliegend geführt, so dass eine glatte, fast gehobelt wirkende Oberfläche entstand. Breitbeile gibt es für Links- und Rechtshänder.
Der **Dechsel** zählt ebenfalls zu den Beschlagwerkzeugen und wurde zur Glättung von Oberflächen oder zum Aushöhlen von Stämmen verwendet. Die Schneide des Dechsels ist leicht geschwungen und steht quer zur Längsrichtung des Stiels.

2.3.2 Sägen
(Abb. 18–20)

Sägen dienten zum Ablängen quer zur Wuchsrichtung (Quer- oder Schrotsäge) und zur

Auftrennung des Stammholzes in Längsrichtung (Längssäge).
Die **Quer-** oder **Schrotsäge** gibt es in zwei Ausführungen: mit einem langen, leicht geschweiften oder mit einem geraden Sägeblatt und zwei senkrecht dazu angeordneten Griffen. Ein leicht geschweift geformtes Sägeblatt ermöglicht eine wiegende Sägeführung und damit einen effizienten Spanabtransport und vermeidet ein Verklemmen des Blattes im Schnitt. Die Säge muss von zwei Personen geführt werden.
Zum Längsauftrennen des Holzes (**Längssägen**) wurde die **Schott-/Brettsäge** oder die **Rahmensäge** mit vorwiegend geradem Blatt eingesetzt. Bei Letzterer wird mit dem Rahmen das Sägeblatt gespannt, während bei der Schott-/Brettsäge die Zimmerleute die Zugspannung aufbrin-

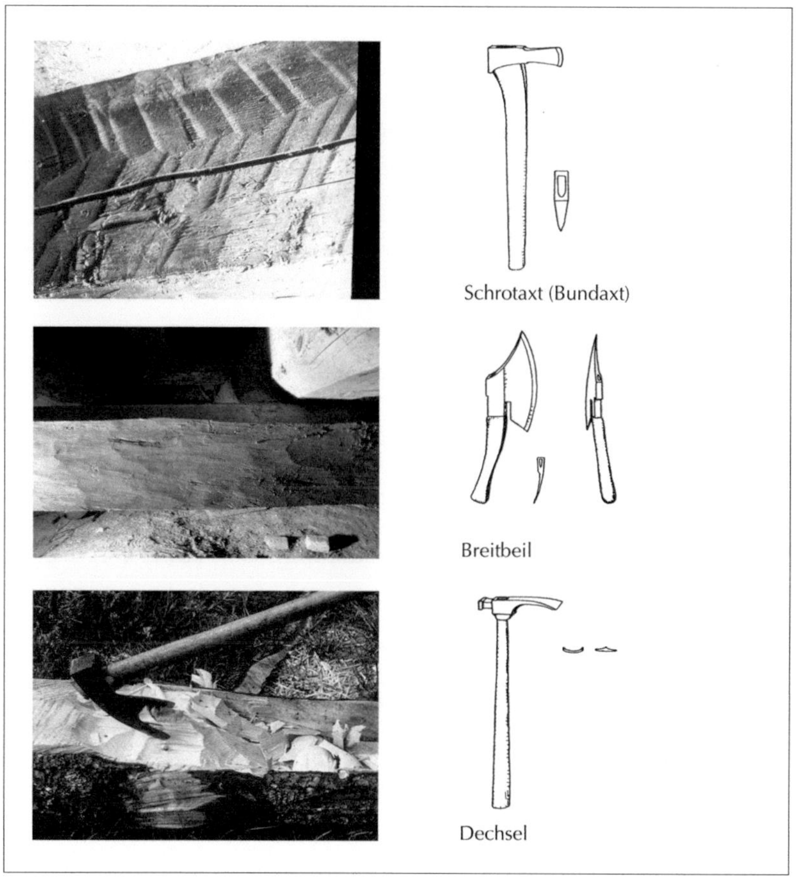

Abb. 17: (rechts) Beschlagwerkzeuge und teilweise gut erkennbare Spuren im Holz.

Abb. 18 (unten rechts): Verschiedene Sägen und ihre Spuren im Holz.

Abb. 19 (unten links): Handgetriebene Längssägen: Bock mit Rahmensäge; Gestell mit Schottsäge; Sägegrube mit Schottsäge.

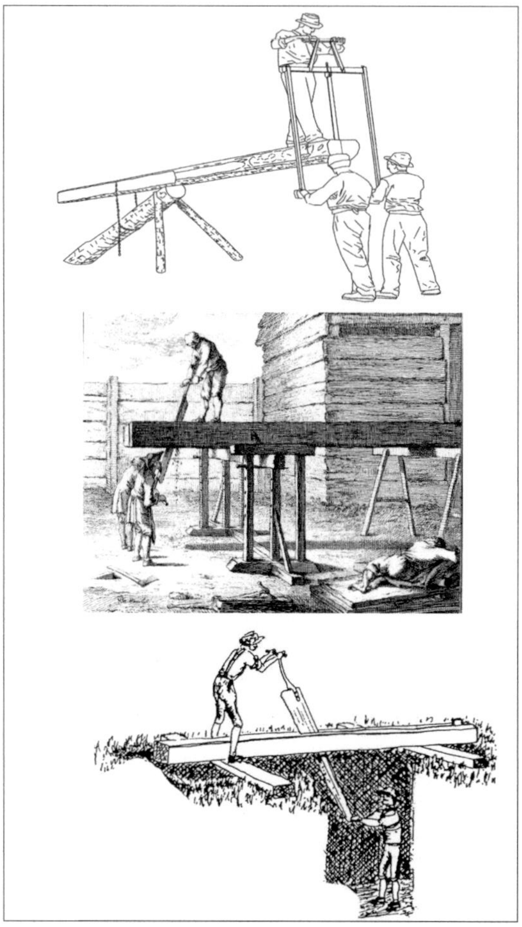

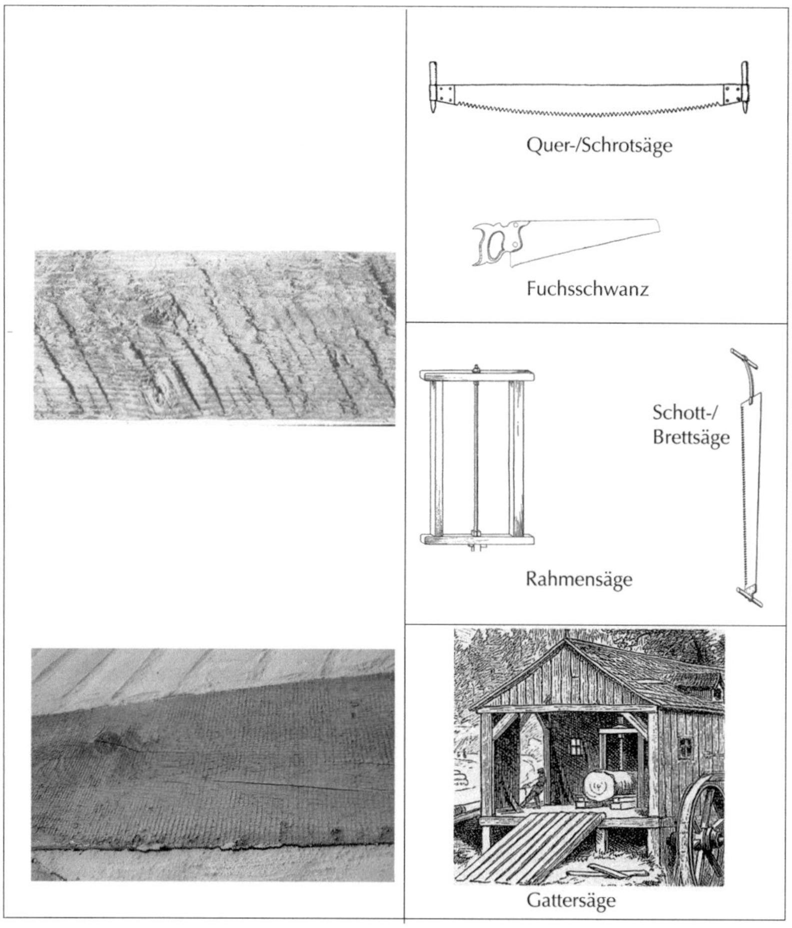

Abb. 20: Sägespuren mit dreieckigen Spaltflächen.

gen mussten. Um einen Stamm in Längsrichtung aufzusägen, musste dieser entweder auf ein Gerüst, über eine Grube oder auf einen Bock gelegt werden. Ein Säger stand unten, zog das Sägeblatt abwärts und trieb den Schnitt damit vorwärts, der zweite stand auf dem Balken oder Stamm und zog das Sägeblatt nach oben. Die schwerere Rahmensäge erlaubte ein Vorwärtstreiben mit mehreren Sägern unterhalb des Sägegutes. Zusätzlich konnte von oben geschoben werden. Die Sägen wurden leicht schräg zur Achse des Stammes geführt, damit die Sägespäne aus dem Schnitt herausfallen konnten. Entsprechend lassen sich die Sägehiebe als schräg verlaufende Spuren nachweisen. Während gerüst- oder grubengesägtes Holz in einem Zug aufgetrennt werden konnte, musste ein mittig auf einem Bock aufgelegter Stamm von beiden Enden her eingeschnitten werden. Daher verlaufen die Sägehiebe bis zur Mitte des einzusägenden Holzes gegenläufig schräg und es blieb ein dreieckiger, nicht von der Säge durchtrennter Bereich stehen. Dieser wurde am Ende des Sägevorgangs durchgebrochen oder gespalten.

Im Gegensatz zur Handsäge führt die **Gattersäge** einer Sägemühle den Baumstamm mittels mechanischen Vorschubs gegen ein feststehendes, am Ort senkrecht arbeitendes Gatter mit einem oder mehreren Sägeblättern. Dies führt zu rechtwinkligen, regelmäßigen Sägespuren an den späteren Balken, Bohlen oder Brettern.

Für kleine Einschnitte wurden **Fuchsschwänze** längs und quer zur Faser eingesetzt. Die Sägezähne sind auf Stoß gefeilt. Daher ist das Sägeblatt im Gegensatz zu den gespannten Sägen dicker, und das Sägen erfordert einen höheren Kraftaufwand. Fuchsschwänze können sowohl an kurzen Griffen als auch an langen Stielen geführt werden.

2.3.3 Bohrer

(Abb. 21)

In vorindustrieller Zeit lassen sich verschiedene Arten von Bohrern unterscheiden. Dazu gehören **Löffelbohrer**, **Schneckenbohrer** (**Verdrängungsbohrer**) mit spiralförmiger Schneide und **Bohrer mit konischer oder zylinderförmiger Schneide**. Die unterschiedliche Schneidengeometrie lässt sich im Längsschnitt der Bohrlöcher ablesen. Der Schneidvorgang der Löffelbohrer erfolgt schabend, jedoch ohne größere Schubkräfte auf die Bohrwandung. Der Bohrer muss daher mit großem Druck und entsprechend langen Hebelarmen eingedreht werden. Im

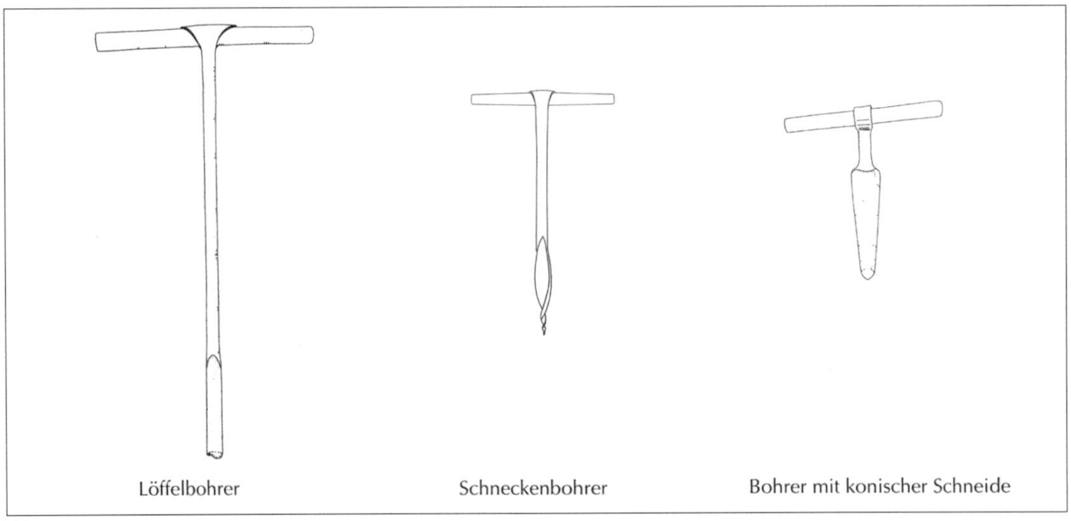

Abb. 21: Bohrer.

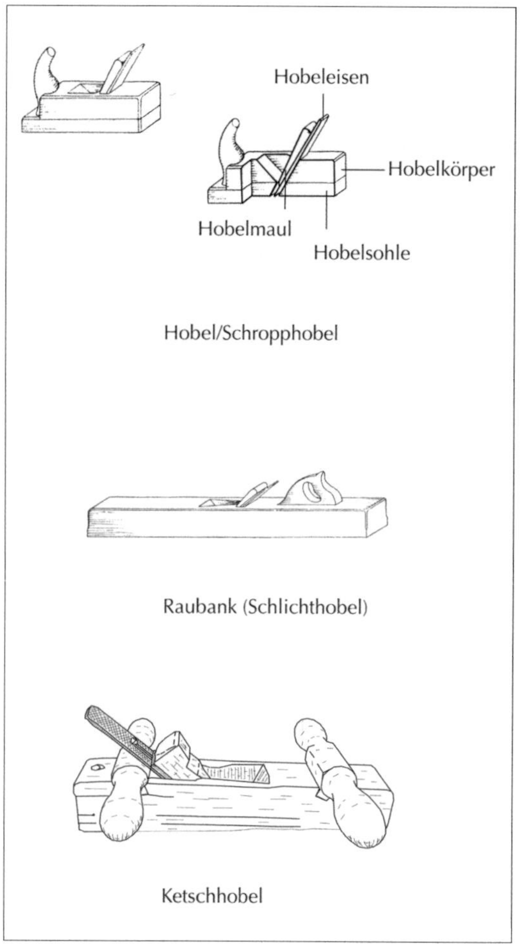

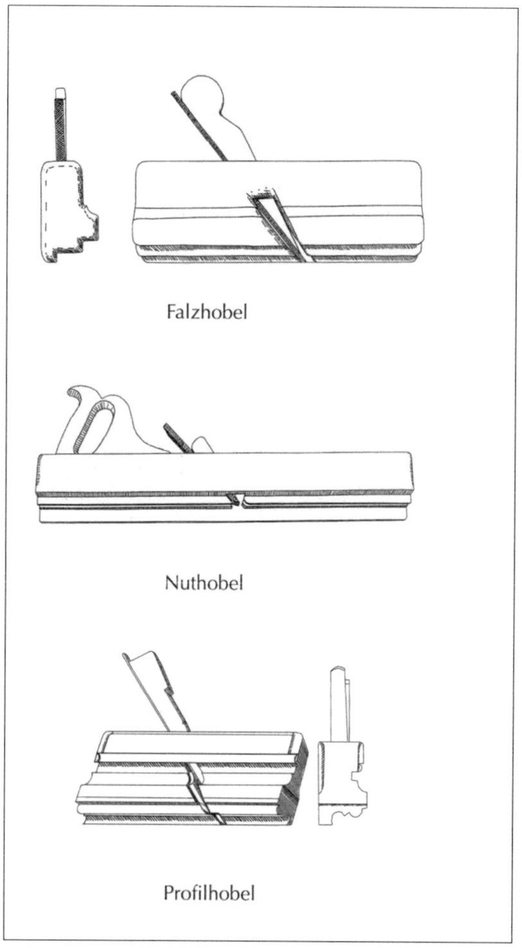

Abb. 22 (links): Hobel.

Abb. 23 (rechts): Profilhobel.

Gegensatz dazu übt der Schneckenbohrer als nicht spanabhebendes Werkzeug einen erheblichen Seitendruck auf die Bohrwand aus. Er wurde daher nur für kleine Bohrlöcher mit einem entsprechenden Abstand von Balkenkanten und -enden eingesetzt.

2.3.4 Hobel

(Abb. 22, 23)

Mit Hobeln werden Oberflächen geglättet oder Profile geschnitten. Sie bestehen aus einem **Hobelkörper** und einem schräg darin eingesetzten und verkeilten **Hobeleisen** (**Hobelklinge**). Der Hobel wird in Faserrichtung bewegt, wobei der Span abgenommen wird. Der Spanabnahmevorgang entspricht einem Spaltvorgang wie bei der Axt. Hier wird der Span jedoch am **Hobelmaul** gebrochen und die **Hobelsohle** verhindert ein ungleichmäßig tiefes Eindringen des Eisens. Gehobelte Flächen sind in der Regel sehr glatt. Das Hobeleisen lässt sich aber nur schwer über eingewachsene Äste führen, weil hier die Faserrichtung von der Hobelrichtung abweicht. Dies führt zum Ausreißen der Faser und häufig zu Scharten an der Schneide. Diese erzeugen auf den gehobelten Oberflächen eine leicht erhabene Linie. Dadurch sind gehobelte Oberflächen einfach nachzuweisen.

Die Hobel lassen sich nach der Ausformung der Hobeleisen unterscheiden. Der **Schropphobel** (**Schrupphobel**) weist eine schmale, gerundete Schneide auf, mit der eine lange und tiefe Spanabnahme möglich ist. Er wurde zum schnellen Abtragen von Unebenheiten eingesetzt. Die **Raubank** (**Schlichthobel**) und der von zwei Personen geschobene **Ketschhobel** sind gekennzeichnet durch besonders breite Hobeleisen von 6–8 cm.

Für die Herstellung von Falzen und Nuten wurden entsprechende **Falz-** und **Nuthobel** eingesetzt. **Profilhobel** erzeugen geschweifte, gekehlte oder karniesförmige Profile.

2.3.5 Sonstige Werkzeuge

Hilfsmittel zum Nivellieren, Messen, Abtragen und Anreißen

(Abb. 24–26)

Schnüre, Winkel, Fuß- und Ellenmaße dienten

Abb. 24: Arbeit mit der Schlagschnur. Lötschental (Schweiz), 1934.

Abb. 25: Werkzeuge zum Anreißen.

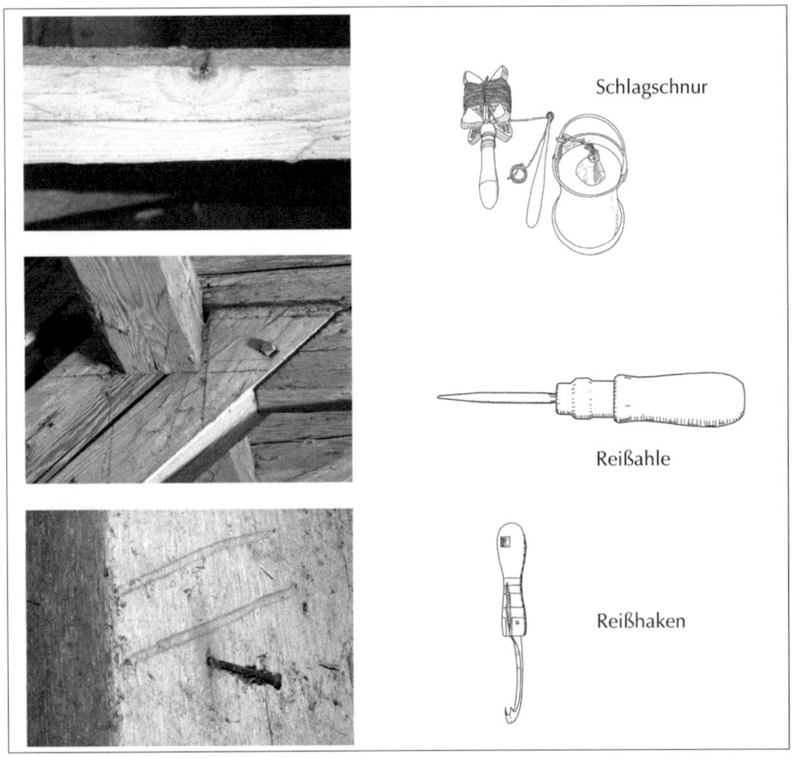

zum Abtragen von Längen. Die Bauteilabmessungen wurden in der Regel als ganzzahlige Vielfache der Fuß- und Ellenmaße hergestellt. Daraus ergibt sich eine direkte Proportionierung von Gebäudelängen, Tiefen- und Höhenmaßen sowie der Bauholzabmessungen. Um gerade Fluchten auf Stämmen oder Balken aufzubringen, wurde eine mit Ruß oder Rötel eingefärbte, gespannte Schnur gegen das Holz geschlagen. Ruß oder Rötel der **Schlagschnur** sind zum Teil an den verbauten Balken nachzuweisen. **Lot** und **Setzwaage** dienten zur Prüfung der senkrechten und waagerechten Stellung von Ständern und Balken. Das Lot ist ein kegelförmiges, an einer dünnen Schnur hängendes Gewicht (**Senkblei**). Die Setzwaage ist ein Vorläufer der Wasserwaage, bestehend aus einem gleichschenkligen Dreieck, in dem an der Spitze gegenüber der Basis ein Lot aufgehängt ist. Die Setzwaage kann mit einer Gradbogeneinteilung versehen sein, die sie auch für einfache Nivellierarbeiten nutzbar macht.

Zum Anreißen von Stichen oder Schnitten quer zur Faser wurden die **Reißahle** oder der **Reißhaken** verwendet. Während die Reißahle aus einem spitzen Dorn und einem Griff besteht, weist der Reißhaken eine V- oder U-förmige Schneide auf. Entsprechend ist die Reißahle nur als Ritzspur nachzuweisen, während der Reißhaken einen V-förmigen oder leicht ausgerundeten Einschnitt hinterlässt. Mit einem **Zirkel** wurden Kreise gezogen, Maße abgegriffen, Entfernungen abgesteckt und Teilungen ausgeführt.

Abb. 26: Werkzeuge zum Nivellieren, Messen und Abtragen: Schnüre, Winkel, Setzwaage und Zirkel.

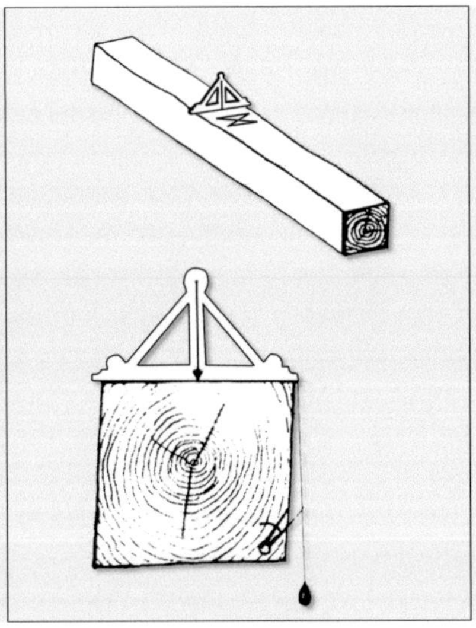

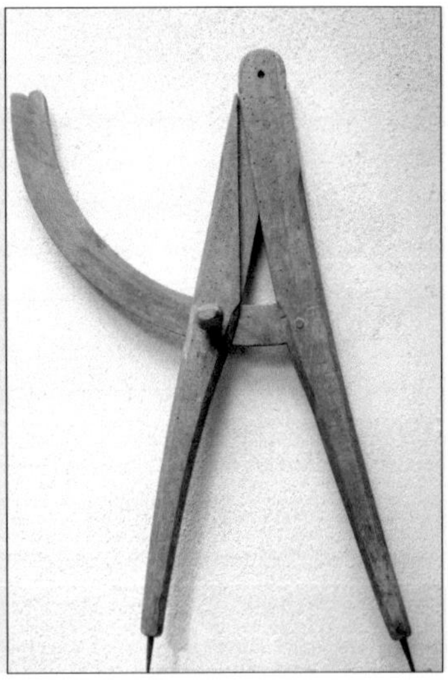

Zur Markierung dienten ebenfalls **Kohle-**, **Rötel-** oder **Kreidestifte** und spätestens ab der Mitte des 19. Jahrhunderts **Bleistifte**.

Stechwerkzeuge

(Abb. 27)

Die Stechwerkzeuge wurden zum Einbringen von Vertiefungen genutzt. Sie lassen sich in **Stecheisen** (**Stemmeisen**) mit gerader Klinge und **Hohleisen** mit gebogener Klinge unterscheiden. Die **Stoßaxt** weist wie das Stecheisen eine gerade Klinge auf, ist aber mit einem abgewinkelten Griff zur Erzielung einer größeren Stoßkraft ausgestattet.

Zur Herausarbeitung von Zapfenlöchern kam die **Kreuzaxt** zum Einsatz. Sie besitzt an beiden Enden jeweils eine Schneide, die quer zueinander angeordnet sind.

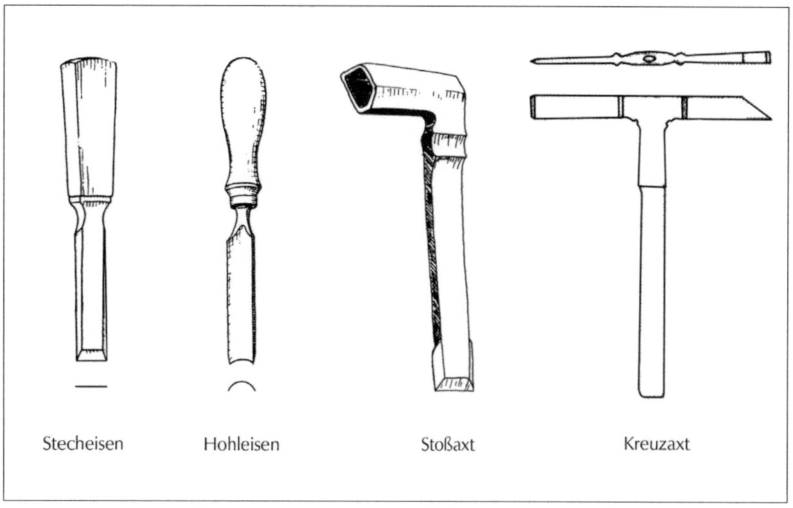

Abb. 27: Stechwerkzeuge.

Zieheisen

(Abb. 28)

Das **Zieheisen** besteht aus einer geschweiften Klinge und zwei Griffen. Der Bearbeiter zieht das Eisen in Faserrichtung auf sich zu und spannt dazu die zu glättenden Holzteile wie Schindeln, Holz- und Floßnägel in spezielle **Klemmbänke** ein.

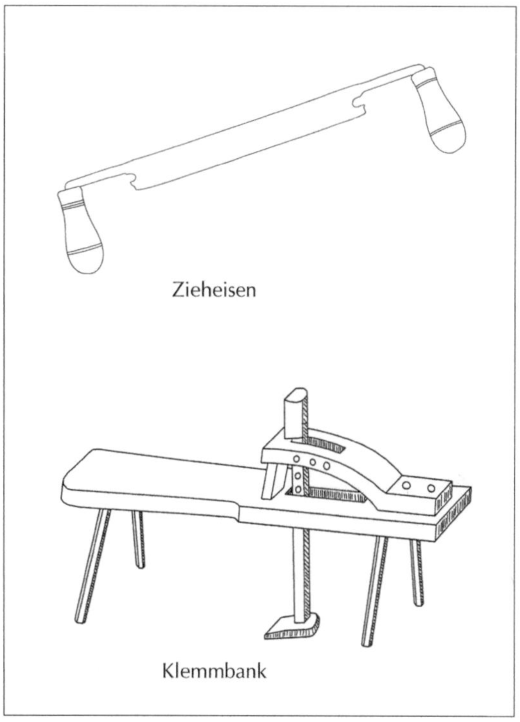

Abb. 28: Zieheisen und Klemmbank.

2.4 Zurichten eines Stammes

(Abb. 29, 30)

Für das Beschlagen eines Stammes zu einem Balken wurde der gewünschte viereckige Querschnitt mit Senkblei und Winkel auf beiden Stirnseiten aufgetragen, dann eine mit Ruß oder Rötel eingefärbte Schlagschnur angehalten und durch Hochziehen und Loslassen derselben die Kanten des Balkens markiert. Daraufhin schlug man mit der Schrotaxt in regelmäßigen Abständen Kerben in den Stamm, die in ihrer Tiefe bis auf die Oberfläche des künftigen Balkens reichten, und hieb die dazwischen befindlichen Schwartenabschnitte ab. Zu tief geratene Kerben lassen sich manchmal in einem Abstand von 60–80 cm noch an Balken nachweisen.

Anschließend wurden die mit groben Hiebschlägen versehenen Oberflächen mit dem Breitbeil beschlagen, so dass eine glatte Oberfläche entstand. In seltenen Fällen erfolgte ein Glätten der Oberflächen mit Zieheisen oder Ketschhobel.

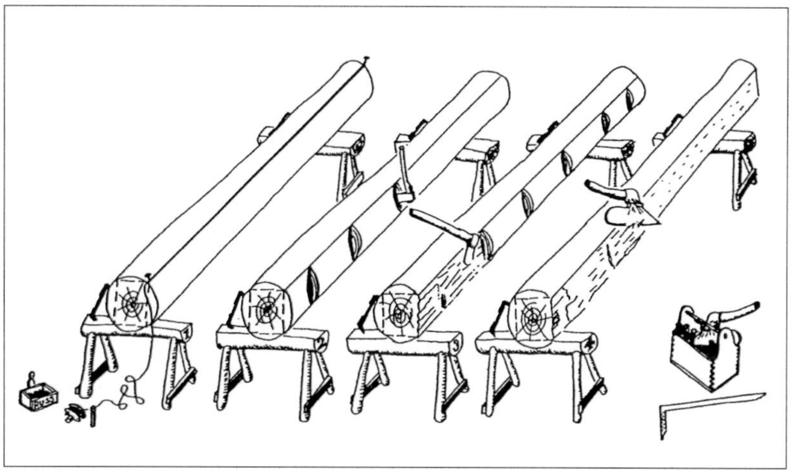

Abb. 29: Schritte zur Herstellung eines Balkens aus einem Rundstamm: Markieren, Kerben, Abschwarten, Glätten.

Abb. 30: Zu tief geratene Kerben durch eine Schrotaxt im geglätteten Balken.

An vielen Stellen ist der Balken nicht scharfkantig, sondern besitzt noch Teile der Stammrundung, die **Waldkante**. Durch das Belassen der Waldkante konnte ein größerer Querschnitt erreicht werden. Im Kantholzblockbau wird die Waldkante dagegen in der Regel vollständig abgearbeitet, weil es vielmehr auf einen gleichmäßigen Querschnitt der Balken über die gesamte Länge ankam (vgl. Kap. Blockbau, S. 71 ff.).

Entsprechend dem Stammwuchs verjüngt sich der Balkenquerschnitt bei besonders langen Balken (**Abholzigkeit**). War nur eine gleich bleibende Höhe wichtig, wurde die Verjüngung in der Breite meist belassen. Die Folge war ein Balkenquerschnitt, der an einem Ende bedeutend breiter als hoch war.

Sollten aus einem dicken Stamm mehrere Balken durch Aufsägen gewonnen werden, beschlug man ihn zunächst vierkantig und sägte ihn dann auf, was zu unterschiedlichen Oberflächen auf den einzelnen Balkenflächen führte. Eine weitere Möglichkeit war das Aufspalten eines Stammes durch Einschlagen von Keilen. Dies hat häufig tiefe Furchen innerhalb der geglätteten Balkenflanken hinterlassen.

2.5 Dimensionierung von Bauhölzern

(Abb. 31, 32)

Für die Bauhölzer im historischen Holzbau gibt es eine Vielzahl von Bezeichnungen, ohne dass damit eine überregional verbindliche, normierte Dimensionierung verbunden gewesen wäre. Ungeachtet dessen lassen sich in der Praxis anhand der Höhen- und Breitenmaße Gruppen differenzieren. Zusätzlich sind funktionale Aspekte zu beachten.

Balken sind aus dem vollen Holz geschlagen oder gesägt und besitzen quadratische bis rechteckige Querschnitte. Entsprechend ihrer zugedachten Aufgabe und orientiert an den zur Verfügung stehenden Bäumen liegen die niedrigsten Maße bei ca. 10 cm × 10 cm, während ausgesprochen groß dimensionierte Balken Querschnittsseitenlängen von bis zu 60 cm erreichen können. Wenn der Kern erhalten bleibt, spricht man von einem **vollholzigen Balken**. Das **Halbholz** (**Hälbling**) entsteht durch Aufsägen oder Aufspalten eines vollholzigen Balkens. **Viertelhölzer** entstehen durch entsprechende Aufteilung der Halbhölzer.

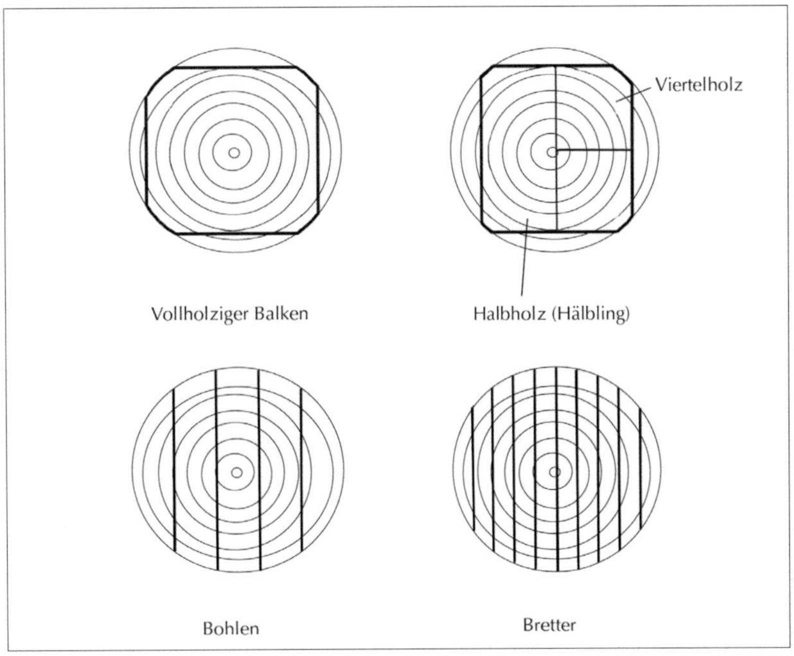

Abb. 31 (unten links): Verwertungsmöglichkeiten eines Stammes für Bauhölzer.

Abb. 32 (unten rechts): Dachlattung.

Balken können bei unterschiedlichen Seitenlängen des Querschnitts breitkant oder hochkant verbaut werden.

Latten als meist am geringsten dimensionierte Bauhölzer weisen einen gestreckten Rechteckquerschnitt auf. Vornehmlich als **Dachlatten** verbaut, resultiert ihr Querschnitt aus der Aufspaltung oder Aufsägung dünner Baumstämme oder aufgesägter Bohlen. Während die Stärken mit 2,5–3,5 cm weitgehend einheitlich sind, variiert die Breite zwischen 5 cm und 16 cm.

Kanthölzer (regional Fleckling) sind stärker dimensioniert als Latten und weisen quadratische oder leicht rechteckige Querschnitte auf.

Die Bezeichnungen **Bretter**, **Dielen** und **Bohlen** lassen sich historisch nicht eindeutig voneinander abgrenzen und werden teilweise synonym verwendet. Dennoch wird eine Differenzierung vorgeschlagen: Bretter und Bohlen können anhand der Dicke unterschieden werden. Bretter weisen Stärken bis etwa 4 cm auf, die Dicke von Bohlen variiert zwischen 4 cm und 12 cm. Vor Einführung der metrischen Maße wurden die Stärken in Zoll berechnet; das Zollmaß war regional unterschiedlich, es entsprach etwa 2,5 cm.

Die Bezeichnung Diele ist funktionsbezogen und benennt regional Bretter oder Bohlen, die ausschließlich als Bodenbelag verwendet werden. Bohlen werden auch als wand- und deckenschließende Elemente (Bohlenstube) in variierender Stärke verbaut. Die im Blockbau verwendeten Bohlen (**Bohlenblockbau**) weisen meist ein Höhen-Breiten-Verhältnis von etwa 8:1 auf, die Stärke variiert zwischen 6 cm und 10 cm, mit einer Länge von 4–5 m (vgl. S. 71).

Abb. 33: Abbundplatz mit den notwendigen Zurichtwerkeugen in einer Darstellung von Hieronymus Rodler, 1531: Winkel (a), Farbkasten mit Schlagschnur (b), Zirkel (c). Außerdem abgebildet: Fuchsschwanz (d), Bauklammer (e), Breitbeil (f), Löffelbohrer (g), Knüpfel (h), Stecheisen (i), Schrotaxt (k), Schrotsäge (l).

2.6 Abbundorganisation und Abbundzeichen

(Abb. 33–43)

Der historische Holzbau ist durch ein hohes Maß an Vorfertigung gekennzeichnet. Das Zurichten der Bauhölzer bezeichnet man als **Abbinden** oder **Abbund**. Da an den Baustellen oftmals nicht genug Platz für das Auslegen der Hölzer war, verfügten größere Orte über spezielle **Zuricht-**, **Abbund-** oder **Zimmerplätze**. Dazu konnte jede ebene Fläche dienen. Auf dieser richtete man die Hölzer für den Abbund aus (**Abbundebene**). Dies konnte durch das Unterlegen von Keilen unter die Bauhölzer

Abb. 34: Auslegen der Balkenlage auf einer Ebene. Aufbau einer Scheuer aus Kleinrinderfeld (Lkr. Würzburg) im Freilandmuseum Bad Windsheim, 1999.

Abb. 35: Reißboden des Holzgerüstes eines Bauernhauses im Emmental (Kt. Bern), 1945.

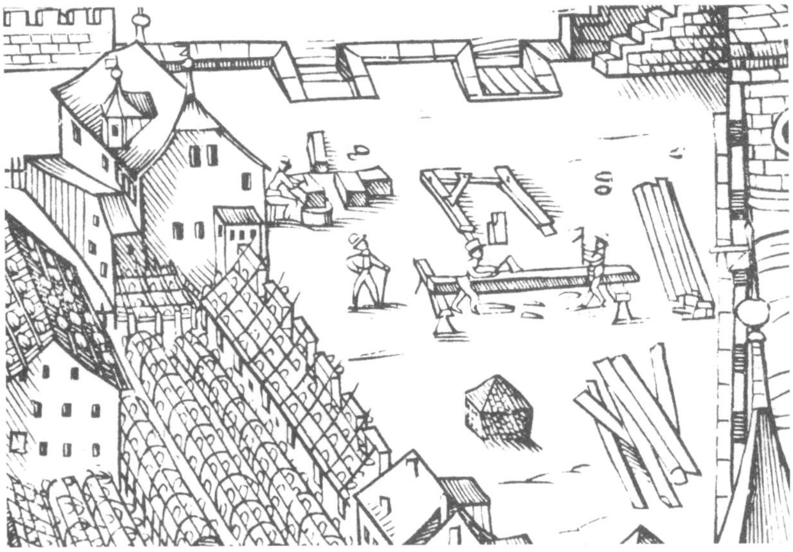

Abb. 36: Abbundplatz mit Zurichten eines Balkens und Auslegen eines Bundes. Detail aus einer Stadtansicht von Zürich, Jos Murer, 1576.

Abb. 37: Ansicht und vereinfachter Grundriss der Bundseite an einer Fachwerkaußenwand. Kandern-Tannenkirch, Ortsteil Ettingen (Lkr. Lörrach), Im Winkel 4, 1473/74 (d).

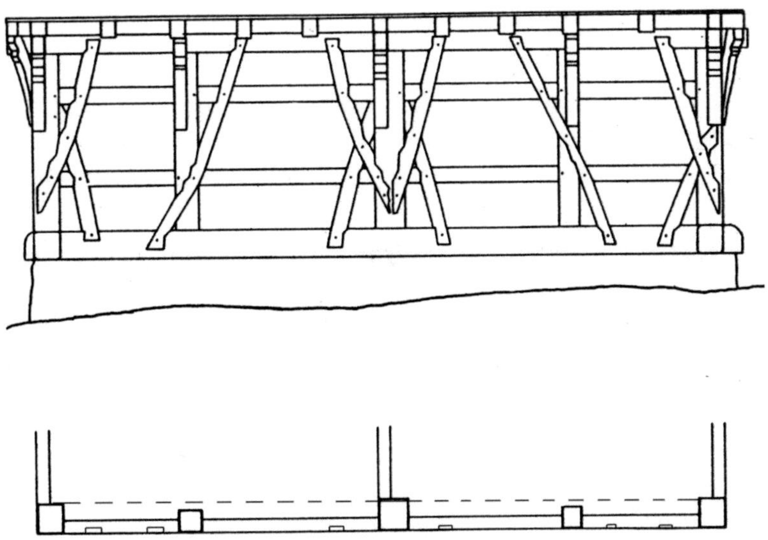

oder durch das Auslegen eines **Balkenrostes** erreicht werden. Von einem **Reißboden** spricht man, wenn auf dem Balkenrost Bretter aufgenagelt waren. Auf diesem wurden dann die Positionen der abzubindenden Hölzer mit Hilfslinien vorgerissen (**Aufriss**).

Die beim Abbund oben liegende Holzfläche, auf der auch die Verbindung angerissen wird und die Markierung erfolgt, wird allgemein als **Bundseite (Abbundseite)** bezeichnet. Nur wenn die Bundseiten eines Abbundes eine gemeinsame Ebene ausbilden (**bündiger Abbund**), entsteht eine **Bundseitenebene**, nicht so, wenn die Hölzer mit ihren Bundseiten keine gemeinsame Ebene einnehmen (**nichtbündiger Abbund**) bzw. diese auf ihre Mittelachse bezogen abgebunden werden (**zentralaxialer Abbund**). Die Lage der Bundseiten ist nur selten frei wählbar. So zeigen die Bundseiten der Außenwände üblicherweise nach außen, während die Bundseiten innerhalb des Gerüstes auch bestimmten Anforderungen, wie sie sich zum Beispiel aus den Wandfüllungen ergeben, unterworfen sein können.

Alle in einer Abbundebene abgezimmerten Hölzer werden als **Bund** bezeichnet. Die Summe aller im Rahmen eines Bauvorgangs angefertigten Bünde ergibt eine **Abbundeinheit**. Bünde können rechteckige, dreieckige (Giebeldreieck) oder polygonale (Giebelwand) Aufrisse aufweisen. Geometrisch werden Bünde aus dem Grundriss entwickelt und als **Quer-** und **Längsbünde** bezeichnet (quer bzw. parallel zum First). Ist keine Unterscheidung zwischen Quer- und Längsbünden möglich, spricht man von **zentrierten Gerüsten**, die aus **Seiten-**, **Diagonal-** und **Radialbünden** bestehen können. Zu den Bünden gehören auch die Balkenlagen. Der Verlauf der Bünde definiert die **Bundachsen**. Im Unterschied zur üblichen Verwendung des Begriffs Achse als einer gedachten Linie durch den geometrischen Mittelpunkt eines Körpers bezeichnet der Begriff Bundachse die Flucht der Bundseite.

An den Kreuzungspunkten von Quer- und Längsbund (**Bundachsenschnittpunkt**) sind die tragenden **Bundständer** angeordnet, die jeweils zwei meist rechtwinklig aufeinanderstoßende Bundflächen besitzen. Als Bestandteil mehrerer Bünde sind Hölzer wie z. B. Bundständer entsprechend oft abgebunden.

Die Deckenbalken sind zum Querbund (**Querbalkenlage**) oder zum Längsbund (**Längsbalkenlage**) gleichgerichtet. In vielen Fällen (z. B.

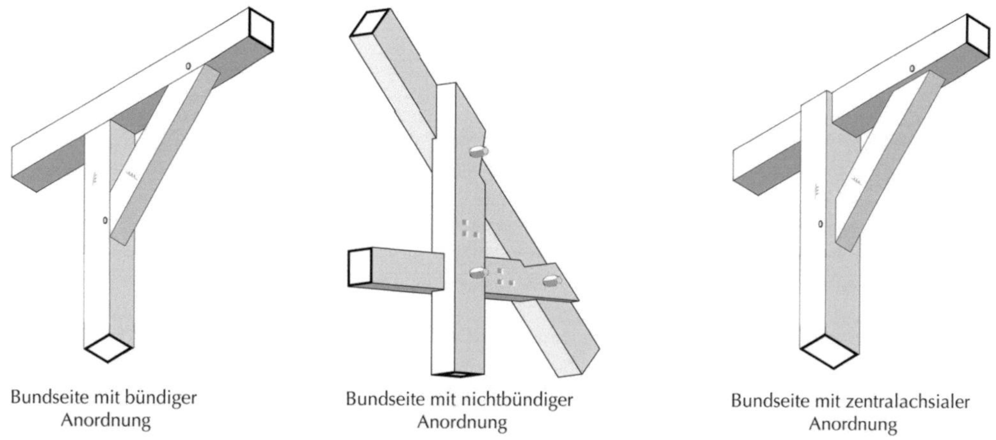

Abb. 38: Bundseiten.

bei zentrierten Gerüsten oder Auskragungen) sind die Deckenbalken miteinander und mit Stichbalken in wechselnder Ausrichtung z. B. radial oder fächerförmig kombiniert (**Radialstich-**, **Schrägstich-**, **Fächerstichbalkenlage, Balkenstern**).

Quer- und Längsbünde gliedern den gesamten Baukörper und geben die Gerüststruktur mit **Querzonen** und **Längszonen** in der Horizontalen und **Aufrisszonen** in der Vertikalen vor, die unabhängig von der Raumstruktur sein können. Es gibt auch Gerüste, die ausschließlich Quer- oder Längsbünde besitzen (z. B. das Grundsystem des Sparrendaches). Die kleinste durch das Gerüst gebildete Einheit bezeichnet man als **Feld**. Im Grundriss definieren die Bundständer die Felder (**Grundrissfeld**), im Aufriss die Bundständer, Schwellen bzw. Fundamente, Rähme,

Abb. 39: Bünde, Zonen und Felder im Grundriss.

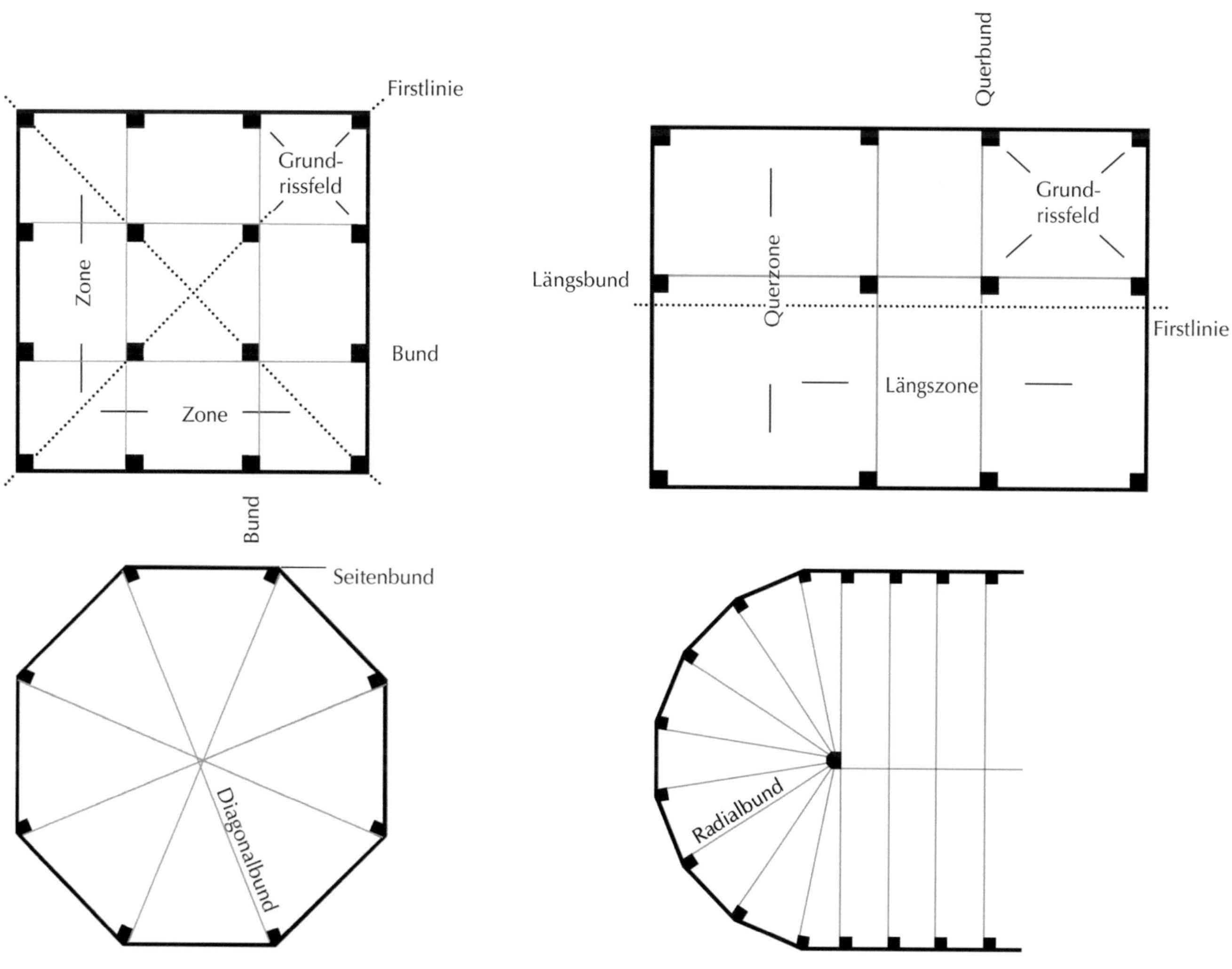

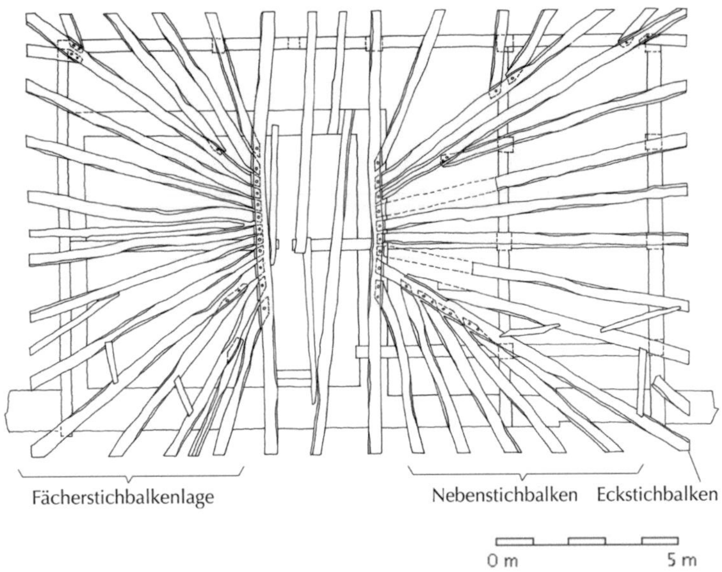

Abb. 40: Dachbalken als Fächerstichbalkenlage. Sog. Schoberhaus, Pfullendorf (Lkr. Sigmaringen), Museumsstraße 2, 1358 (d).

Abb. 41: Verschiedene Formen von Abbundzeichen.

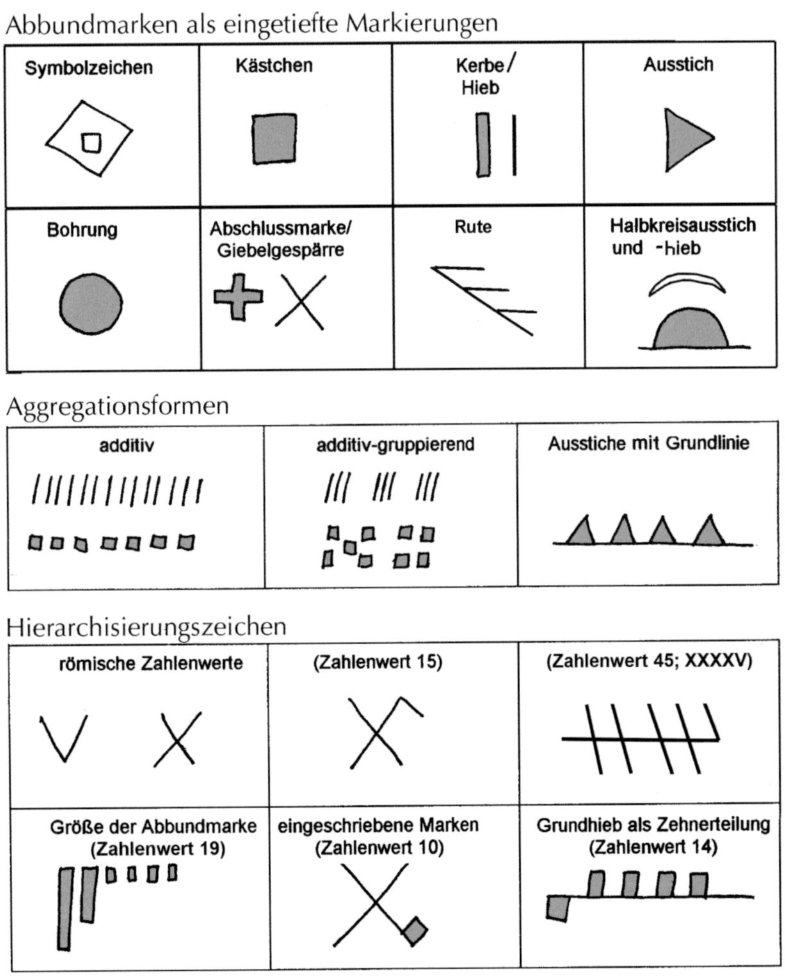

Geschossriegel und Sparren (**Aufrissfeld**). Bei komplexeren Grundrissen ist eine Benennung in Zonen nicht immer exakt möglich.

Bei Gleichartigkeit der Bünde eines Holzskeletts wurde zur Rationalisierung des Abbunds ein Bund als **Schablone** (**Schablonenbund**) verwendet (z. B. Sparrendreieck). So bezeichnet man den direkt auf der Abbundebene ausgelegten Bund, auf dem dann die Hölzer der folgenden Bünde nacheinander abgezimmert wurden.

Beim Vorbohren der Holznagellöcher in den aufgelegten Bünden wurde der darunterliegende Schablonenbund häufig angebohrt. Daher lassen sich diese Bünde – besonders in Dachwerken – an den mehrfachen Anbohrungen nachweisen.

Da jede Holzverbindung individuell hergestellt wurde, konnten Bauteile nicht beliebig ausgetauscht werden. Jedes einzelne Holz musste deshalb beim Aufrichten genau wieder an die Stelle gesetzt werden, für die es abgebunden worden war. Daher war es unerlässlich, die einzelnen Hölzer für die eindeutige Zuordnung im Bund systematisch zu markieren (**Abbundzeichen**).

Im Holzgerüstbau finden sich verschiedene Arten von Abbundzeichen. Diese setzen sich aus Symbolen, Zählmarken oder Ziffern zusammen. Die Form der Marke hängt entscheidend vom gewählten Werkzeug oder Beschriftungsmittel ab. Es können eingetiefte und aufgetragene Markierungen unterschieden werden. Die eingetieften Abbundzeichen wurden entweder mit Beil, Stecheisen, Hohleisen, Reißhaken, Reißahle, Messer oder Löffelbohrer angebracht. Als aufgetragene Markierungsmittel kamen Rötel, Wachsstift, Kohle und ab der Mitte des 19. Jahrhunderts Bleistifte und Stempel zum Einsatz. Diese konnten auch zur Vorzeichnung für eingetiefte Markierungen dienen.

Man unterscheidet bei den Abbundzeichen Symbolzeichen, Zählzeichen und Zusatzzeichen. **Symbolzeichen** haben keinen Zahlenwert und wurden durch Wiederholung der Zeichen auf den benachbarten Hölzern dem Bund zugeordnet. **Zählzeichen** bestehen aus einzelnen oder mehreren an einem Bauteil aufgebrachten Abbundmarken und bilden somit einen bestimmten Zahlenwert. Die vergleichsweise unübersichtliche Darstellung bei einer additiven Reihung der Marken konnte durch eine Gruppierung in Reihen oder Blöcken verbessert werden. Durch die Einführung einer römischen Fünf (V) oder Zehn (X) anstelle einer Aggregationsform als Hierarchisierungszeichen

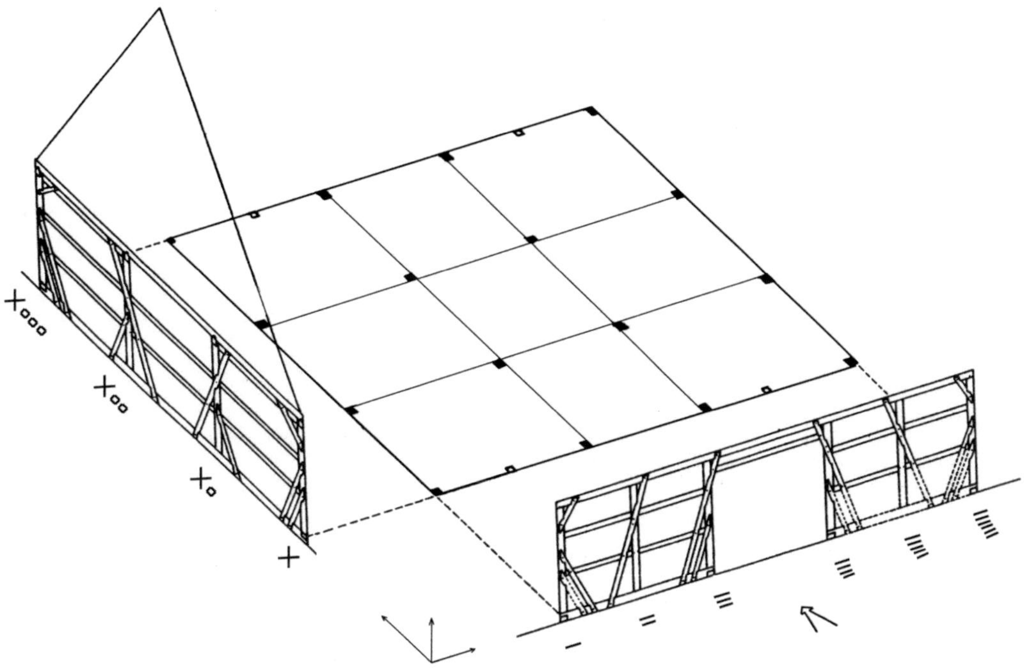

Abb. 42: Bezugsachsenschnittpunkt.

Abb. 43: Beispiel für ein dreidimensionales Abbundzeichensystem eines Hausgerüstes.

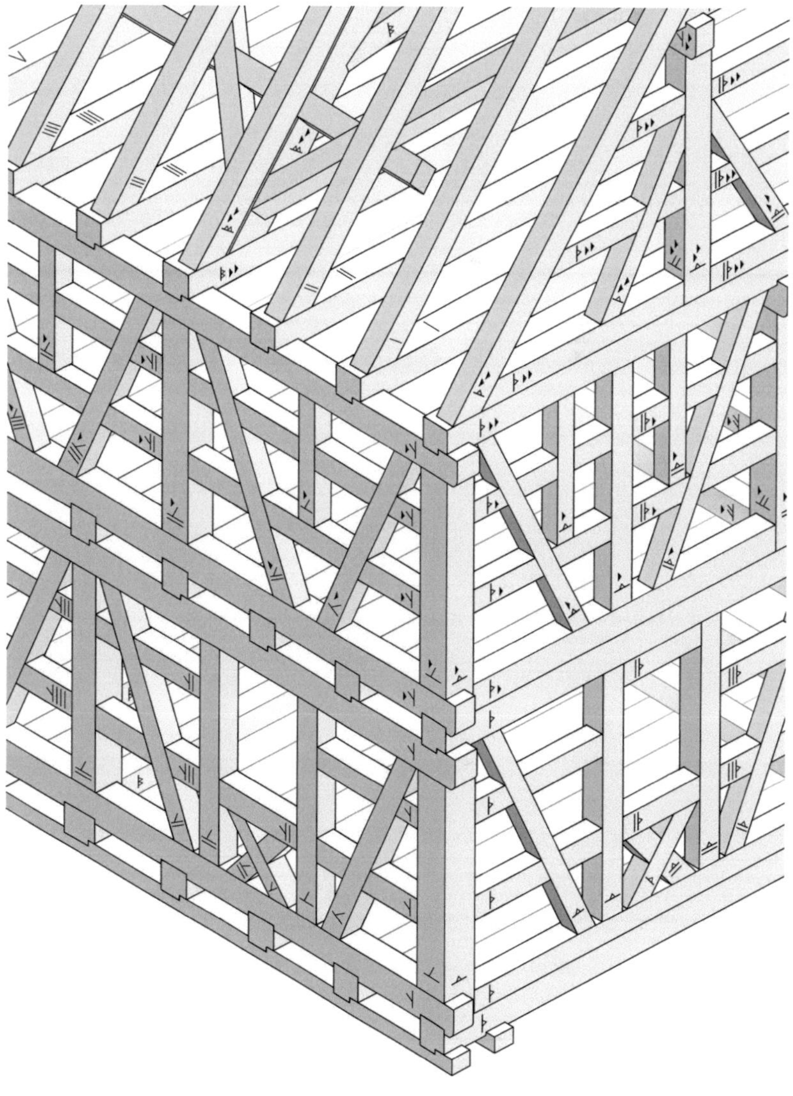

ist die Lesbarkeit von hohen Zahlenwerten deutlich erleichtert worden. Um Verwechslungen durch z. B. überkopf liegende Hölzer zu vermeiden, wurden diese nur additiv verwendet, d. h. IIII für den Zahlenwert 4 und VIIII für den Zahlenwert 9 usw. Je mehr Bauteile in einer Abbundeinheit zusammengefasst werden mussten, desto aufwendiger wurden die Abbundzeichensysteme.

Zählzeichen konnten mit **Zusatzzeichen** für die einzelnen Quer- und Längsbünde und die Stöcke ergänzt werden, so dass ein dreidimensionales System entstand.

Die Ausrichtung der Abbundzeichen spiegelt die räumliche Organisation der Haus- und Dachgerüste wider. So wurde in aller Regel mit der Markierungsfolge an der zuvor festgelegten, wichtigsten Ecke des Gebäudes begonnen (**Bezugsachsenschnittpunkt**). Bei Wohngebäuden ist das meist die Ecke, in der die Stube liegt. Die Abbundzeichen können zusätzlich nach Haus- bzw. Dachgerüsten verschieden ausgeführt sein (**Stockdifferenzierung**). Die **Traufseitendifferenzierung** stellt eine weitere Möglichkeit der räumlichen Organisation von Abbundzeichen innerhalb des Dachgerüstes dar. So wurden z. B.

||| Zählung jeweils gleicher Hölzer innerhalb einer Bundebene
◂|| mit Zusatzzeichen zur Zählung der Querbünde
◥|| mit Zusatzzeichen zur Zählung der Längsbünde
◂ Zusatzzeichen zur Zählung der Stöcke

Abb. 44: Holzgerüstbau aus Höfstetten (Lkr. Ansbach), 1367 (d). Aufrichtvorgang im Freilandmuseum Bad Windsheim 1984.

Abb. 45: Aufrichten eines Blockbaus. Bei einfachen Bauten werden die Einhälsungen unmittelbar vor dem Einfügen ausgeschnitten. Evolène (Kt. Wallis), um 1940.

die beiden Sparren eines Sparrenpaares mit unterschiedlichen Marken wie Kästchen und Hieb gekennzeichnet, die denselben Zählwert besitzen, oder es wurde einseitig eine zusätzliche Marke zu den gleichen Zählzeichen eingefügt. Auch die gewählte Lage der Zeichen am Bauteil konnte der Traufseitendifferenzierung dienen. Ziel war es, jedes Einzelteil innerhalb des Holzskelettes nach Lage und Ausrichtung eindeutig zu definieren und den Aufrichtvorgang zu erleichtern.
Beim Blockbau werden die Hölzer direkt vor Ort einzeln kranzweise aufgeschichtet, wobei die Verbindungen für den folgenden Kranz direkt am Bau in den versetzten Balken des darunterliegenden Kranzes gearbeitet werden. Aus diesem Grund sind keine Abbundzeichen beim Blockbau nötig. Eine Ausnahme bilden translozierte Blockbauten, die für den Wiederaufbau Abbundzeichen erhielten.

2.7 Aufrichten

(Abb. 44; 45)
Nach dem Abbinden brachte man das vorbereitete Holzgefüge in seinen Einzelteilen vom Abbindeplatz zur Baustelle. Dort wurde es in der Regel erstmals vollständig zusammengefügt. Der Aufrichtvorgang entspricht nicht der Reihenfolge des Abbindens.
Für den Aufrichtvorgang sind **Aufrichtungshilfen** wie temporäre Aussteifungselemente (Latten) und Fixierungen (Klammern, Bindungen) notwendig. Diese können gelegentlich noch an Holz- oder Eisennagelspuren abgelesen werden. Oftmals nutzte man auch an Bauteilen befestigte **Steighilfen** (**Steigbäume**), die teilweise für andere, spätere Nutzungen erhalten blieben. Die genauen Abläufe beim Aufrichten sind vielfach noch ungeklärt.
Auch die Zusammenhänge des Abbundes und Aufbaus im Blockbau sind bislang wenig untersucht worden. Die Blockkränze werden schichtweise übereinandergestapelt, wobei entsprechend den konisch gewachsenen Baumstämmen **Wipfel-/Zopf-** über **Wurzel-/Stockende** gelegt werden. Im Gegensatz zum Gerüstbau ist eine Differenzierung in Abbund- und Aufrichtvorgang nicht erforderlich. Lediglich im verzinkten Bohlenbau kann eine Vorfertigung erfolgen, sofern die Bohlen parallel gesäumt sind (vgl. S. 76).

II Holzverbindungen

1 Allgemeines

(Abb. 46, 47)

Eine **Verbindung** besteht aus zwei, selten auch aus mehreren aneinandergefügten Hölzern. Konzentrieren sich mehrere Verbindungen an nahezu derselben Stelle, handelt es sich um einen **Gefügeknoten.** Historische Holzverbindungen sind Holz-in-Holz-Anschlüsse. Die meisten Verbindungen entstehen durch das Ausschneiden positiver und/oder negativer Passformen. Zur besseren Erklärung der Verbindungen werden im Folgenden Hölzer mit positiver Passform als **Anschlussholz** bezeichnet, mit negativer Form als **Gegenholz.** Negative Passformen wie Sitze/Sassen, Einschnitte oder Löcher schwächen die Tragkraft der Balken, weshalb Balken mit stärker dimensionierten Querschnitten verbaut wurden, als es für das Tragen der Lasten notwendig gewesen wäre. Mussten die Hölzer in ihrer Position gesichert werden, konnten **Verbindungsmittel** aus Holz oder aus Metall zum Einsatz kommen. Je nach Aufgabe des einzelnen Bauteils innerhalb der Konstruktion wurden unterschiedliche Holzverbindungen gewählt.

Holzverbindungen sollen kraftschlüssig sein. Dies erreicht man entweder durch eine Positionierung der Hölzer in Kraftrichtung, so dass sie nicht verschiebbar sind, oder durch entsprechend formschlüssige Verbindungen bzw. zusätzliche Verbindungsmittel, die die Kraftschlüssigkeit gewährleisten.

Ein Abscheren des Holzes wird durch einen ausreichend großen Überstand über die Verbindungsstelle hinaus, das **Vorholz**, verhindert.

Da jede Verbindung individuell hergestellt wurde, konnte auf die jeweilige Form der Hölzer mit unterschiedlich ausgeprägten Kantenrundungen Rücksicht genommen werden. Man ließ dafür bei der Ausarbeitung der Passformen entsprechend Holz stehen (**Anbartung**).

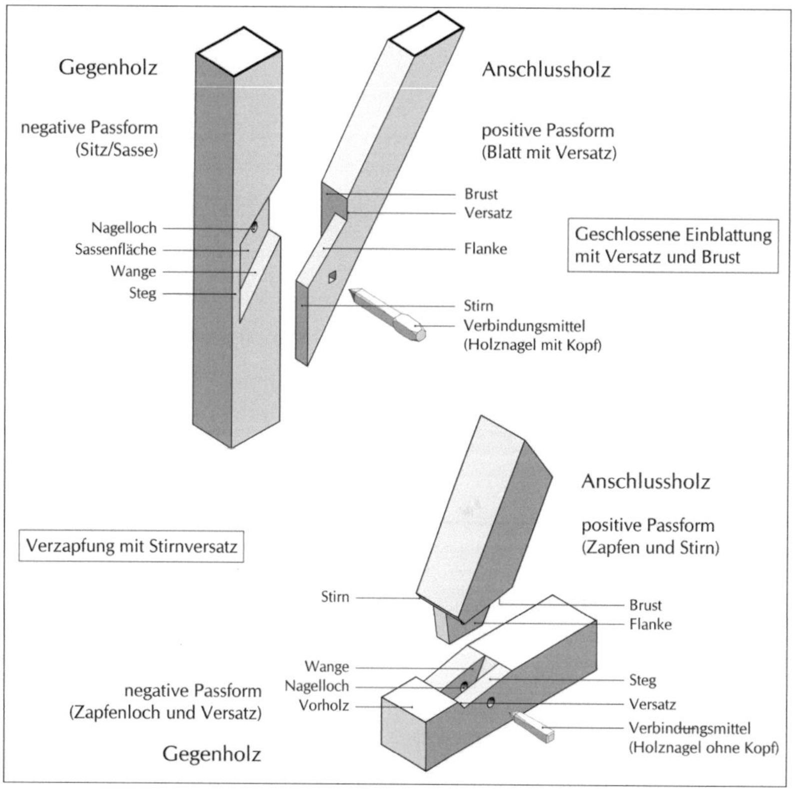

Abb. 46: Allgemeine Begriffe zur Benennung von Holzverbindungen.

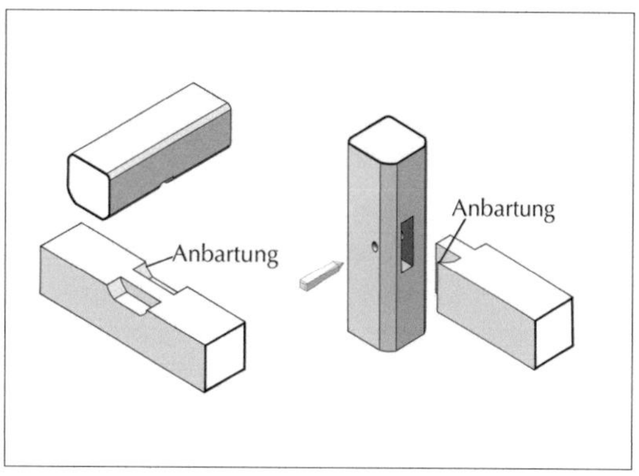

Abb. 47: Anbartung.

Viele Holzverbindungen ließen sich nur während des Aufrichtens zusammenfügen. Bei nachträglich eingebrachten Bauteilen mussten für solche Verbindungen entsprechend angepasste Lösungen gefunden werden.
Die einzelnen Holzverbindungen sind im Baubestand in unterschiedlicher Häufigkeit anzutreffen. Im Folgenden werden die Verbindungen unter zwei Aspekten vorgestellt. Zunächst werden jene erklärt, die den weitaus größten Anteil unter den Holzverbindungen ausmachen. Dann folgt die Aufzählung der Verbindungen nach deren Lage im Gefüge. Die Holzverbindungen, die für den Blockbau typisch sind, werden im Kapitel Blockbau behandelt.

2 Meistverwendete Holzverbindungen

2.1 Verzapfung

(Abb. 48–49)
Die **Verzapfung** dient der Verbindung eines Anschlussholzes mit Zapfen an ein Gegenholz mit **Zapfenloch**. Das Anschlussholz weist **Zapfen** und **Brust** auf. Der Zapfen hat die Aufgabe, die Hölzer in ihrer Position zu halten. Die Lasten werden je nach Lage der Verbindung entweder über die Brust oder über den Zapfen abgetragen.
Als einfache Steckverbindungen nehmen Verzapfungen keine Zugkräfte auf. Nur ein quer durch Zapfen und Zapfenloch gesteckter Holznagel kann diese Aufgabe zu einem gewissen Grad erfüllen. Hatte eine Zapfenverbindung größere Zugkräfte aufzunehmen, wurde ein **Zapfenschloss** ausgebildet.

Abb. 48: Gegenholz mit Zapfenloch und Anschlussholz mit Zapfen, jeweils mit Bohrung für einen Holznagel.

Abb. 49: Zapfenschloss.

2.2 Verblattung, Einklinkung, Verschränkung

(Abb. 50–53)
Verblattungen können bei anstoßenden und sich überkreuzenden Hölzern ausgeführt sein. Entsprechend wird von **Anblattungen** und **Überblattungen** gesprochen. Für eine Verblattung wird am Anschlussholz durch flächiges Reduzieren des Querschnittes ein **Blatt** ausgebildet und/oder am Gegenholz eine dazu passgenaue Eintiefung, die **Sasse**, auf der Bundseite herausgearbeitet. Sind Blatt und Sasse vorhanden, handelt es sich um eine **An-** oder **Einblattung**, gibt es keine Sasse, um eine **Aufblattung/ Blattaufnagelung**.
Eine **offene Verblattung** reicht über die gesamte Fläche des Anschlussholzes, während die **geschlossene Verblattung** wenige Zentimeter vor der Bauteilkante endet und die Sasse dadurch „geschlossen" ist.
Bei der **Verblattung mit Brust** ist die Dimension des Anschlussholzes stärker als das Blatt, so dass beim Einschneiden des Blattes eine Brust stehen blieb, die am Gegenholz anliegt. Bei der **Verblattung ohne Brust** haben Anschlussholz und Blatt die gleiche Stärke. Schließlich gibt es Verblattungen mit unterschiedlicher Stärke von Blatt und Sassentiefe, bei denen die verbundenen Hölzer nicht bündig in einer Ebene liegen. Zur Fixierung des Blattes in der Sasse dienen ein oder mehrere in der Regel vierkantige Holznägel, eingeschlagen in ein rundes Bohrloch, meist mittig im Blatt, seltener auch als Fugennägel. Bei einer Einblattung von oben in horizontaler Ebene konnte auf Holznägel verzichtet werden. Bei der Anblattung kamen unterschiedliche Blattformen zur Ausführung. In der Regel sind sie so ausgebildet, dass sie in Richtung des Anschlussholzes nicht aus der Sasse gezogen werden können und somit Zugkräfte aufnehmen.

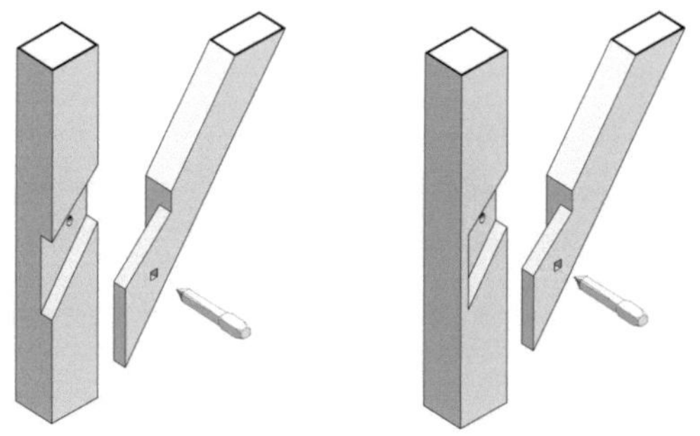

Abb. 50: Offene und geschlossene Anblattung.

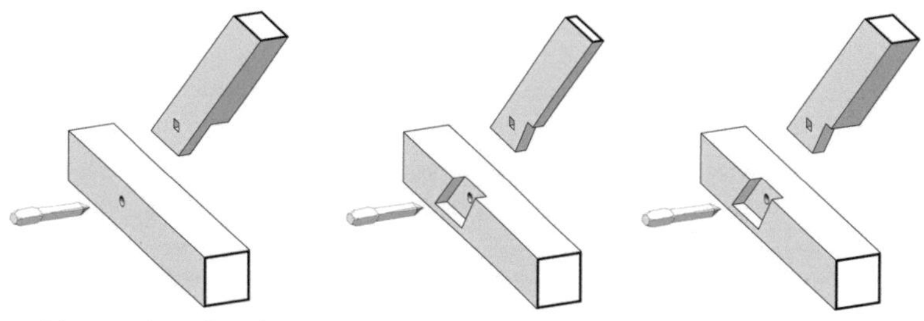

Abb. 51: Verschiedene Ausprägungen der Verblattung.

Bei geraden, nicht formschlüssigen Einblattungen übernimmt allein der Nagel den Kraftschluss. Die Übertragung von Zugkräften wird durch die Ausformung der Blätter mit Haken bzw. einseitigem oder gegenständigem Versatz (Schwalbenschwanz) verbessert. Druckkräfte werden über die Brust und bei geschlossenen Sassen zusätzlich über die Blattstirn übertragen. Allerdings ist das Blatt zur Übertragung von Druckkräften weniger geeignet. Verschiedene Kräfte können leicht zum Herausdrehen der Blätter aus der Sasse führen.

Von einer **Einklinkung** spricht man, wenn das Anschlussholz nur gering in das Gegenholz eingreift.

Die ungesicherte, im Gegensatz zur Verblattung nicht mit einem Holznagel fixierte Überkreuzung zweier Hölzer in einer Ebene kann dann als **Verschränkung** bezeichnet werden, wenn die beiden annähernd gleich dimensionierten Hölzer bis auf die halbe Tiefe eingeschnitten sind. Entsprechend besitzen Anschlussholz und Gegenholz jeweils einen **Verschränkungssitz**. Anschlussholz und Gegenholz weisen nach beiden Seiten jeweils eine Brust auf und übertragen Kräfte über diese.

2.3 Verkämmung

(Abb. 54; 55)

Verkämmungen kommen nur in horizontaler Lage vor. Durch das Eigengewicht des oben liegenden Holzes oder weiterer Auflasten besteht eine feste Verbindung. Bei der Ver-

Abb. 52 (links): Aufblattung/Blattaufnagelung.

Abb. 53 (rechts): Verschränkung.

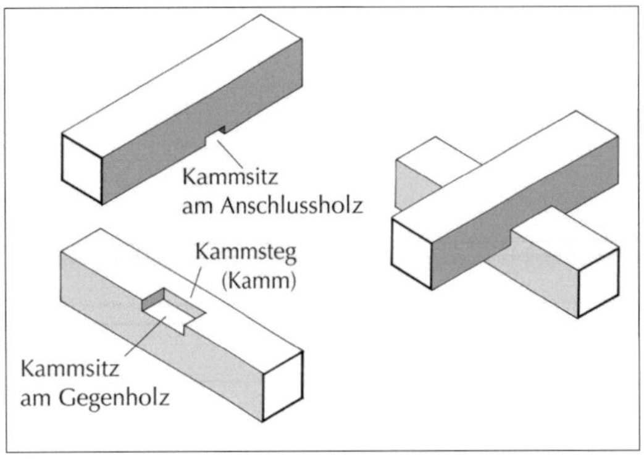

Abb. 54: Aufbau einer Überkämmung.

Abb. 55: Verkämmung. (Verbindung geöffnet).

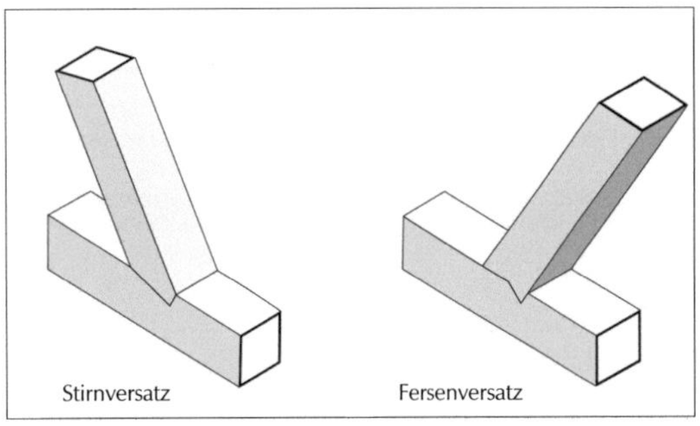

Abb. 56: Stirn- und Fersenversatz.

Abb. 57: Klaue.

Abb. 58: Kerve.

kämmung wird die Verschiebung der Hölzer durch verschiedenartig ausgeformte Einschnitte, die **Kammstege** (**Kämme**) und die **Kammsitze**, verhindert. Die Hölzer sind in der Verbindungsstelle wenig im Querschnitt reduziert und besitzen so eine hohe Lastübernahmefähigkeit. In dieser Querschnittreduzierung und darin, dass die Hölzer in zwei Ebenen liegen, unterscheidet sich die Verkämmung von der Verblattung und der Verschränkung.

Als **Überkämmung** bezeichnet man Überkreuzverbindungen, als **Ankämmung** Querverbindungen. Bei der Verkämmung mit einseitigem Sitz ist nur an einem Holz ein Kammsitz mit der Breite des Gegenholzes ausgebildet. Die Hölzer sind daher in eine Richtung verschiebbar.

Die vielfältigen Verkämmungsformen können im zusammengefügten Zustand vom Betrachter oft nicht differenziert werden.

2.4 Versatzung, Aufklauung, Aufkervung

(Abb. 56–58)

Der **Versatz** (**Versatzung**) ist ein winkelförmiger Einschnitt, in den das Anschlussholz eingreift. Versatzungen übertragen Druckkräfte und können daher sowohl als eigenständige Verbindungen als auch in Kombination mit Verblattung oder Verzapfung ausgeführt sein. Bei schrägem Anschlussholz gibt es verschiedene Formen der Versatzausbildung, wie **Stirn-** und **Fersenversatz**.

Versatzungen wurden bei horizontal, vertikal oder schräg anschließenden Hölzern zur Entlastung des Zapfens eingesetzt.

Die **Klaue** (**Aufklauung**) ist ein Einschnitt in das Stirnholz eines Schräganschlusses und wurde auf zwei Längsflächen des Gegenholzes ohne entsprechende Aussparungen aufgesetzt. Der Einschnitt konnte rechtwinklig oder schräg zur Stirn erfolgen. Die **Kerve** (**Aufkervung**) ist ein Einschnitt in ein schräg laufendes Anschlussholz ohne eine Entsprechung im quer liegenden Gegenholz.

3 Verbindungsgruppen

Die im Folgenden gezeigten Verbindungen werden entsprechend ihrer Position im Gefüge nach Quer-, Überkreuz-, Eck-, Längs-, Schräg- und Parallelverbindungen unterschieden.
Viele Verbindungen kommen in mehreren Anschlusspositionen vor und werden hier deshalb zum Teil mehrfach aufgeführt. Der hohe Variantenreichtum erlaubt keine vollständige Sammlung. Komplexe Verbindungen, als Kombination oder Verdoppelung einfacher Verbindungen ausgeführt, können mithilfe der Grundbegriffe beschrieben werden.
Gerüste sind nicht zwangsläufig streng orthogonal ausgerichtet. Deshalb sind Quer-, Überkreuz- und Eckverbindungen auch in schiefwinkliger Ausführung anzutreffen. Sie sind in der Zusammenstellung aber ausschließlich in der orthogonalen Idealform gezeigt. Für die Schrägverbindung wird immer der gleiche Darstellungswinkel benutzt, jedoch kommen die meisten Anschlüsse in unterschiedlichen Ausrichtungen vor.

3.1 Querverbindungen

(Abb. 59–62)
Eine **Querverbindung** besteht aus zwei orthogonal zusammengeführten Hölzern. Bei Queranschlüssen in der horizontalen Ebene werden Zapfen oder Blatt senkrecht zur Faserrichtung stark belastet. Die Lastübertragung kann durch eine zusätzlich abgetreppte Brust oder eine keilförmige Einlassung an der Unterseite des Anschlussholzes verbessert werden.
Bei Anschlüssen von horizontalen Hölzern an vertikale tritt ein ähnliches Problem auf. Auch hier müssen Blatt oder Zapfen Kräfte senkrecht zur Holzfaser aufnehmen. Zusätzlich konnte zur besseren Lastübertragung unterseitig eine Versatzung eingebracht werden.
Ist bei zwei horizontalen Hölzern das Anschlussholz tragend, greift es von unten in das Gegenholz ein.
Eine eigene Gruppe stellen die variantenreichen Einlassungen der Stuhlrähme in die stehenden Stuhlstreben dar.
Riegelstöße sind eine Kombination aus zwei gegenständigen Querverbindungen, zumeist aus zwei Riegeln und einem Ständer, womit sie eine Stoßstelle innerhalb einer Riegelfolge

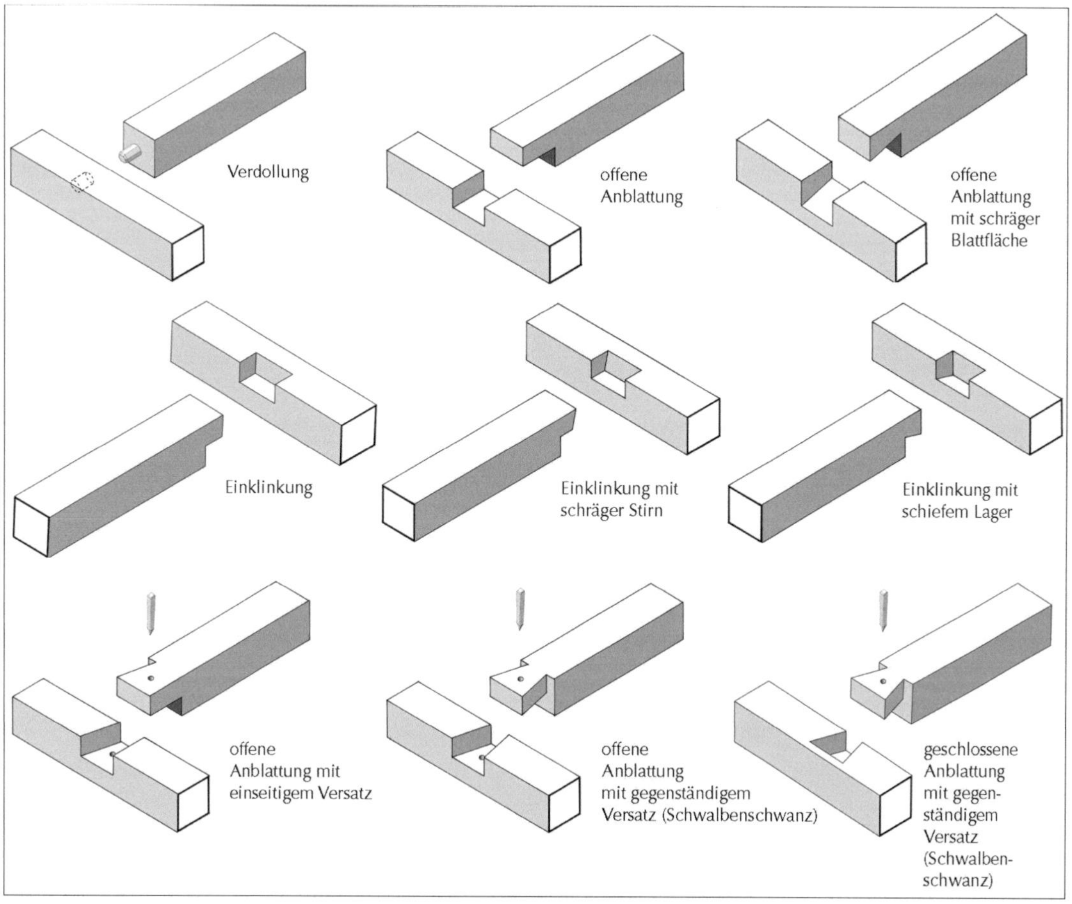

Abb. 59a: Querverbindungen in horizontaler Ebene.

Abb. 59a Fortsetzung.

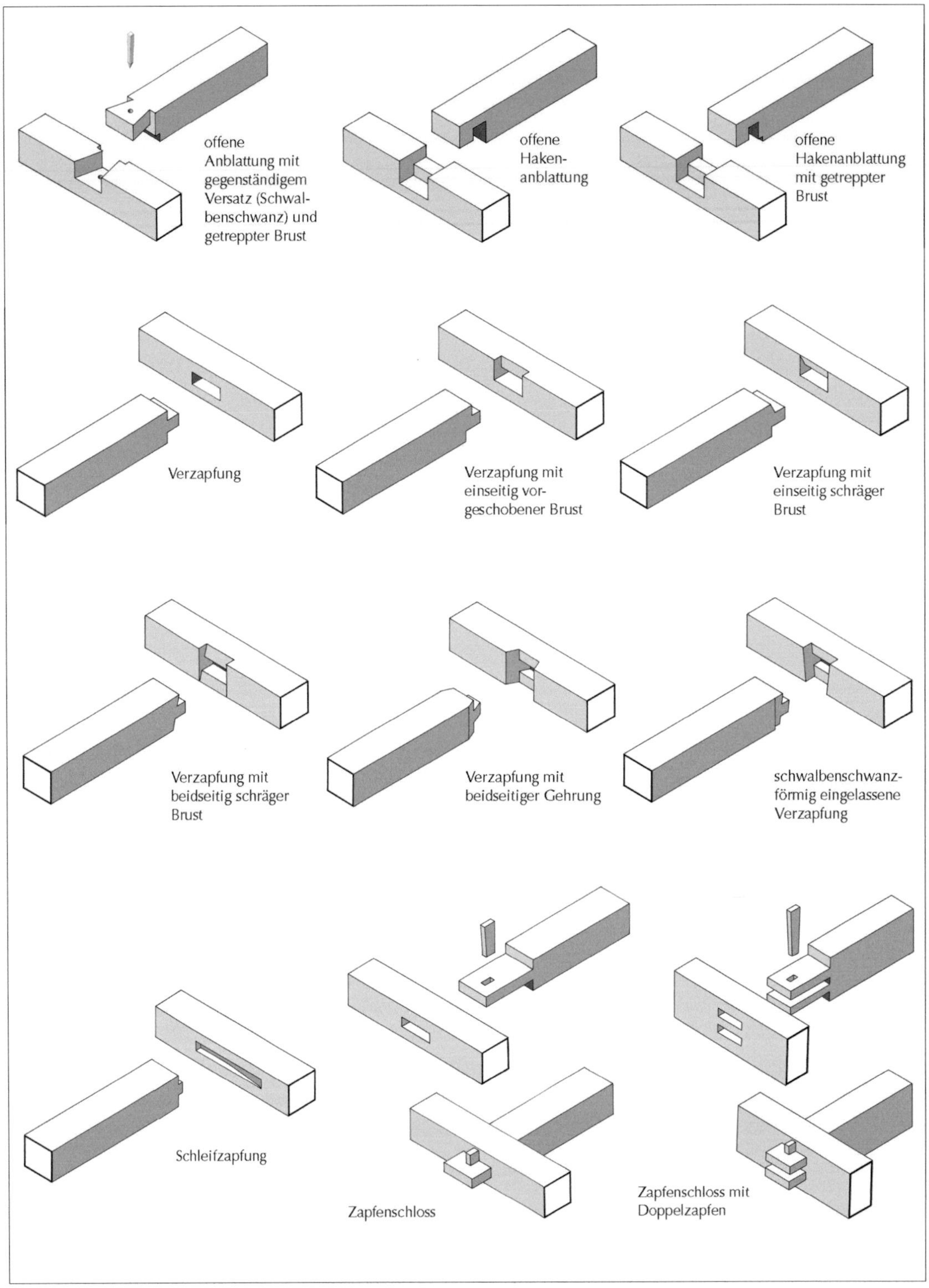

Abb. 59b: Querverbindungen in horizontaler Ebene mit unten liegendem Anschlussholz.

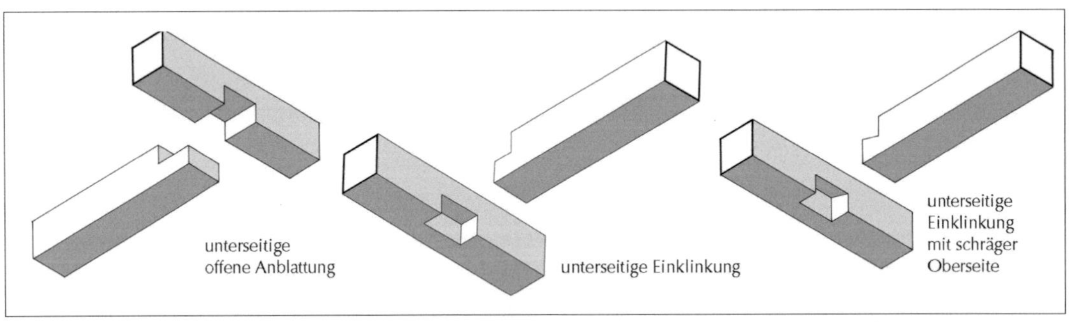

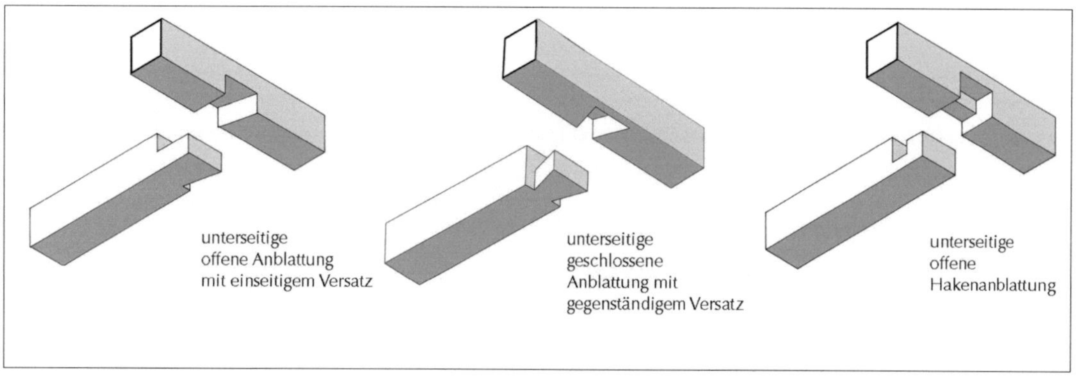

Abb. 59b Fortsetzung.

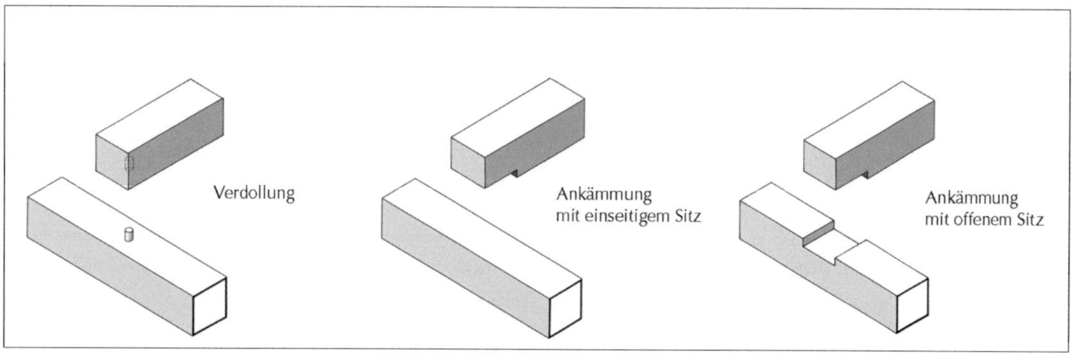

Abb. 60a: Querverbindungen in zwei Ebenen.

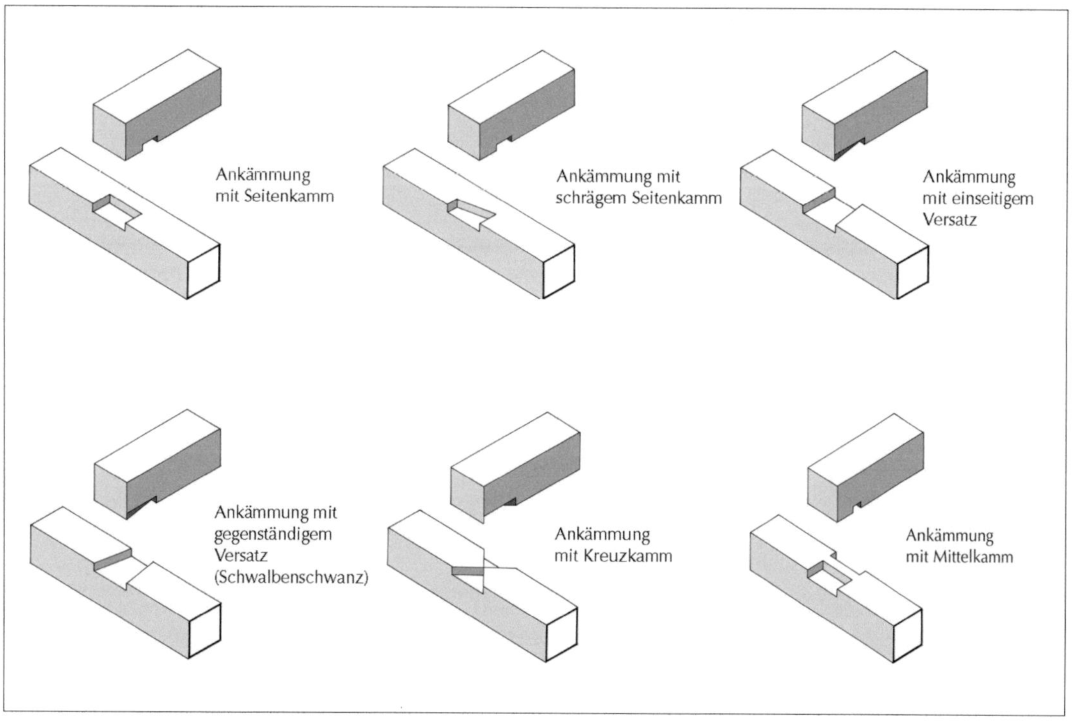

Abb. 60b: Querverbindungen in zwei Ebenen als Verkämmung.

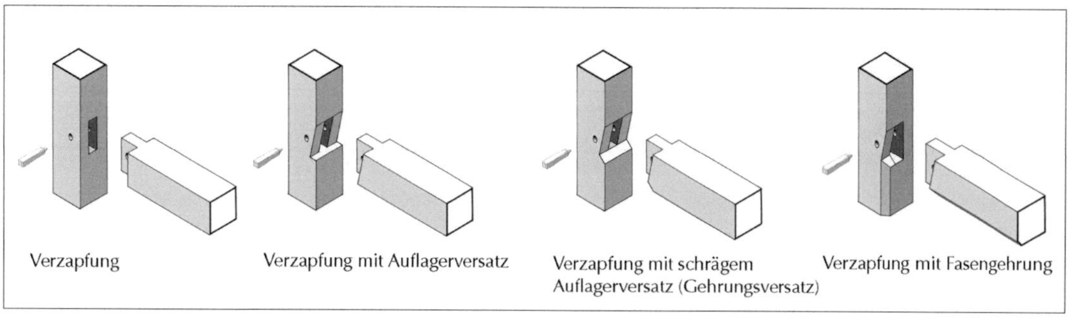

Abb. 61a: Querverbindungen horizontal an vertikal.

Abb. 61a Fortsetzung.

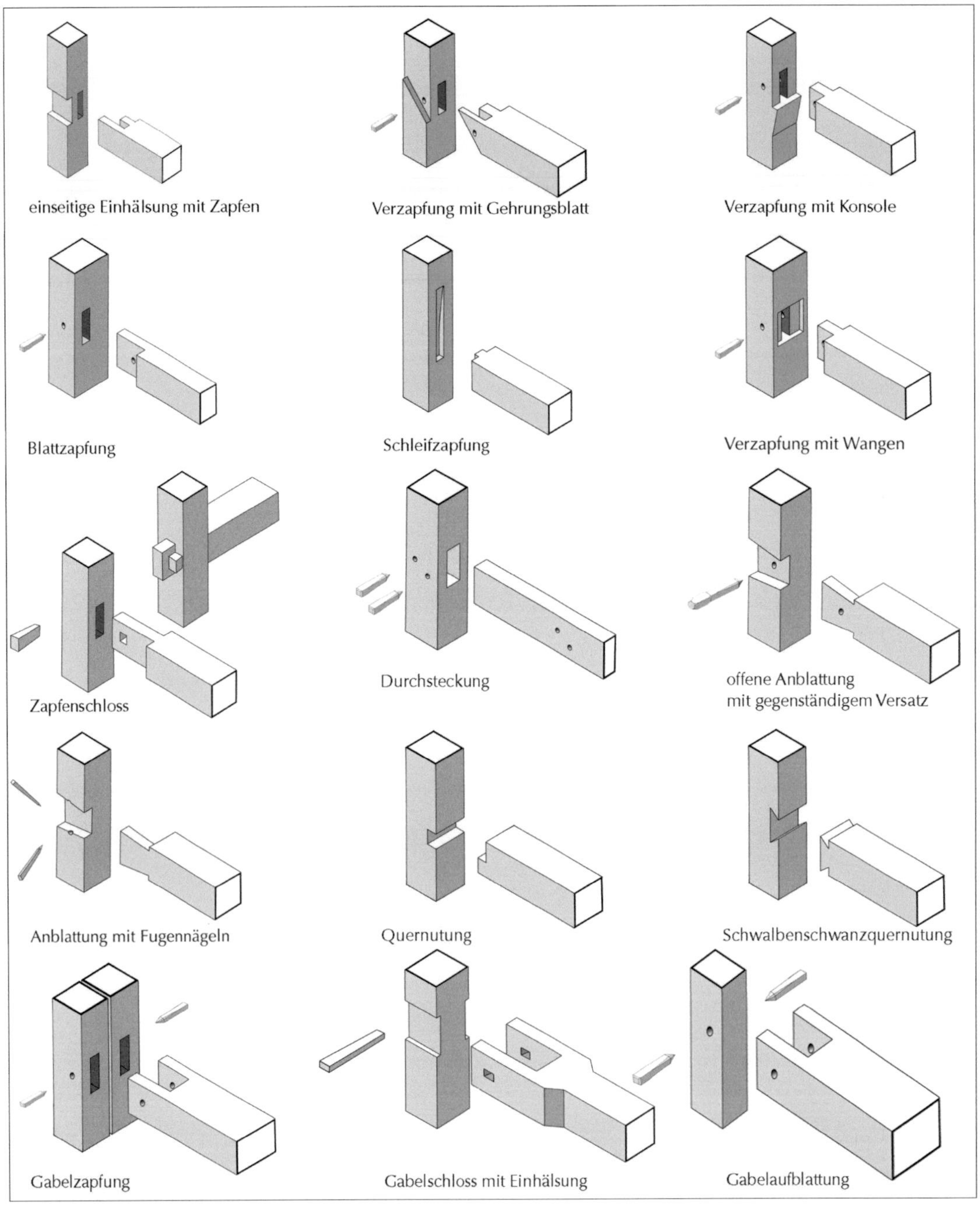

Abb. 61b: Riegelstöße mit gegenseitiger Abhängigkeit im Zuschnitt des Anschlussholzes.

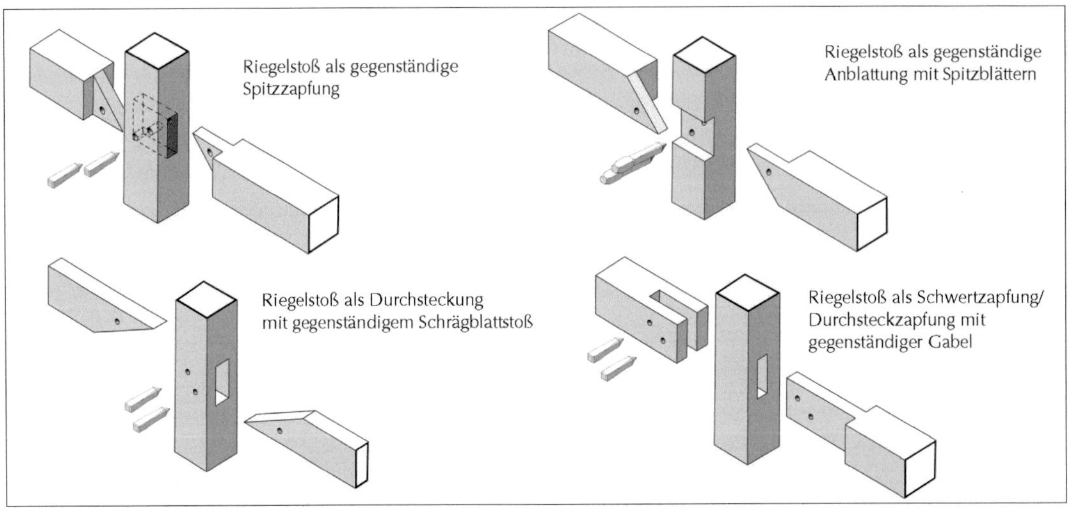

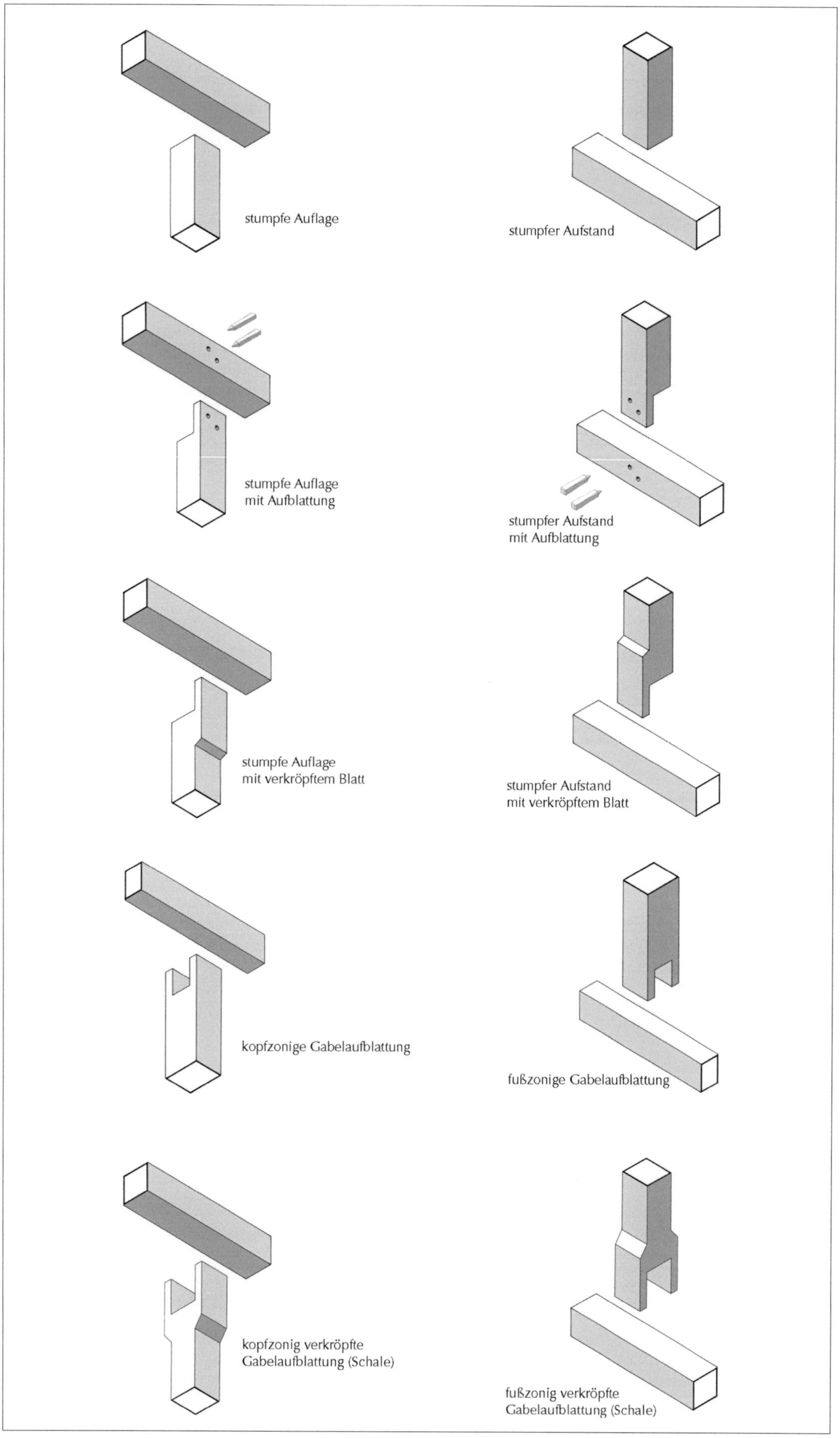

Abb. 62a: Querverbindungen vertikal.

Abb. 62a Fortsetzung.

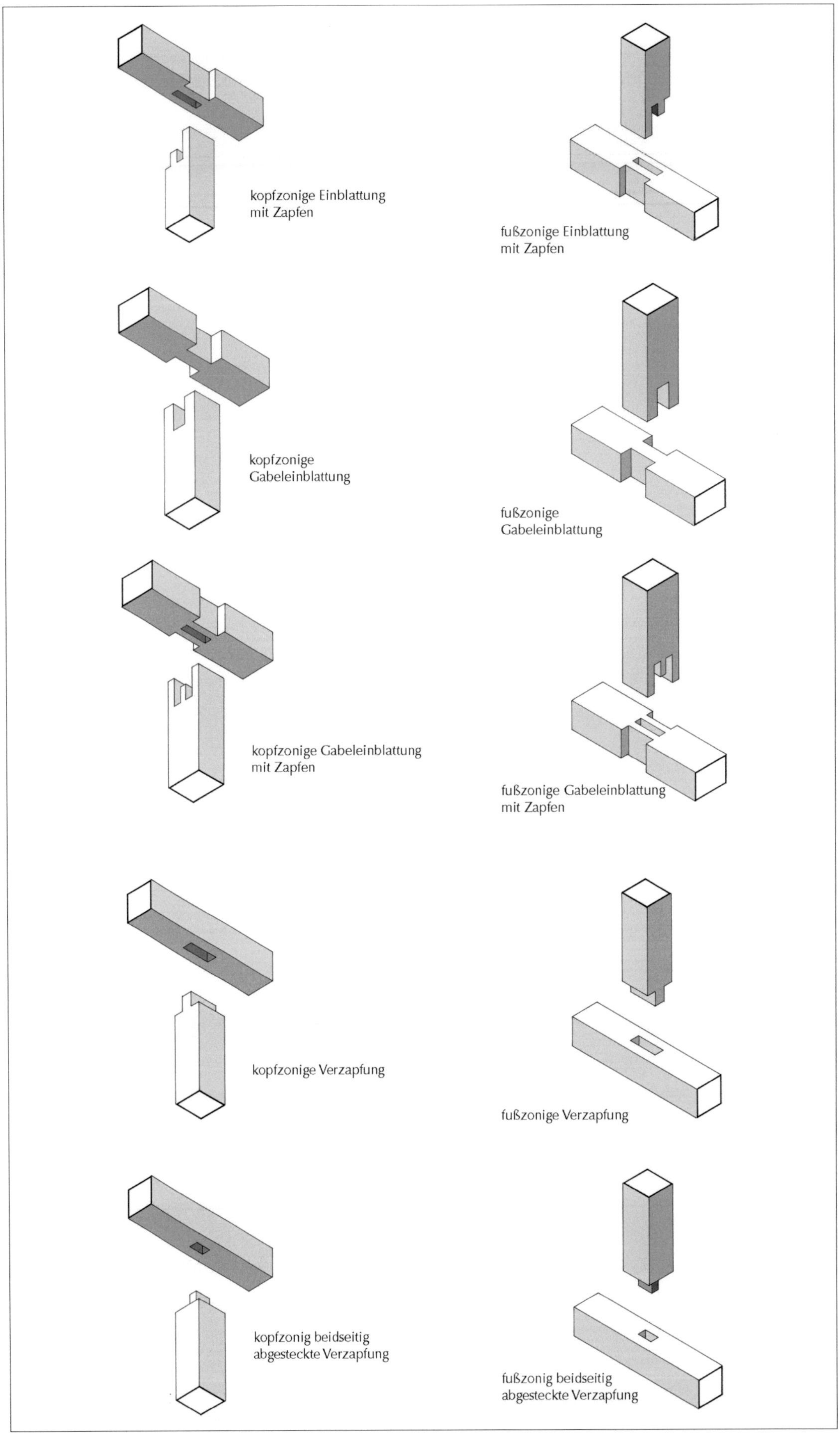

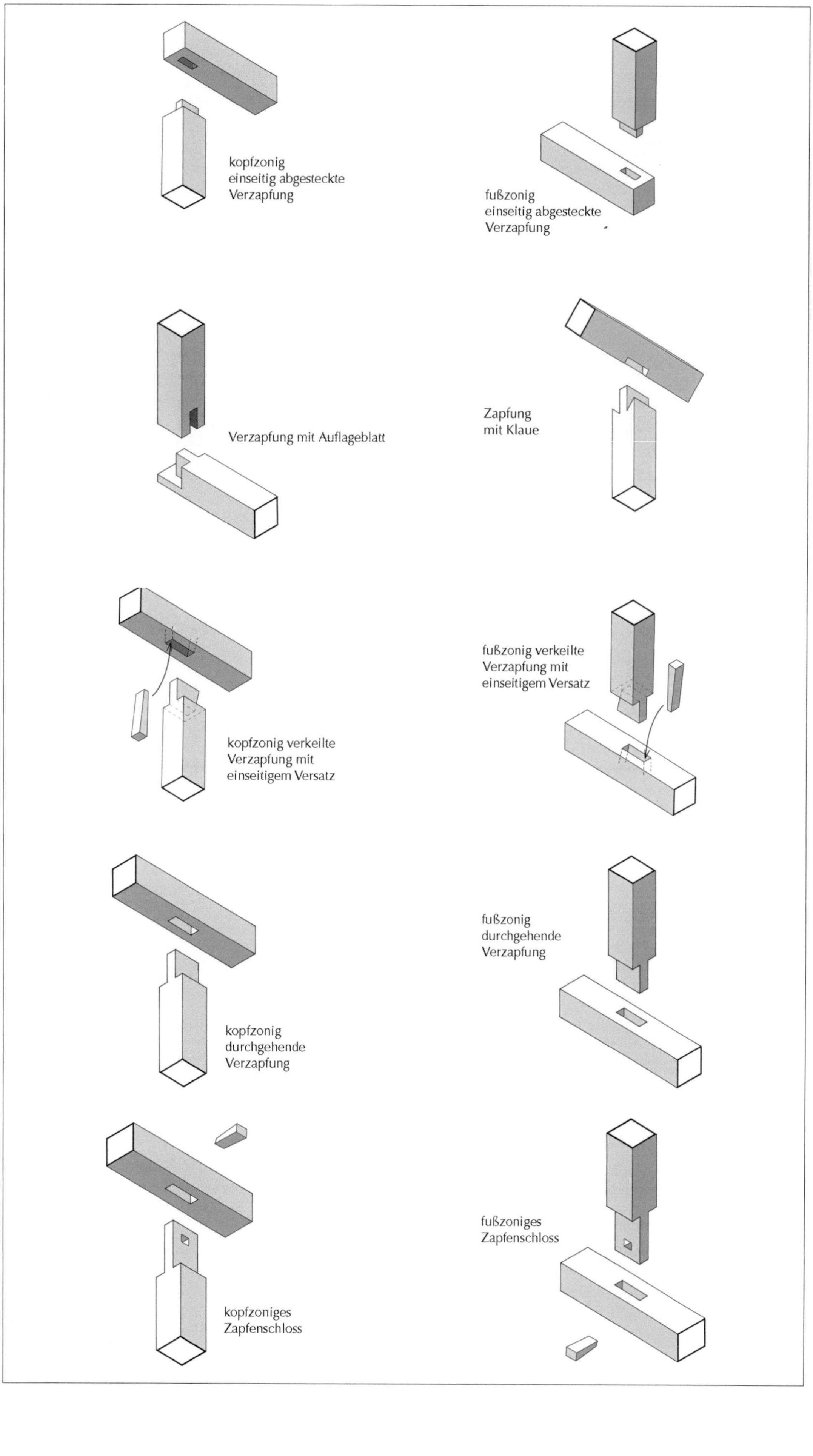

Abb. 62a Fortsetzung.

Abb. 62a Fortsetzung.

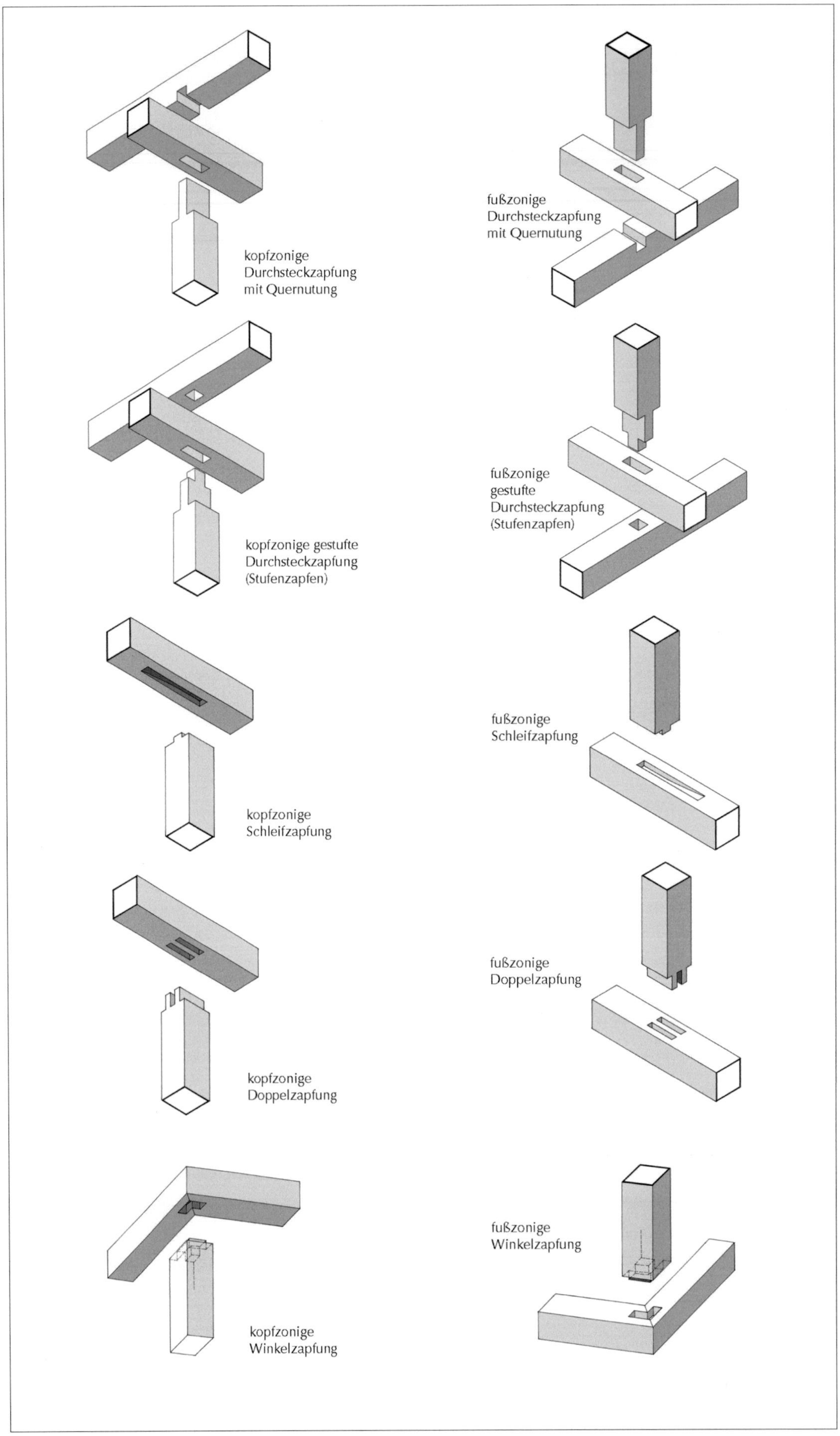

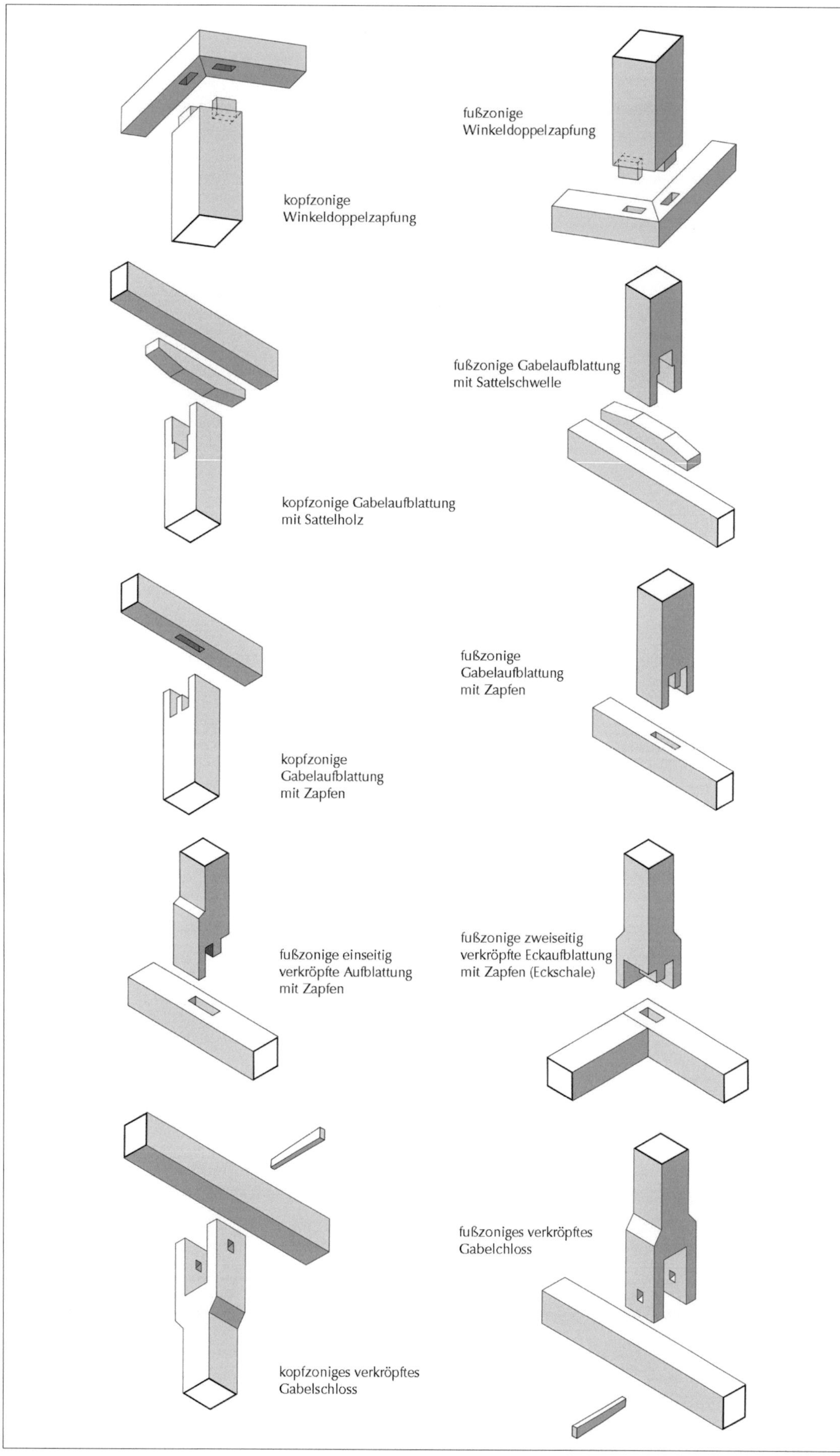

Abb. 62a Fortsetzung.

Abb. 62a Fortsetzung.

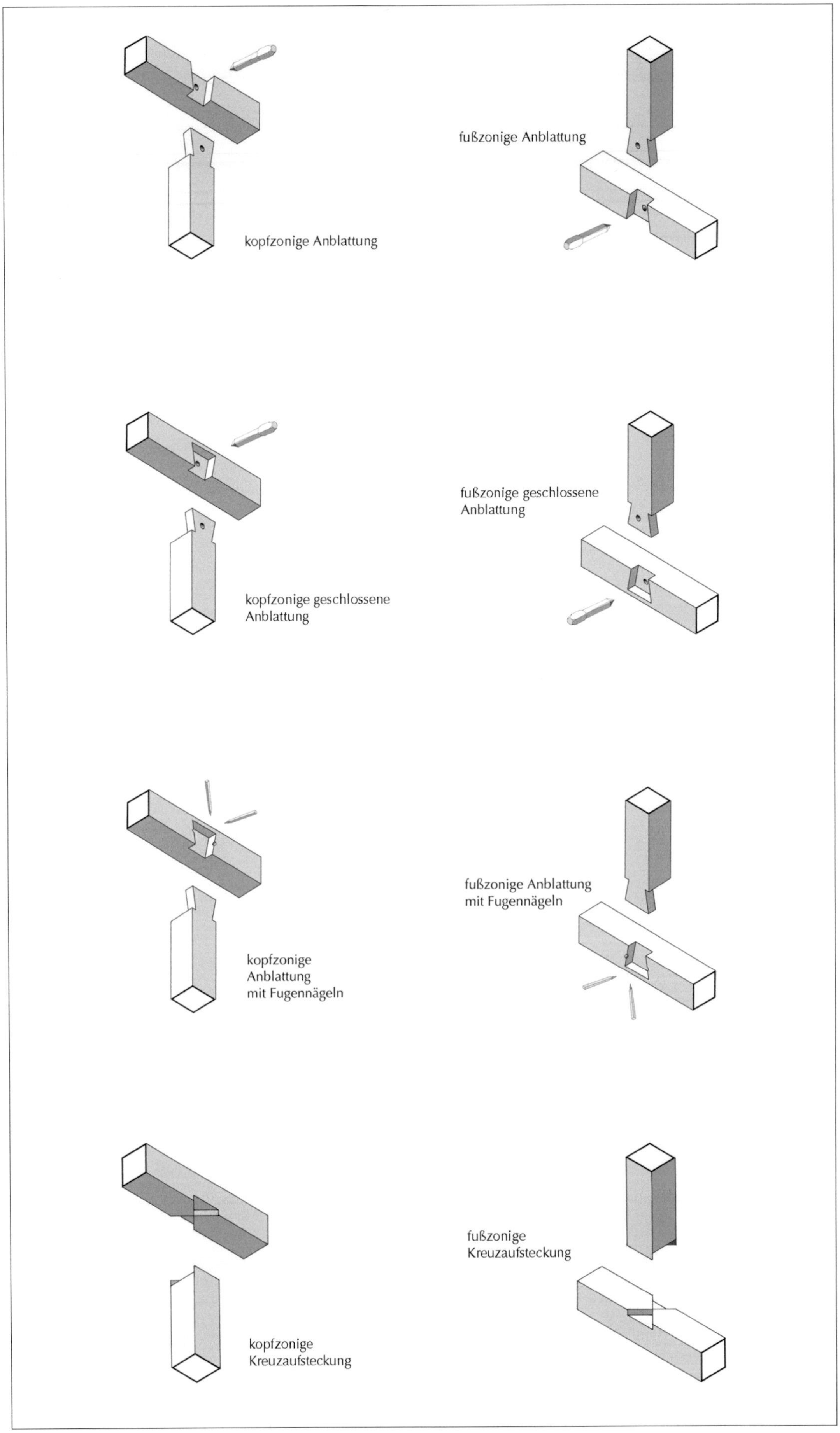

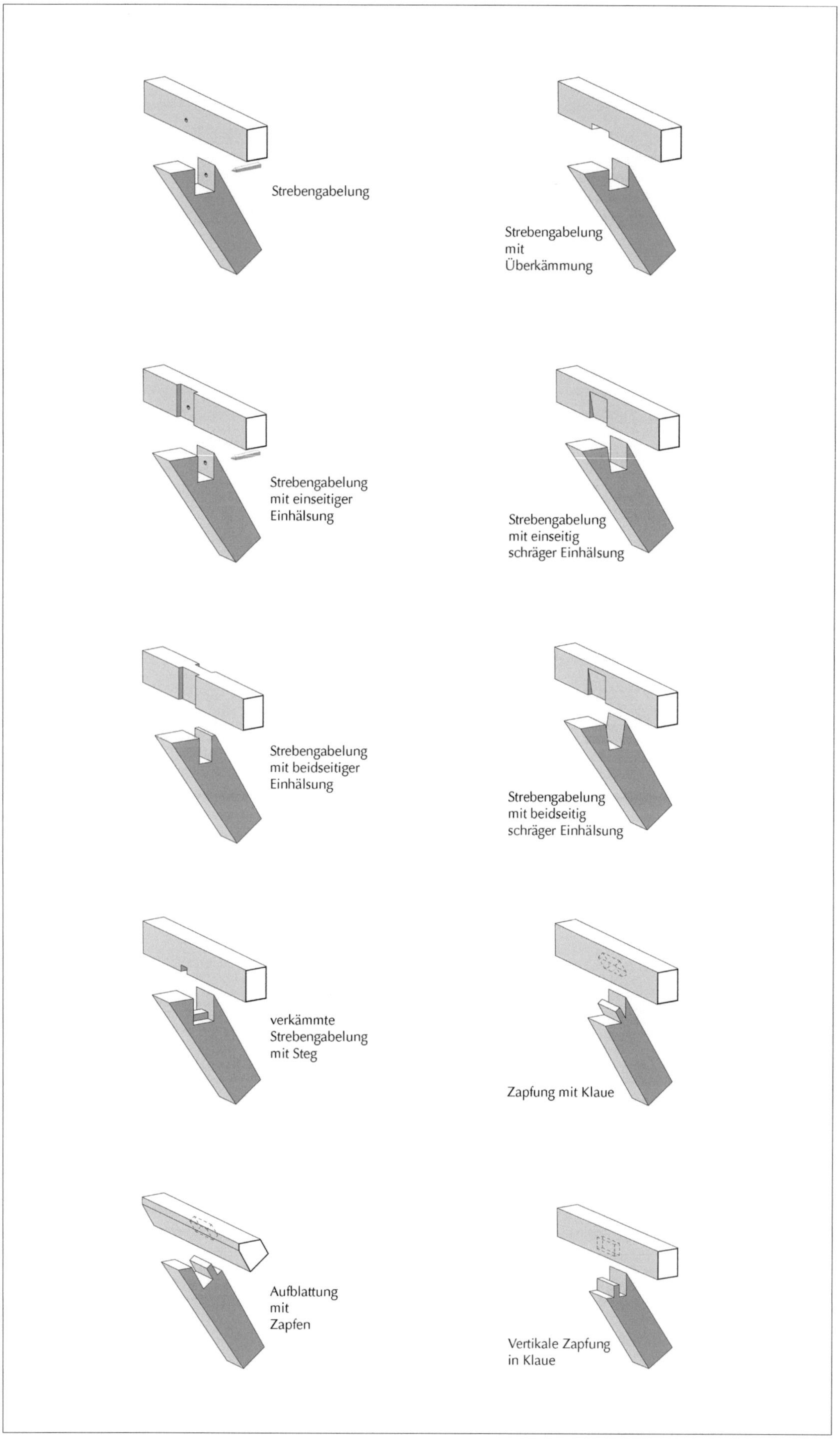

Abb. 62b: Querverbindungen vertikal bei Stuhlstreben.

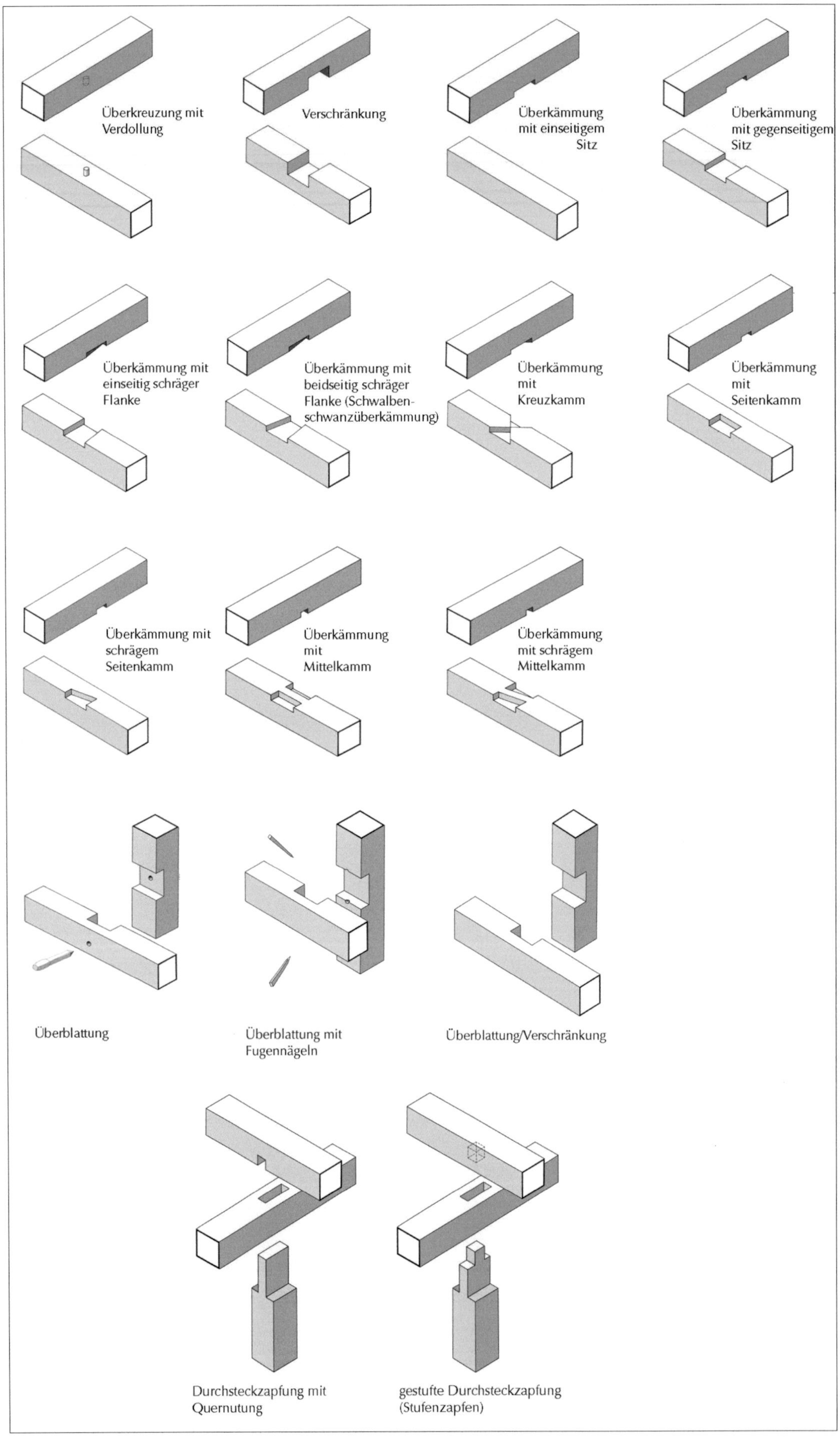

Abb. 63: Überkreuzverbindungen.

bilden. Sie können als Doppelung von Querverbindungen hergestellt werden, oft mit einem durchgehenden Zapfenloch. Bei einigen Verbindungen besteht eine gegenseitige Abhängigkeit im Zuschnitt.

3.2 Überkreuzverbindungen

(Abb. 63)
Bei einer **Überkreuzverbindung** sind zwei Hölzer in den horizontalen, vertikalen oder schräg gestellten Ebenen übereinandergeführt. Liegen die Hölzer in verschiedenen Ebenen ohne sich zu überschneiden, entsteht erst durch den Einsatz eines Verbindungsmittels eine kraftschlüssige Verbindung. Überschneiden sich die Hölzer in verschiedenen Ebenen, handelt es sich um eine Überkämmung, überschneiden sie sich in der gleichen Ebene, um eine Überblattung bzw. Verschränkung.

3.3 Zangenverbindungen

(Abb. 64)
Bei einer **Zangenverbindung** umgreifen zwei parallele Hölzer (Zangenglieder) ein drittes, nicht parallel zu diesen verlaufendes Holz. Die beiden Zangenglieder sind durch Verbindungsmittel in ihrer Lage zueinander gesichert, die sich nicht zwingend im Bereich des dritten Holzes befinden müssen.

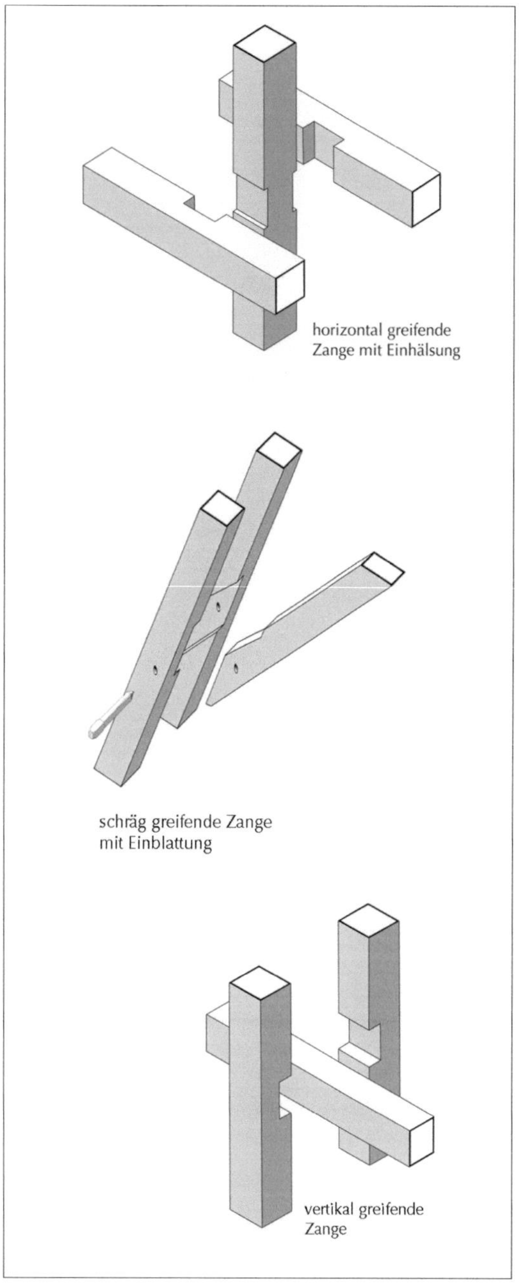

Abb. 64: Zangenverbindungen.

3.4 Eckverbindungen

(Abb. 65, 66)
Bilden zwei Hölzer eine Ecke aus, spricht man von einer **Eckverbindung**. Die Hölzer können in einer oder zwei horizontalen Ebenen aufeinandertreffen (bündig oder nicht bündig). Liegen die Hölzer auf zwei horizontalen Ebenen, ist die Verbindung einer Verkämmung vergleichbar. Eckverbindungen bilden kein oder nur ein geringes Vorholz aus. Sie sind nur dann form- und kraftschlüssig, wenn sie spezielle Verbindungsformen, z. B. das Hakeneckblatt, besitzen. Sie entsprechen Quer- und Überkreuzverbindungen, wenn eines oder beide Hölzer Vorholz aufweisen. Dies ist z. B. beim Schwellenschloss der Fall.

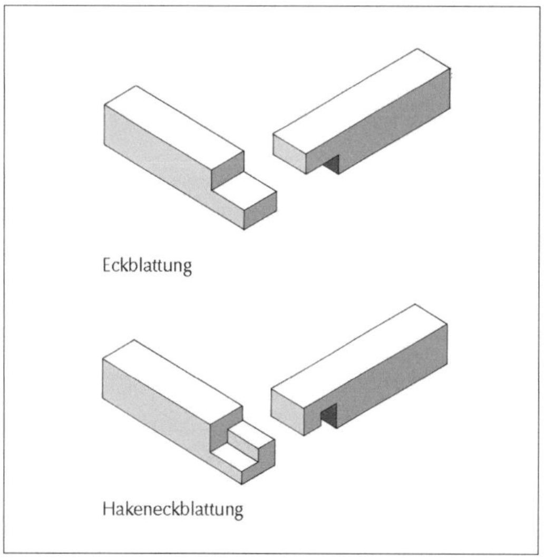

Abb. 65a: Eckverbindungen in einer horizontalen Ebene (bündig).

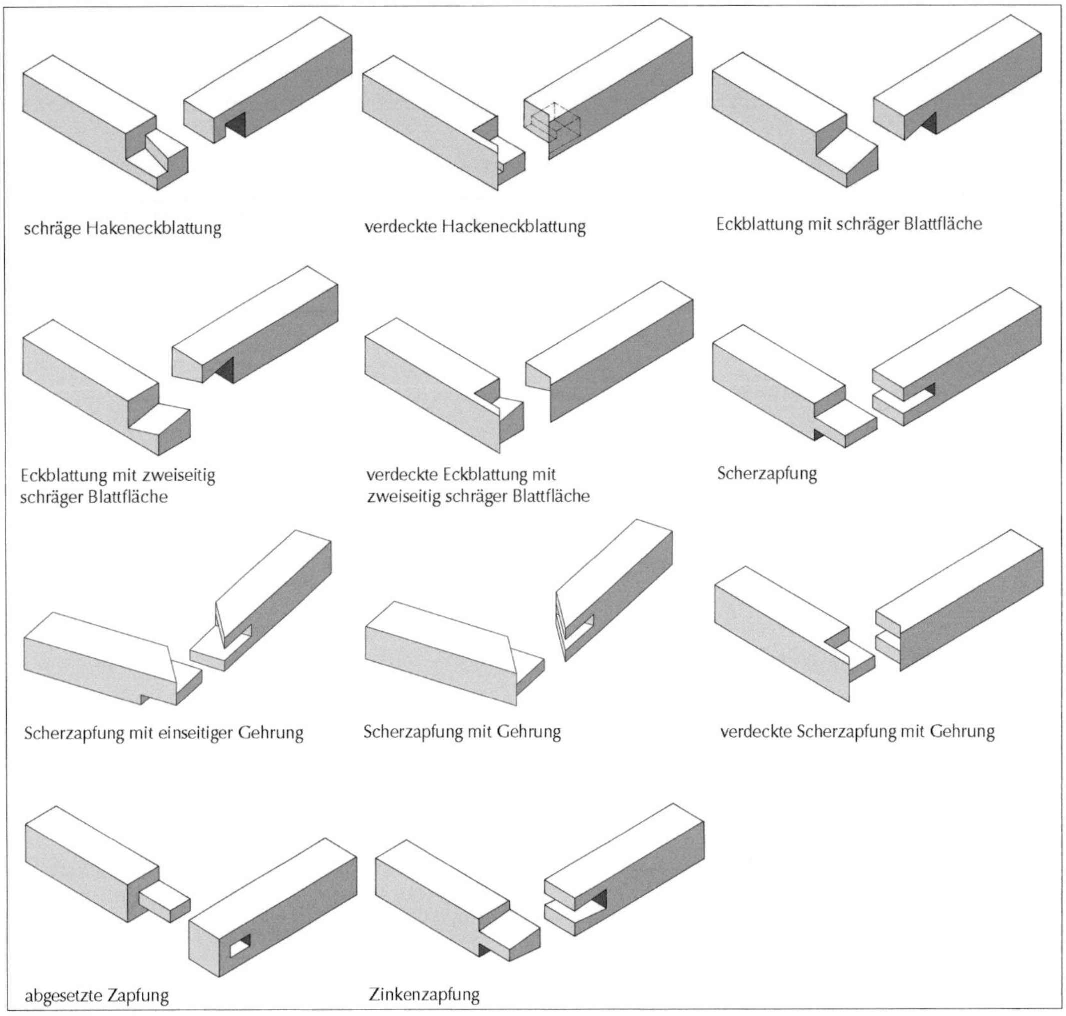

Abb. 65a Fortsetzung.

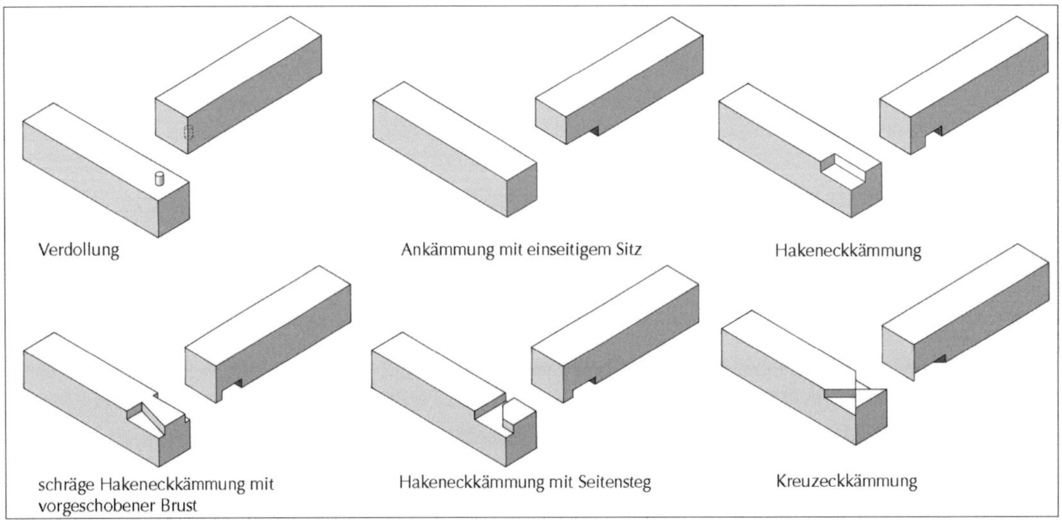

Abb. 65b: Eckverbindungen in zwei horizontalen Ebenen (nicht bündig).

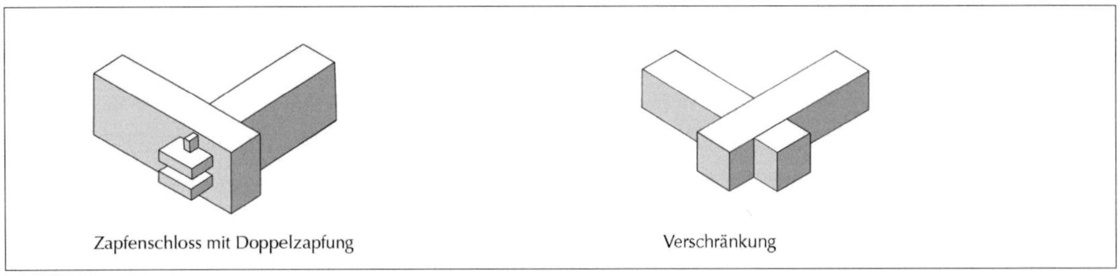

Abb. 66: Eckverbindungen mit Vorholz, die aus Quer- bzw. Überkreuzverbindungen gebildet sind.

3.5 Längsverbindungen (Stöße)

(Abb. 67)

Längsverbindungen (**Stöße**) fügen zwei Hölzer in gleicher Richtung kraftschlüssig aneinander. Abhängig von der Lage im Gefüge müssen diese Verbindungen Druck-, Zug- oder Biegekräfte aufnehmen können und gegen seitliches Ausweichen oder Abscheren gesichert sein.

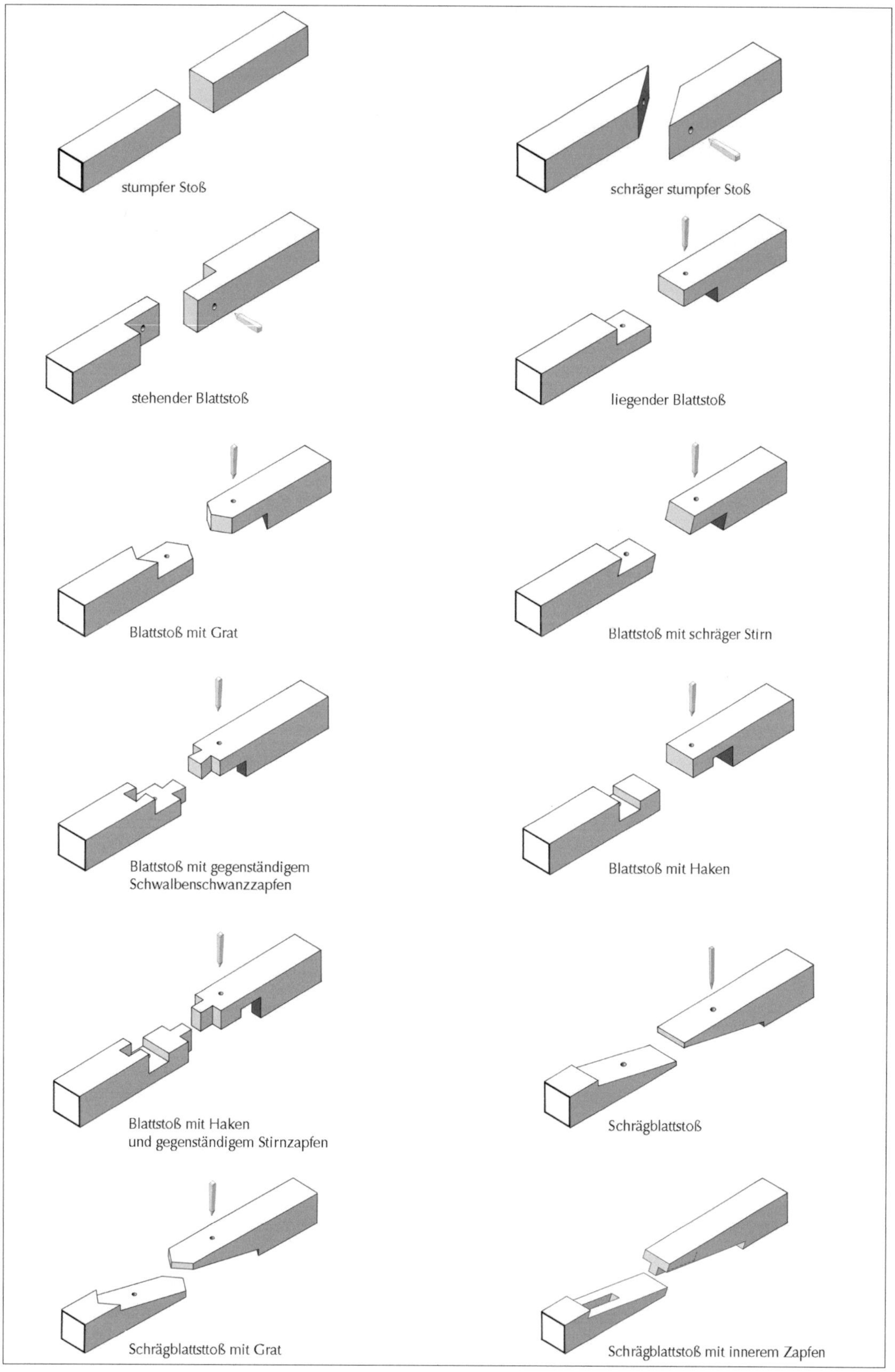

Abb. 67: Längsverbindungen.

Abb. 67 Fortsetzung.

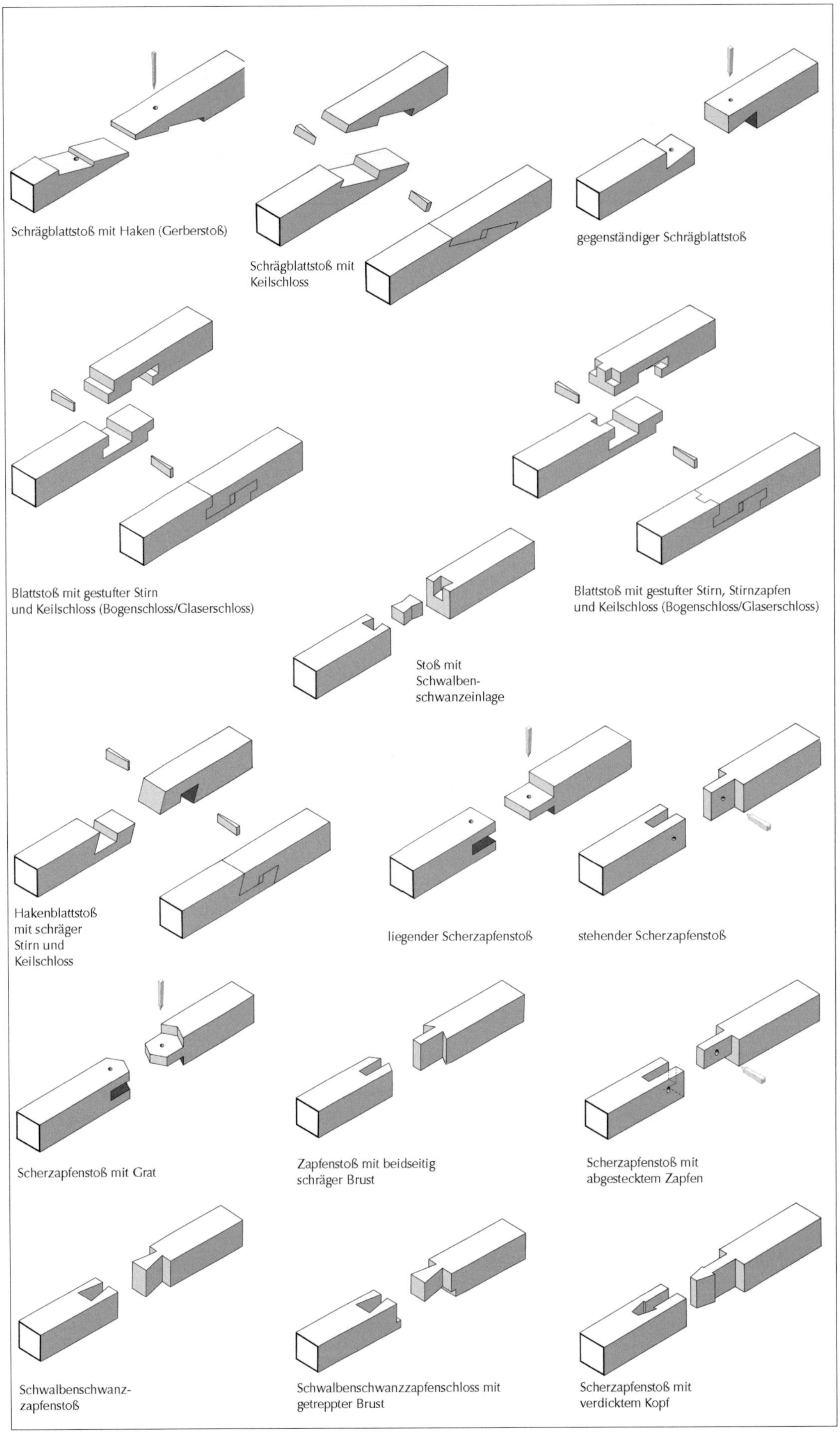

3.6 Schrägverbindungen

(Abb. 68–72)
Eine **Schrägverbindung** liegt vor, wenn ein Anschlussholz im schrägen Winkel auf ein senkrecht oder waagrecht verlaufendes Gegenholz stößt. Dazu zählen Verbindungen mit schräg verlaufenden tragenden Gerüsthölzern und mit aussteifenden Gerüsthölzern.
Eine Besonderheit der Schrägverbindung ist die **Schiftung**. Dies ist ein Schräganschluss von jeweils in zwei Raumrichtungen geneigten Hölzern, die in Dachwerken bei Walmkonstruktionen und Anschlüssen von Dachaufbauten anzutreffen ist. Es werden **Grat**- und **Kehlschifter** entsprechend dem unterschiedlichen Anschluss der Dachflächen unterschieden. Der **Schifterschnitt** ist durch eine schräge Schnittebene an der Stirnseite des Anschlussholzes, des **Gratschiftersparrens** oder **-rofens**, ausgeführt und schließt stumpf oder selten mit **Schifterzapfen** oder **Schifterblatt** an das Gegenholz an. Der stumpfe Anschluss macht eine Sicherung durch einen Holz- bzw. Metallnagel oder einen **Einsatzzapfen** notwendig. Die Schwierigkeit bei der Herstellung der Schiftung bestand darin, die Ausrichtung der Schnittfläche zu ermitteln. Dies konnte im einfachsten Fall durch Ausprobieren vor Ort oder aber durch Austragung auf dem Abbundplatz erfolgen. Die **Austragung** ist ein geometrisches Verfahren, um die Position des Schrägschnittes am Holz zu ermitteln.

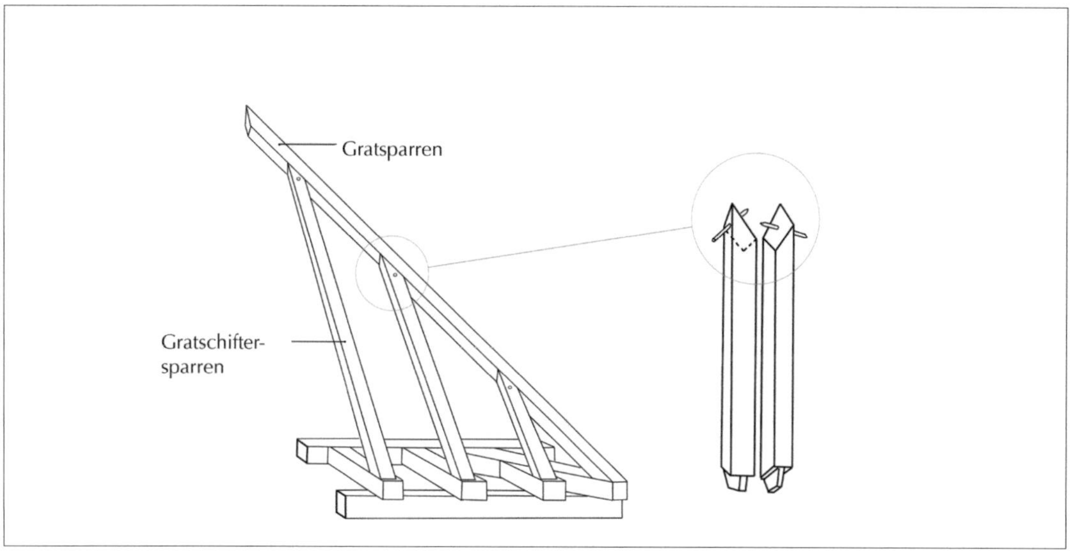

Abb. 68: Schiftung.

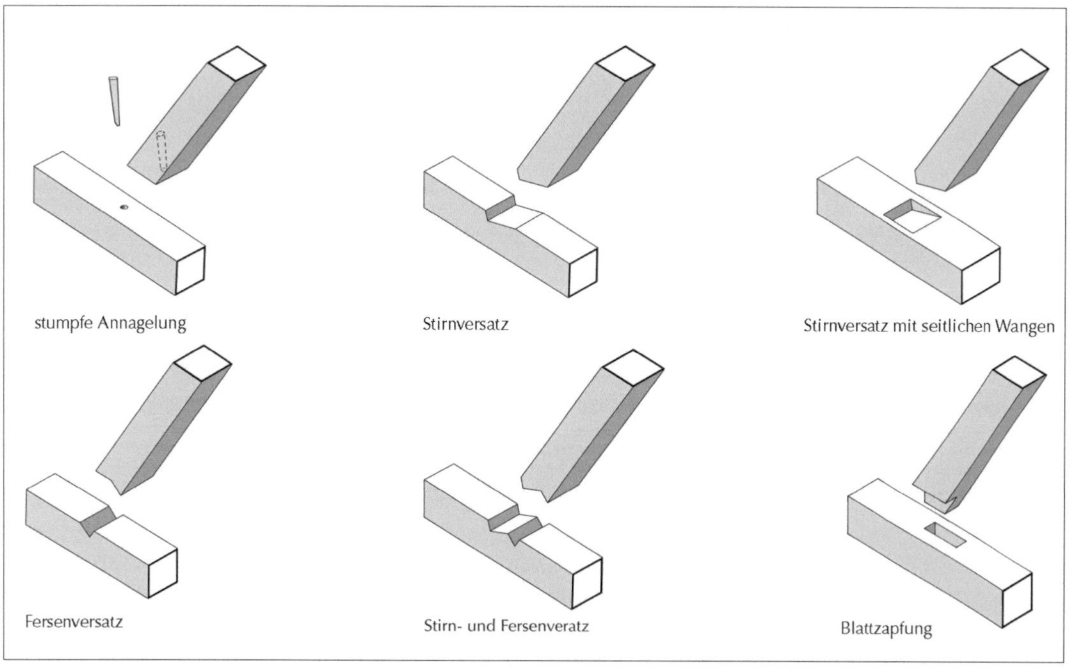

Abb. 69: Schrägverbindungen.

Abb. 69 Fortsetzung.

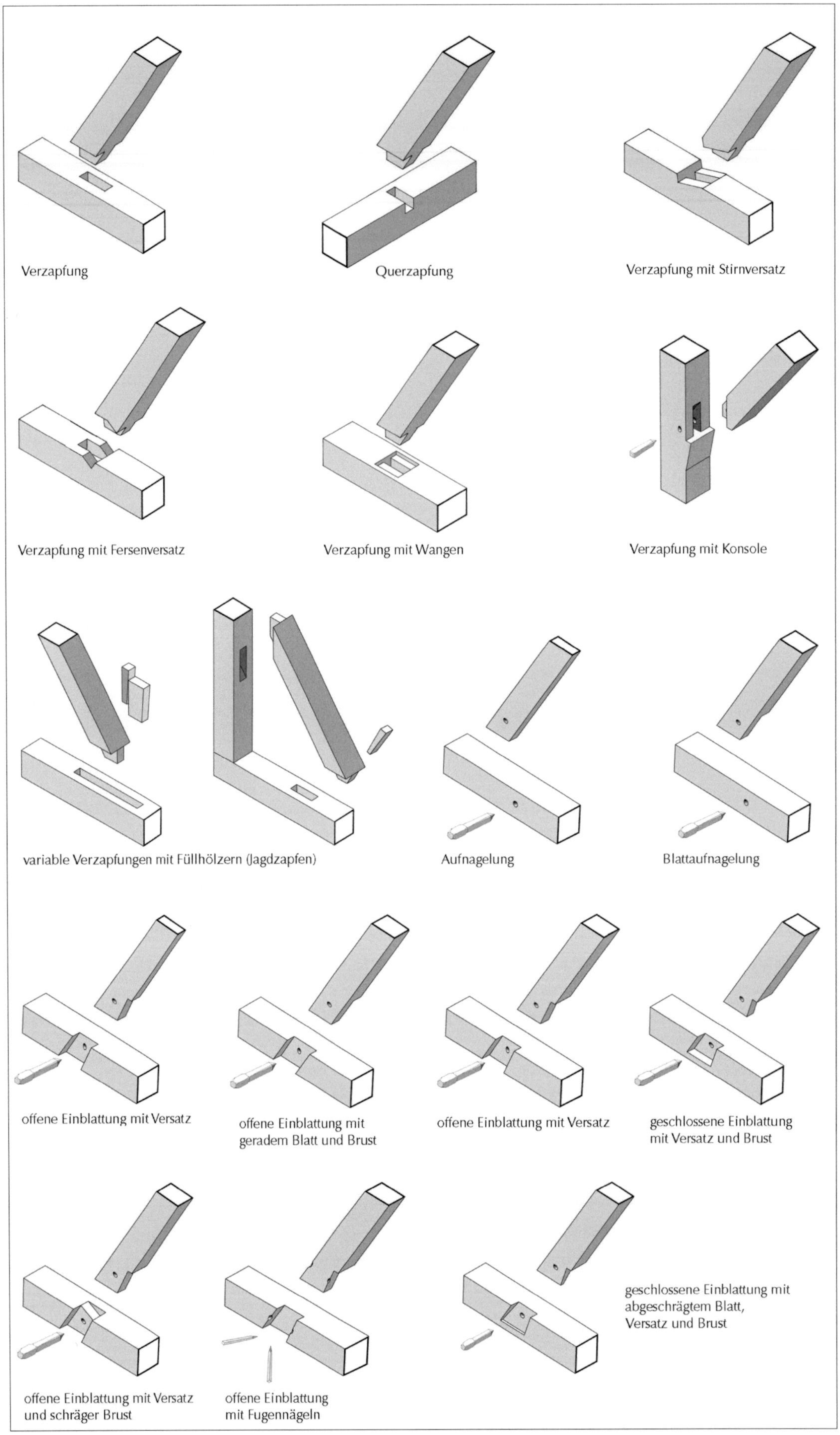

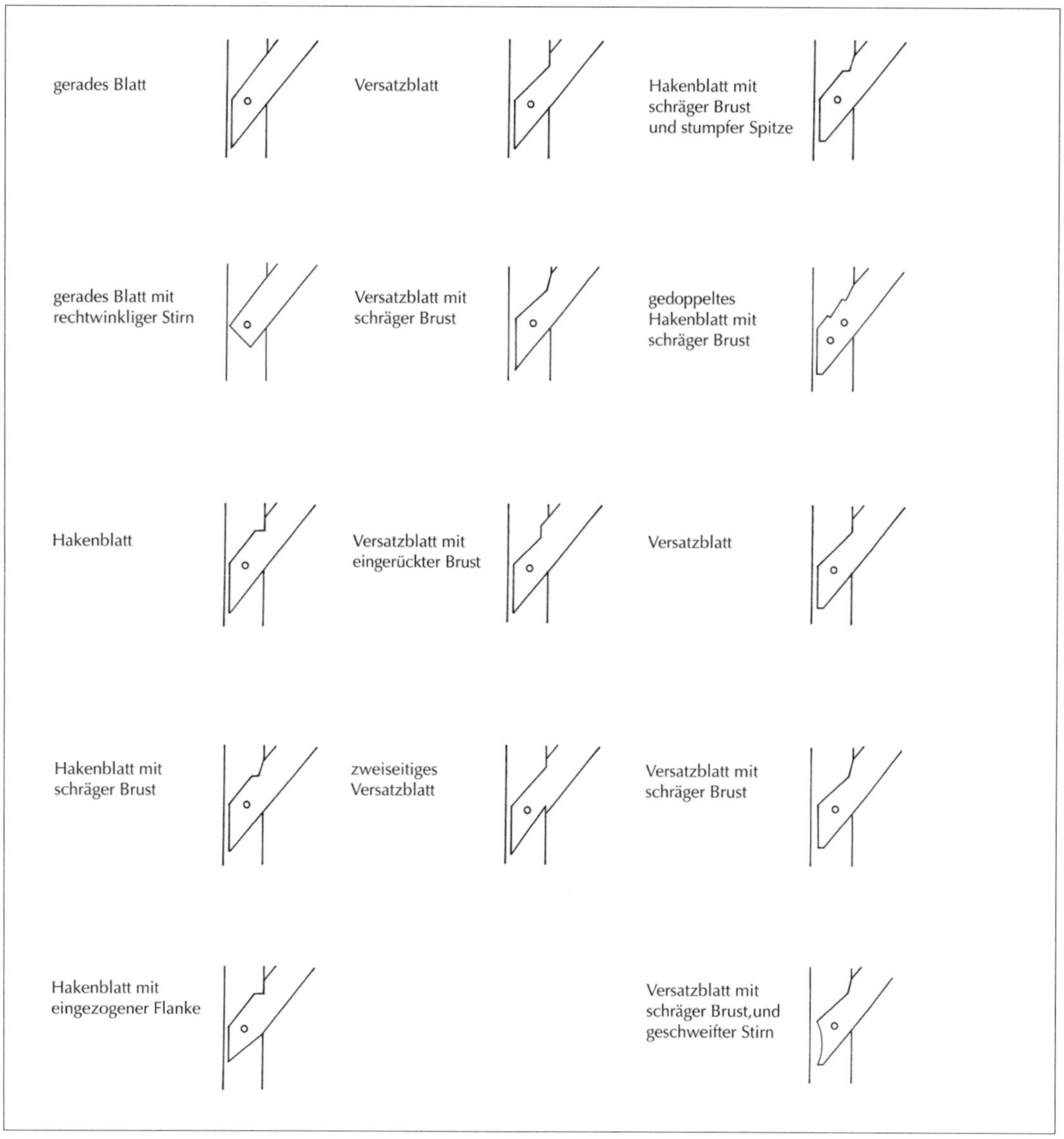

Abb. 70: Schrägverbindungen; Blattformen, dargestellt an geschlossenen Blattsassen. Die Darstellung ist auf die statisch wirksamen Blattformen begrenzt. Zu möglichen Schmuckformen siehe Abb. S. 133.

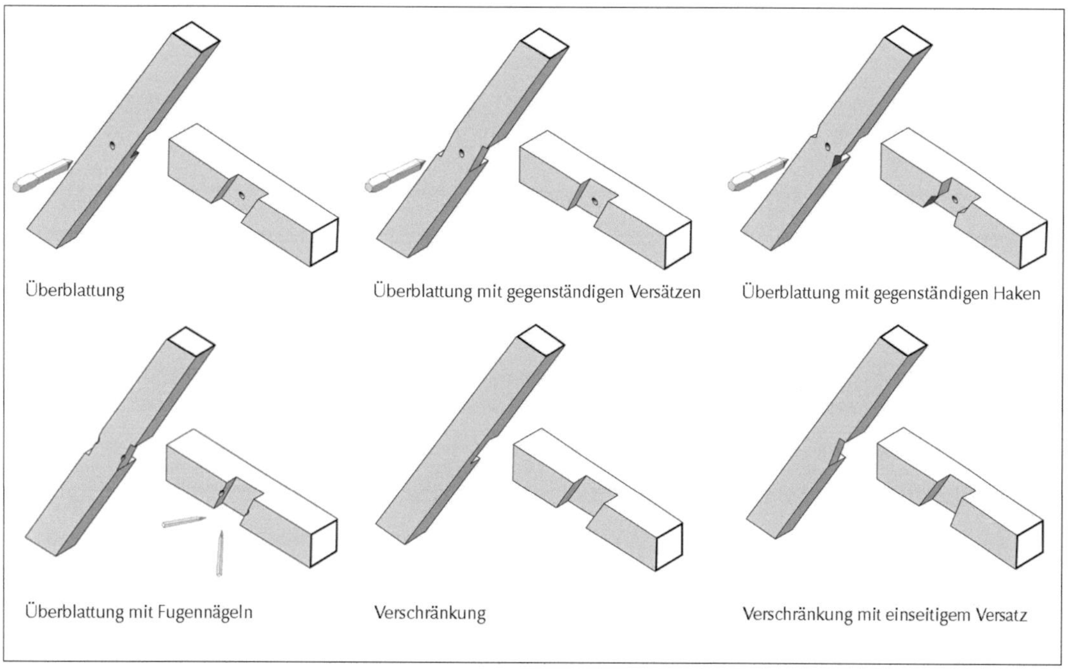

Abb. 71: Schrägverbindungen über Kreuz.

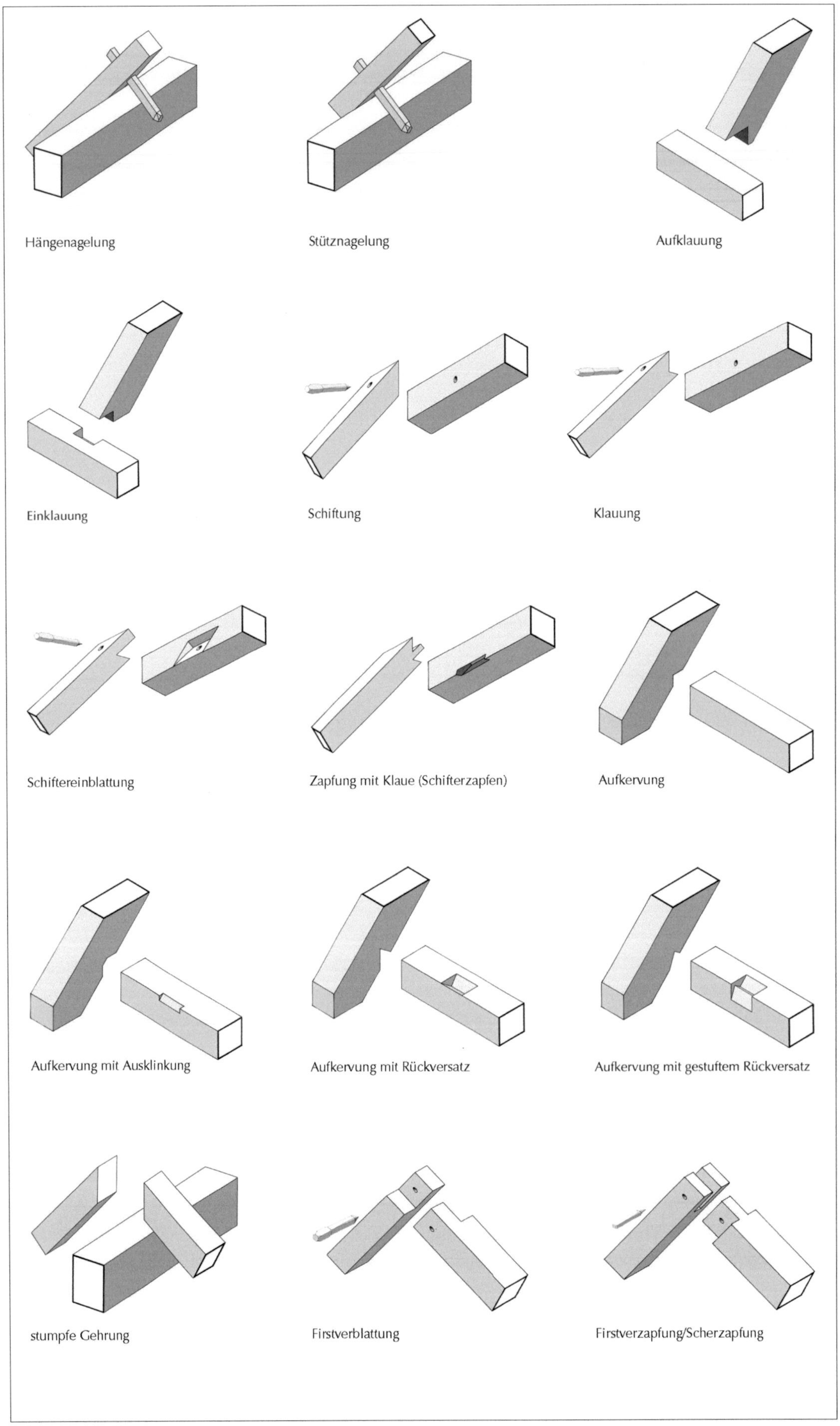

Abb. 72: Schrägverbindungen im Dach.

3.7 Parallelverbindungen

(Abb. 73)
Eine Verbindung zweier richtungsgleich aneinandergefügter Hölzer bezeichnet man als **Parallelverbindung**. Die Unverschiebbarkeit wird entweder durch Verbindungsmittel oder durch eine formschlüssige Anpassung der Hölzer erreicht, wie Sägezahn- oder Rechteckausschnitte. Stark auf Biegung beanspruchte Bauteile, wie Unterzüge, können durch Doppelung oder Vervielfachung mittels Parallelverbindung verstärkt sein.

Die Formschlüssigkeit der Verzahnung wird durch eine speziell ausgerichtete Folge von Versätzen hergestellt. In dem stark beanspruchten Bereich zwischen den Auflagern ist ihre Ausrichtung gegenläufig. Bei aufgelegten oder eingespannten Balken mit mehreren Auflagern ändert sich die Versatzungsrichtung auch über den Auflagern. Gesichert ist diese Verbindung durch Holznägel, verschraubte Bolzen, eiserne Klammern oder Schrauben.

Abb. 73: Parallelverbindungen.

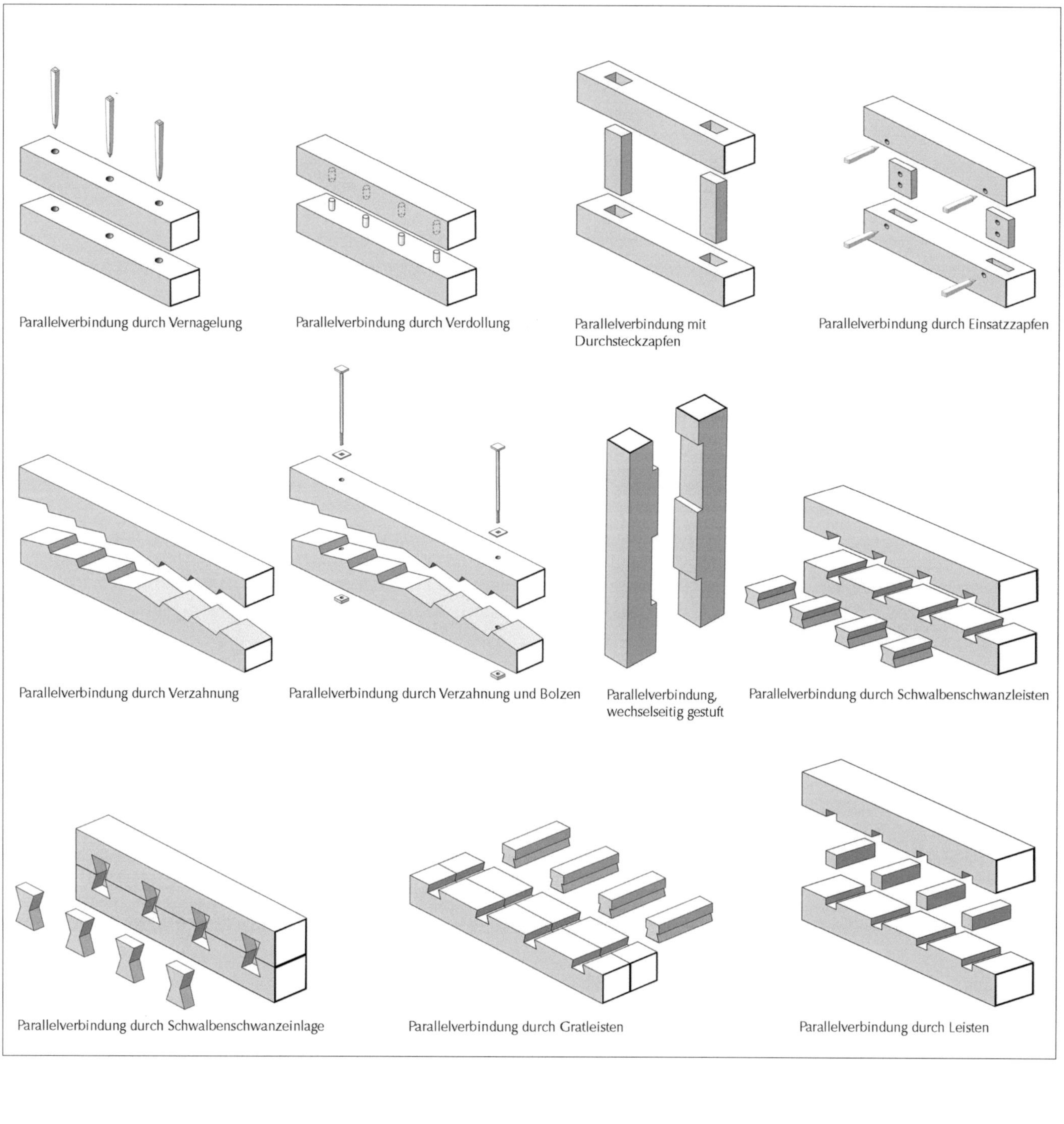

4 Verbindungs- und Sicherungsmittel

Verbindungsmittel dienen der Sicherung der Verbindung oder stellen die kraftschlüssige Verbindung her. Zu den Verbindungsmitteln zählen insbesondere Nägel, Bolzen, Dollen, Keile usw. Verbindungsmittel konnten aus Holz oder aus Eisen, seltener aus anderen Metallen hergestellt sein.

4.1 Verbindungsmittel aus Holz

(Abb. 74)
Der **Holznagel** ist das häufigste Verbindungsmittel. Er besteht aus einem langen, vierkantigen, am Ende zugespitzten Schaft und kann einen verdickt ausgebildeten Kopf besitzen. Die häufigste Holzart bei Holznägeln ist Eiche. Die kraftschlüssige Verbindung des Holznagels wurde durch das Verkeilen der Schaftkanten in dem kleiner gebohrten Loch des Gegenholzes hergestellt. Im Folgenden werden die Holznägel entsprechend ihrer Verwendung als Blatt-, Fugen-, Zapfen-, Hänge- oder Stütznagel angesprochen.
Verblattungen wurden mit einem oder mehreren **Blattnägeln** gegen Ausdrehen aus der Sasse gesichert. Bei einem geraden Blatt übernimmt der Blattnagel die Kraftschlüssigkeit, wenn die Kraft in Richtung des Blattes wirkt. Holznagelöffnungen im Blatt können vierkantig oder rund ausgebildet sein.
Fugennägel sind relativ kurze, vierkantig spitz zulaufende Nägel, die schräg und oft gegenständig in die Fuge zwischen Blatt und Sasse in Bohrlöcher eingetrieben wurden. Der Fugennagel sichert vor allem das Herausdrehen des Blattes aus der Sasse.
Erfolgt die Verbindung zweier Hölzer mittels einer Verzapfung, wird diese durch den **Zapfennagel** gesichert. Weil die Nägel vorrangig der Positionssicherung dienen, sind sie in der Regel schwächer dimensioniert als Blattnägel. Sie sind meist ohne verdickten Kopf ausgebildet und schließen häufig mit der Holzfläche bündig ab.
Hänge- bzw. **Stütznägel** verhindern das Abrutschen der Rofen. Sie sind nur durch den Rofen hindurchgetrieben und stoßen stumpf gegen das den Rofen tragende Holz.
Zur Positionssicherung bei schichtweise übereinander oder aneinander gelegten Hölzern oder Bohlen wurden **Dollen** eingesetzt. **Einsatzzapfen** verbinden zwei übereinander oder aneinander gelegte Hölzer. Sie können mit Holznägeln gesichert sein. Durchsteckzapfen wurden häufig mit einem **Hakensplint** gesichert.
Schwalbenschwanzeinlagen wurden zur Verbindung parallel zueinander gelegter oder in Längsrichtung stumpf aneinanderstoßender Hölzer eingesetzt. Sie besitzen eine gegenständige Ausformung und können Zugkräfte übertragen.
Das **Klammerholz** ist ein kurzes, mit zwei Schwalbenschwänzen zugfest ausgebildetes Holz, das zwei in geringem Abstand übereinandergeführte Hölzer verbindet. Das Klammerholz wurde häufig bei abgesprengten vertikalen Quer- und Längsbünden zwischen Druckriegel und Kehlbalken ausgeführt.
Ein **Keil** ist ein schräg angeschnittenes Holz. Im Gegensatz zum Spaltkeil dient er zum Verpressen zweier Hölzer. Beim Eintreiben wird eine Querkraft erzeugt.
Der **Holzbolzen** verbindet zwei parallel geführte Hölzer. Er ist hochrechteckig mit einem verdickten Kopf ausgeführt. Der Bolzen muss deutlich länger als der Querschnitt der beiden zu verbindenden Hölzer sein. Den Holzbolzen mit Schloss sichert ein durchgesteckter Splintkeil am Ende des Bolzens. Beim Holzbolzen mit Spreizkeil spreizt ein in Gegenrichtung eingeschlagener Keil das Bolzenende.
Das **Holzschwert** verbindet drei nicht in einer Ebene liegende Hölzer und ist häufig bei Hänge- und Sprengbünden anzutreffen. Es besitzt einen verdickten Kopf, mit dem ein oder mehrere Hölzer gegen ein Gegenholz gezogen werden. Die kraft- und formschlüssige Ausbildung des Schwertschaftes in Form einer Verzahnung ermöglicht die Übertragung von Zugkräften in das Gegenholz. Ist der Schaft nicht formschlüssig mit dem Gegenholz verbunden, können die Zugkräfte über mehrere stark dimensionierte Holznägel übertragen werden.

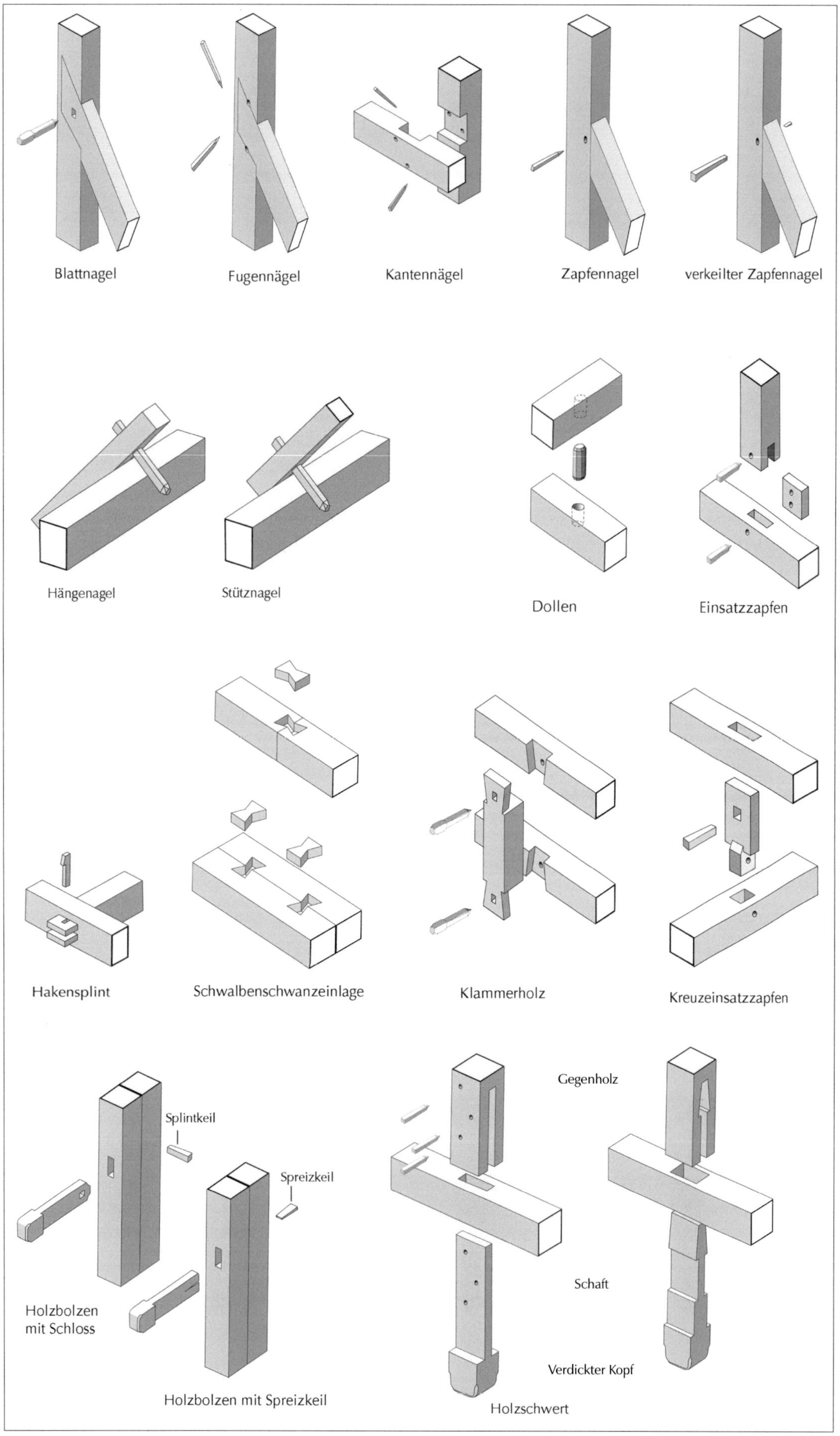

Abb. 74: Verbindungsmittel aus Holz.

4.2 Verbindungsmittel aus Metall

(Abb. 75)

Vorindustrielle Verbindungsmittel aus Metall bestehen meist aus Schmiedeeisen.

Der geschmiedete **Eisennagel** ist ein Stift mit konischem rechteckigem Querschnitt und ausgeformtem Kopf.

Die **Schraube** ist ein konischer Stift mit Gewinde, der in das Holz eingedreht wird.

Der **Bolzen** ist ein im Querschnitt runder oder eckiger Stab; überwiegend quer zur axialen Richtung belastet. Bolzen wurden an den Enden durch Splinte, Keilsplinte oder Gewinde mit Muttern in der Lage gesichert oder verspannt. Bei Hänge- bzw. Sprengbünden dienen häufig zwei oder drei auf ihrer Längsseite keilförmig ausgeformte, gegeneinander eingetriebene Bolzen (dann auch **Keilbolzen**) zur Kraftübertragung. Um Zugkräfte in Hänge- bzw. Sprengbünden zu übertragen, wurden an den Stäben einseitig tellerfömige Verdickungen angeschmiedet, die der Krafteinleitung dienen. Die Ausleitung der Kräfte in die hölzernen Zugelemente erfolgt meistens über Keilsplinte oder aufgedrehte Muttern.

An Bolzen- oder Stabenden können **Gewinde** eingefeilt oder mit Gewindeschneidern eingeschnitten sein. Im vorindustriellen Holzbau sind die meisten Gewinde von Hand gefeilt, mit entsprechend individuellen Steigungsverhältnissen.

Zur Positionssicherung von Bolzen und Keilen dienen **Splinte,** kurze stabförmige oder mehrfach gebogene Eisenbändchen. Der **Keilsplint** verriegelt den Bolzen.

Unterlegscheiben/Unterlegbleche sind flach kreisförmig oder eckig ausgeschmiedete Eisenbleche, die eine gleichmäßige Kraftübertragung von dem Spannmittel (Schraube oder Keil) auf das hölzerne Bauteil gewährleisten.

Das **Eisenband** ist ein flach ausgeschmiedetes Rechteckeisen, das häufig über Holzverbindungen aufgenagelt wurde.

Bei der **Bauklammer** handelt es sich um einen rechteckigen oder zylindrischen Eisenstab, dessen Enden rechtwinklig umgeschlagen und angespitzt sind. Sie dient der Positionssicherung von zwei häufig stumpf aufeinanderstoßenden Hölzern oder der Ertüchtigung von Holzverbindungen.

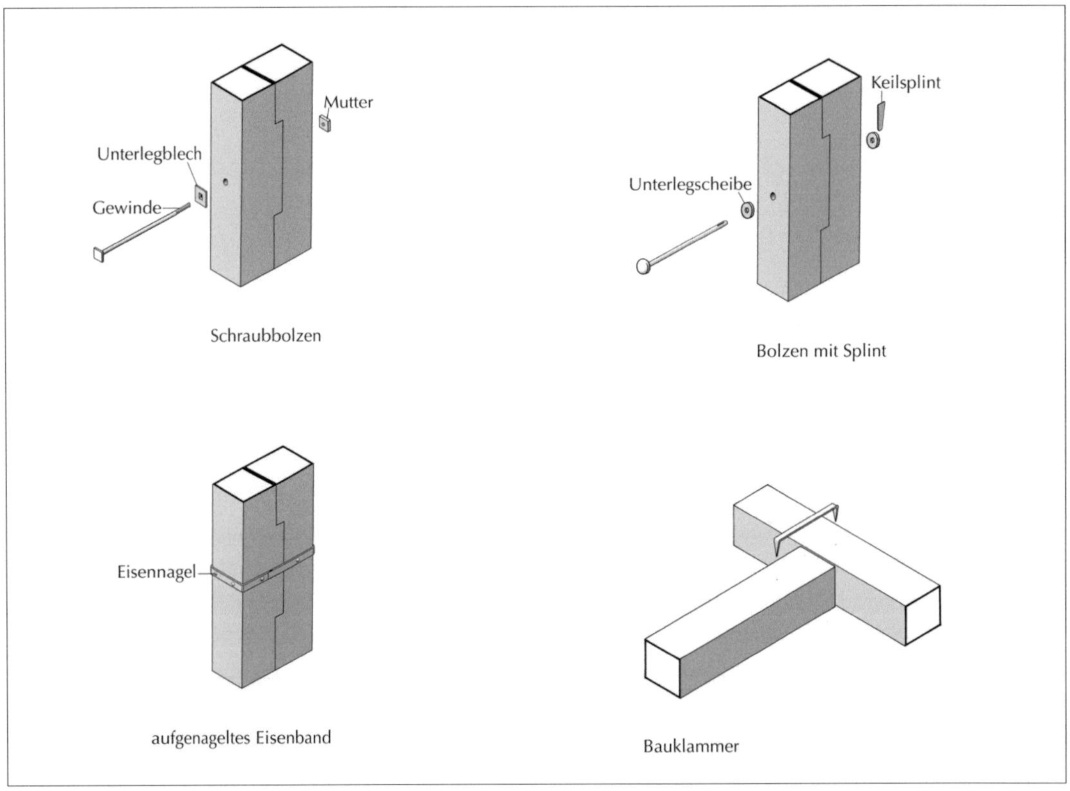

Abb. 75: Verbindungsmittel aus Metall.

III Systeme des Holzbaus

1 Allgemeines

(Abb. 76)

Der Holzbau untergliedert sich konstruktiv in die Blockbauweise und die Holzgerüstbauweise. Der **Blockbau** besteht aus horizontalen, an den Ecken wechselseitig verschränkten Bohlen- oder Balkenkränzen. Sie übernehmen eine flächige Lastabtragung.

Der **Holzgerüstbau** besteht aus den tragenden und aussteifenden Gerüstelementen. Zu den tragenden Gerüstelementen zählen die vertikal ausgerichteten Ständer, Pfosten und Pfähle und die horizontal ausgerichteten Rähme, Deckenbalken und Unterzüge. Die tragenden Gerüstelemente können auch aus schräg verlaufenden Hölzern wie Sparren und Rofen gebildet werden. Durch die Konzentration auf wenige Hölzer werden die Lasten punktuell abgetragen.

2 Statische Grundbegriffe

2.1 Materialeigenschaften

(Abb. 77, 78)

Holz ist ein sogenanntes anisotropes (inhomogenes) Material. Dies bedeutet, dass sich die Materialeigenschaften je nach der Belastungsrichtung des Tragelements unterscheiden. Bei Holz besteht ein ausgeprägter Unterschied in der Belastung längs zur Faser und quer zur Faser: Die Zug- und Druckfestigkeit entlang der Faser ist verhältnismäßig hoch. Bei Druckbelastung von sehr schlanken Bauteilen ist allerdings

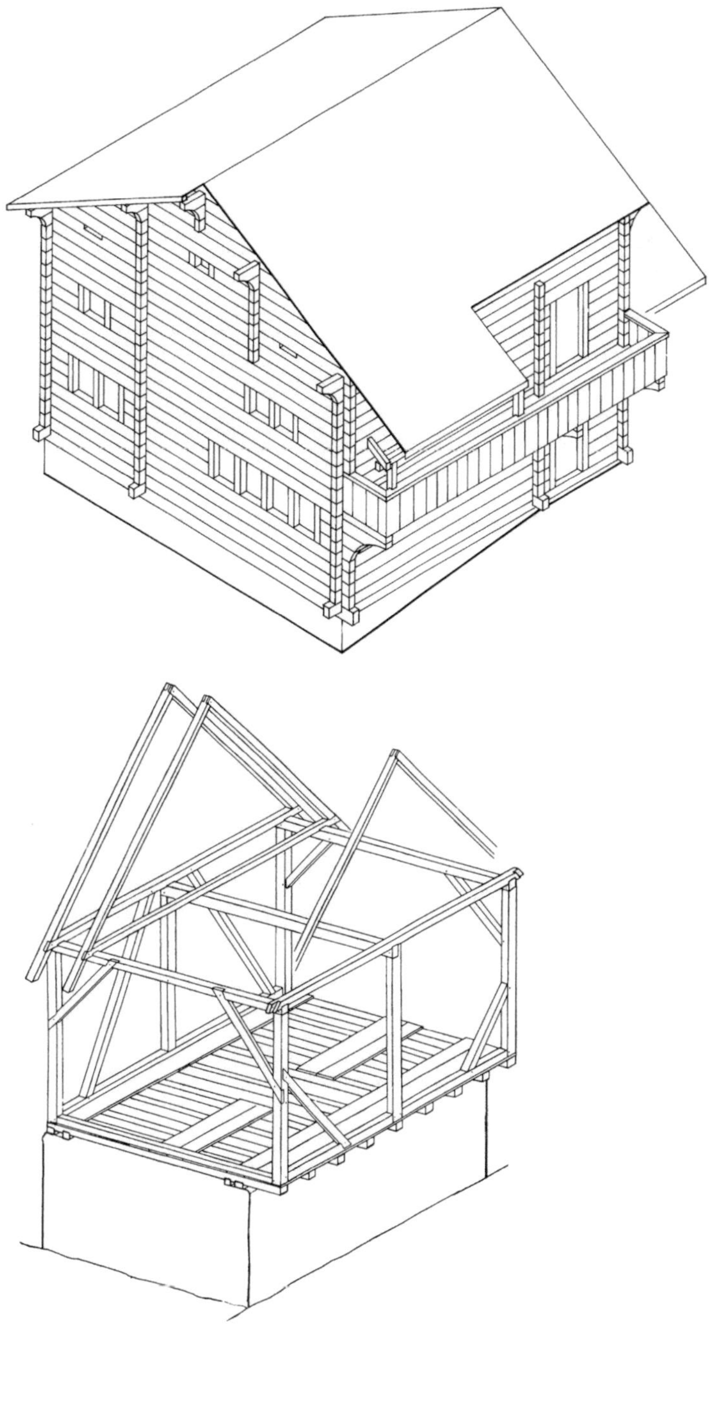

Abb. 76: Blockbauweise und Holzgerüstbauweise.

Abb. 77: Quetschung des Rähms durch die Druckbelastung auf den Ständer.

Abb. 78: Ausreißen der Faser durch Zugbelastung.

die Gefahr des **Ausknickens** zu berücksichtigen. Bei einer Druckbelastung quer zur Faser ergeben sich schon bei verhältnismäßig geringen Belastungen **Quetschungen** des Materials, und bei Zugbelastung quer zur Faser kommt es früh zu einem **Ausreißen** der Fasern. In der Praxis bedeutete dies, dass große Kräfte möglichst längs der Faser und damit in Richtung des Balkenverlaufes eingeleitet wurden.

Die Tragfähigkeit des Materials differiert nicht nur nach der Belastungsrichtung, sondern wird ebenso von zahlreichen Randfaktoren beeinflusst: Neben der Holzart und den Wuchsbedingungen am jeweiligen Standort (vgl. S. 16) sind auch Eigenschaften wie die Astigkeit oder die Holzfeuchte zu berücksichtigen. Mit zunehmender Astigkeit wird vor allem die Zug- und Biegezugfestigkeit erheblich reduziert. Das trocknungsbedingte Schwinden des Holzes führt zwar zu Rissbildungen, hat aber meist keinen nennenswerten Einfluss auf die mechanischen Eigenschaften. Eine Feuchteübersättigung (Quellen) dagegen bewirkt eine Minderung der Tragfähigkeit.

Holz ist ein „gutmütiges" Material, da es sich bei Belastung zunächst reversibel elastisch verhält, die eingetretene Verformung also bei der Reduktion der Belastung wieder zurückgehen kann. Bei höherer Belastung erfährt Holz schließlich eine dauerhafte plastische Verformung, bis es kurz darauf zum Bruch kommt. Mit dem ausgeprägt elastischen Verhalten eignet sich Holz gut zur Aufnahme von zeitweiligen Biegebeanspruchungen, etwa bei Balkendecken oder Windbelastung.

2.2 Verbindungen und Auflager

(Abb. 79)

Im historischen Holzbau sind die Verbindungen von Hölzern wie Verblattungen oder Verzapfungen meist ohne zusätzliche Verbindungsmittel aus Metall ausgebildet. Bei ihnen können Druckkräfte prinzipiell gut übertragen werden, maßgeblich ist hier eine möglichst große und senkrecht zur Kraftrichtung verlaufende Kontaktfläche an der Verbindung. Weitere Bestandteile der Verbindung sind lediglich zur konstruktiven Lagesicherung der Bauteile erforderlich.

Diese Holzverbindungen wurden auch zur Aufnahme von Zugkräften eingesetzt. Wenngleich nach aktuellen Rechenmodellen diesen Verbindungen nur geringe Zugfestigkeiten zugewiesen werden, haben sie sich vielfach im Bestand bewährt. Die Zugtragfähigkeit von Holznägeln variiert je nach Einbauqualität erheblich, kann aber vereinzelt als kraftführende Verbindung angesehen werden. Für die Übertragung sehr großer Zugkräfte wie bei Zugankern zur Gewölbesicherung oder bei Zughölzern in Hänge- bzw. Sprengbünden wurden häufig schmiedeeiserne Werkstücke an den Kopfenden der Holzbalken zur Einleitung der Zugkräfte verwendet.

Momentanbeanspruchungen, also Verdrehungen, können prinzipiell von zimmermannsmäßigen Holzbauverbindungen nicht aufgenommen werden, hier wirken diese allgemein als Gelenk. Um eine biegesteife, also „unverdrehbare" Verbindung über Eck herzustellen, mussten zusätzliche winkelaussteifende schräge Hölzer zwischen den beiden tragenden Gerüsthölzern, z. B. Fußhölzer zwischen Schwelle und Bundständer, angeordnet werden. Diese drei Hölzer bilden ein geometrisch und statisch unverschiebliches Dreieck als **biegesteife Verbindung**.

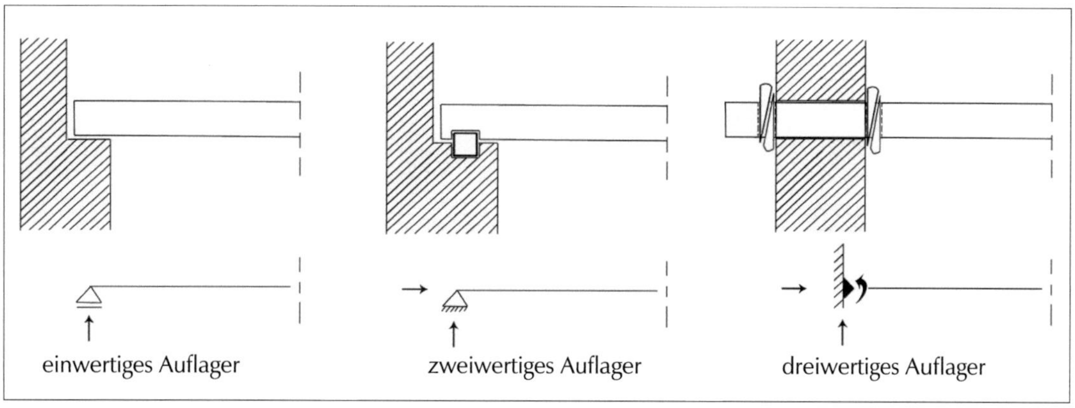

Abb. 79: Auflager.

Holzverbindungen können, je nach Ausführung, verschiedene und teils mehrere unterschiedliche Beanspruchungen aufnehmen. Besonders wichtig ist dies bei den Auflagern statisch relevanter Holzbauteile. Im einfachsten Fall können lediglich in eine Richtung wirkende Kräfte übertragen werden, beispielsweise wenn ein Deckenbalken ohne weitere konstruktive Sicherung stumpf auf einer Schwelle oder einer Mauer aufliegt. In diesem Fall werden zwar Vertikalkräfte übertragen, jedoch kann der Deckenbalken bei horizontaler Beanspruchung leicht aus seiner ursprünglichen Position bewegt werden. Diese Ausformung des Auflagers wird als **einwertiges Auflager** bezeichnet.

Kann eine Holzverbindung in zwei unterschiedliche Richtungen wirkende Kräfte aufnehmen, handelt es sich um ein **zweiwertiges** bzw. **unverschiebliches Auflager**. Diesem Typus sind die meisten zimmermannsmäßigen Verbindungen im historischen Holzbau zuzuordnen. Eine Zapfenverbindung kann – bis zu einem gewissen Grad – sowohl Druckkräfte längs als auch quer zum Balken aufnehmen. Typische Beispiele für zweiwertige Auflager sind der Fußpunkt eines Sparrendaches oder eines Sprengbundes oder ein mit der Mauerschwelle verkämmter Deckenbalken.

Dreiwertige Auflager (Einspannungen) können nicht nur Kräfte aus zwei Richtungen aufnehmen, sie sind überdies biegesteif, lassen also keine Verdrehung der Bauteile zu. Da es im zimmermannsmäßigen Holzbau kaum möglich ist, „unverdrehbare“ Holzverbindungen auszubilden, ist die Auflagerform in diesem Kontext sehr selten. Als Beispiel kann hier ein tief im Mauerwerk verankerter Kragbalken genannt werden.

2.3 Grundlagen des Tragverhaltens

2.3.1 Lasten

(Abb. 80)

Holzbauwerke sind unterschiedlichen Beanspruchungen ausgesetzt. Sie müssen diese – ohne größere Verformungen zu erleiden – aufnehmen und in den tragfesten Baugrund ableiten können.

An unterschiedlichen Lasten sind hier zunächst die dauerhaften, meist vertikal wirkenden Belastungen zu nennen, wie etwa das Eigengewicht der Konstruktion mit all ihren Einzelelementen (Dachhaut, Wandfüllungen etc.). Neben diese treten wechselnde vertikale Belastungen wie Schnee auf der Dachhaut, Lagergut auf Decken oder viele Personen in großen Räumen. Bauten sind nicht nur von Vertikallasten beansprucht, ebenso bestehen horizontale Beanspruchungen. Hier ist vor allem der Wind zu nennen, der mit Winddruck und Windsog statisch senkrecht zu den Flächen wirkt: direkt horizontal auf Hauswände, aber rechtwinklig zur Neigung von Dachflächen.

Abb. 80: Unterschiedliche Lasteinwirkungen auf ein Bauwerk.

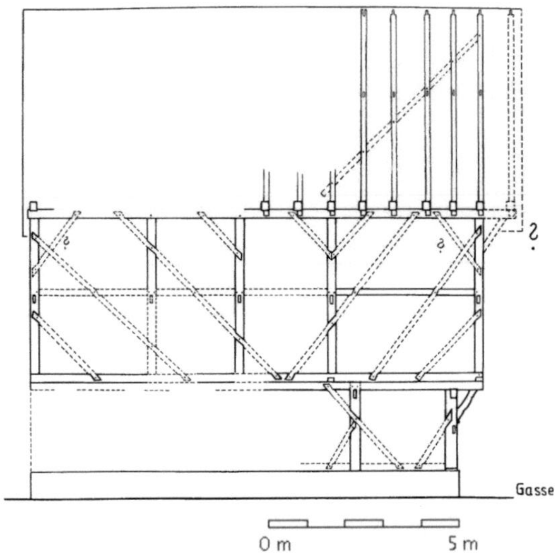

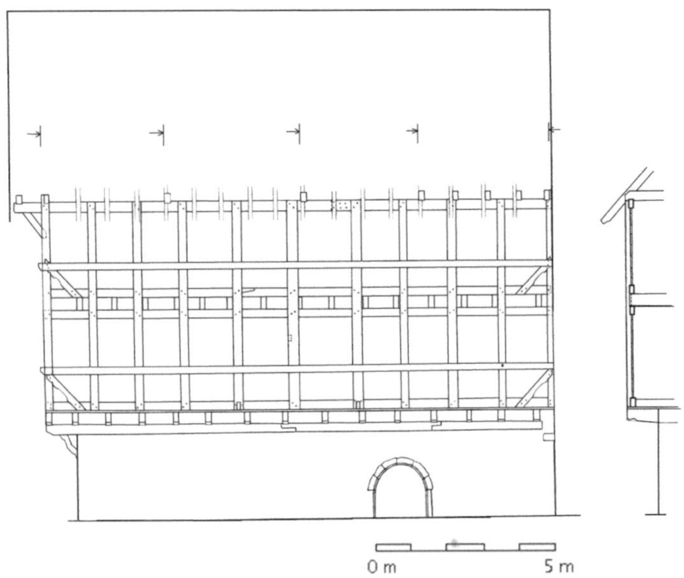

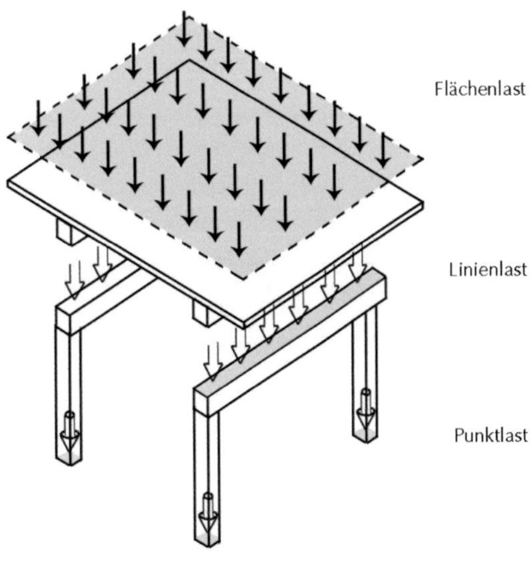

2.3.2 Prinzipien der Lastabtragung

(Abb. 81–83)

Die Abtragung der Lasten im Holzbau kann entweder über reine Baumasse oder über ein Gerüst aus einzelnen, stark belasteten Gerüsthölzern erfolgen.

Im ersten Fall – dem Blockbau – nähert sich die Tragwirkung der des Massivbaus an: Vertikale und horizontale Lasten werden im Wesentlichen als Druckkräfte über die Flächen – die in statischer Hinsicht als **Scheiben** und **Platten** anzusprechen sind – abgetragen. Die einzelnen Elemente sind durch Eckverbindungen und das erhebliche Gewicht der einzelnen Bauteile miteinander verbunden. Durch die großen Kontaktflächen der Einzelelemente zueinander kommt es zu einer Verteilung der Druckkräfte, so dass nirgends starke Eindrückungen quer zur Holzfaser entstehen. Die Lasten – etwa aus Wind oder Dachdeckung – wirken direkt auf die flächigen Bauelemente.

Bei der Lastabtragung über ein Gerüst aus einzelnen, hoch belasteten tragenden oder aussteifenden Gerüstelementen muss deren Anordnung und auch die Holzauswahl deutlich stärker auf die besonderen Materialeigenschaften des Baustoffes Holz abgestimmt werden. Die einzelnen Gerüsthölzer sind so angeordnet, dass sie im Wesentlichen über Druckkräfte in Längsrichtung (**Normalkraft**) beansprucht werden. Zudem sollten schräg geführte Hölzer so im Gerüst eingebaut sein, dass sie eine Folge unverschieblicher Dreiecke bilden, die einer Horizontalverformung oder Verdrehung in sich widerstehen können. Diese Gerüstelemente bilden zusammen die Aussteifung des Gebäudes oder Gebäudeteils. Durch eine sehr dichte Anordnung sich vertikal und horizontal überkreuzender und oft mit zwei Holznägeln gesicherter Ständer und Riegel konnte eine

Abb. 81 (oben): Durch die Reihung der Langbänder entstehen unverschiebliche Dreiecke. Ansicht Ostwand, Rekonstruktion. Esslingen am Neckar (Lkr. Esslingen), Webergasse 8, 1267 (d).

Abb. 82 (Mitte): Durch die dichte Anordnung von Ständern und Riegeln wird eine aussteifende Scheibenwirkung erzielt, so dass schräg aussteifende Hölzer verzichtbar sind. Strasbourg (Frankreich), 31 rue du Bain-aux-Plantes, 1309 (d).

Abb. 83 (unten): Grundprinzip der vertikalen Lastabtragung.

aussteifende Scheibenwirkung erzielt werden, die den Verzicht auf schräge aussteifende Hölzer ermöglichte.

Sobald die Gefache des Holzgerüstes mit ausreichend tragfähigen Materialien geschlossen sind, nähert sich sein Tragverhalten auch dem des Massivbaus an.

Nutzlasten werden über Bodendielen an die Deckenbalkenlage weitergegeben, Lasten aus Schnee und Dachdeckung über die Dachlatten oder die Dachschalung an Sparren, Rofen oder Pfetten übertragen und Windlasten auf die flächenbildenden Elemente von Fassade und Dach in Ständer, Schwellen, Sparren und Rähme eingeleitet. Diese Lasten wirken zunächst als **Flächenlast**. Im nächsten Schritt der Lastabtragung lasten die Flächen auf Auflagerhölzern, etwa Rähmen oder Unterzügen, ab. Die auf die einzelnen Hölzer wirkende Belastung wird als **Linienlast** bezeichnet. Die Linienlast wird an ihren Auflagern als **Punktlast** an die anschließenden Gerüsthölzer weitergegeben und schließlich in die Gründung eingeleitet.

2.3.3 Spannweiten

(Abb. 84–86)

Bei Fassadenflächen oder bei übereinander angeordneten Wänden in der Binnenstruktur eines Bauwerks ist die Weitergabe und Abtragung der Vertikallasten in den Baugrund verhältnismäßig einfach. Finden aber in der Binnenstruktur eines Gebäudes vertikale Lasten einleitende Gerüstelemente keine direkte vertikale Unterstützung, müssen die Lasten durch die Überbrückung von freien horizontalen Spannweiten übergeben werden. Dies kann mit zwei unterschiedlichen Tragsystemen bewältigt werden.

Eines dieser Systeme ist der **Tragbalken**, dessen einfachste Form mit zwei Auflagern als **Einfeldträger** bezeichnet wird. Die auf den Balken einwirkenden Vertikalkräfte erzeugen eine Biegebeanspruchung. Den daraus in Abhängigkeit von Spannweite und Holzmaterial resultierenden Verformungen wirkt allein der Balkenquerschnitt, vornehmlich die Balkenhöhe, entgegen. An den beiden Auflagern des Einfeldträgers treten bei vertikaler Belastung lediglich vertikale Kräfte auf. Eine Sonderform des biegebeanspruchten Balkens bildet der auskragende

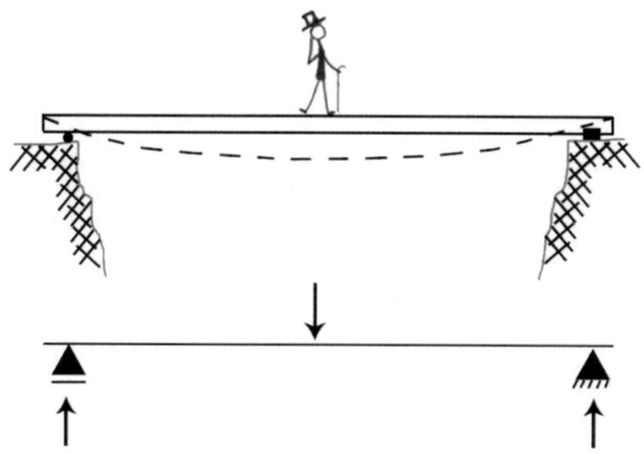

Abb. 84: Einfeldträger mit zwei Auflagern. Darstellung der Biegebeanspruchung durch die auf den Balken wirkenden Vertikalkräfte.

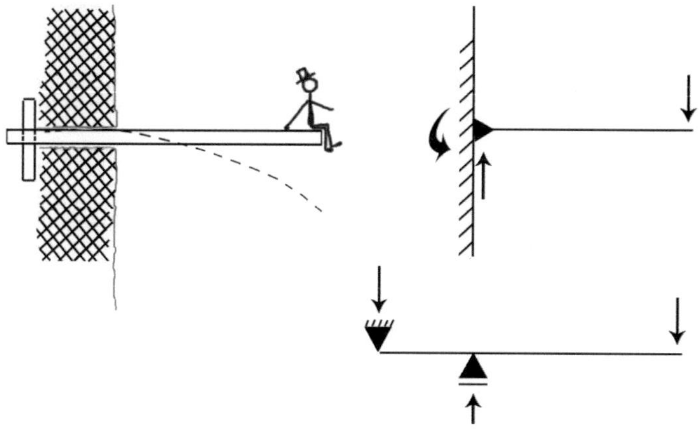

Abb. 85: Auskragender Einfeldträger (Kragträger). Oben: Auskragender Balken, abstrahiert als Kragträger mit einem dreiwertigen biegesteifen Auflager. – Unten: Auskragender Balken, abstrahiert als Kragträger mit Auskragung mit einem zwei- und einem einwertigen Auflager.

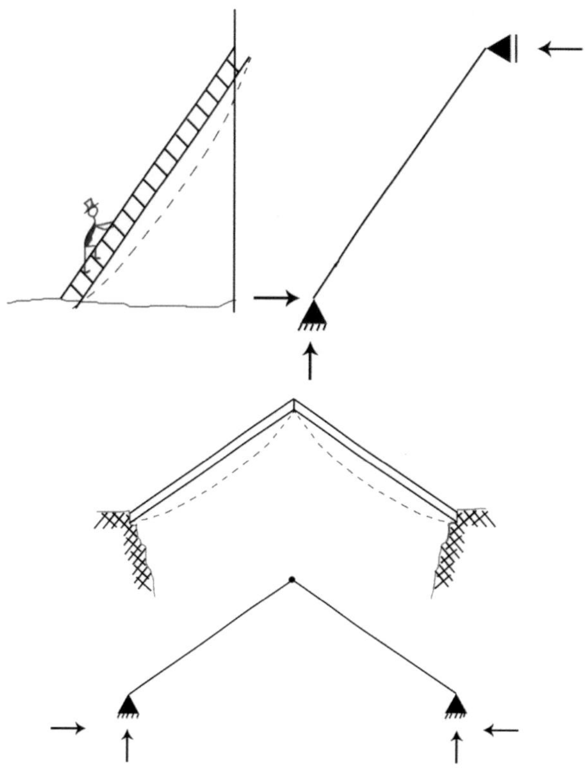

Abb. 86: Strebeträger. Abtragung der Lasten über schräg angeordnete Hölzer.

Einfeldträger (**Kragträger**), bei dem das Endstück über das Auflager hinausragt.

Das andere der beiden Systeme ist der **Strebeträger** (Sprengbund; vgl. S. 101 f.), bei dem Lasten nicht nur über Vertikalkräfte abgetragen, sondern über schräg angeordnete Hölzer abgeleitet werden. In einer typischen Grundanordnung sind zwei Streben gegeneinander geneigt und am Kopf verbunden. Statisch gleichartig wirkt auch eine mit dem Kopf gegen ein vertikales Bauteil „gelehnte" Strebe. Die Streben werden in diesen Fällen zwar durch ihr Eigengewicht und möglicherweise flächig darauf wirkende Vertikallasten gleichfalls auf Biegung beansprucht, im Wesentlichen erfahren sie aber eine im Sinne des Baumaterials statisch günstige Beanspruchung parallel zur Längsachse mit Normalkräften. Durch die Abstrebung treten am Kopf- wie am Fußpunkt der Streben Horizontalkräfte auf. Die Vertikalkräfte aus Eigengewicht und Auflast werden im Allgemeinen vollständig über den Fußpunkt auf die darunter folgenden Bauteile abgetragen. Die Horizontalkräfte müssen durch geeignete Gerüstelemente aufgenommen werden. Besonders einfach ist dies beim häufig anzutreffenden Strebeträger mit zwei spiegelsymmetrisch angeordneten und am Kopf verbunden Streben. Bei diesem System heben sich die gegeneinander gerichteten Horizontalkräfte am Kopf gegenseitig auf. Die Streben lehnen sich wie bei einer Klappleiter gegeneinander, müssen aber an den Fußpunkten, da an ihnen nach außen wirkende Horizontalkräfte auftreten, in ihrer Lage fixiert sein.

Ob ein geneigter Balken die Lasten als Tragbalken oder als Strebe abträgt, lässt sich oft nur über eine genaue Untersuchung der Auflager bestimmen.

3 Blockbauweise

3.1 Typen

(Abb. 87–94)

Bei der **Blockbauweise** werden gerade gewachsene Baumstämme, rund belassene, oval oder kantig zugehauene Hölzer (**Blockhölzer**) verwendet. In der Regel sind es Nadelhölzer. Diese werden in horizontal aufeinandergeschichteten Kränzen in den Ecken miteinander verschränkt (**Block**).

Der **Rund-** oder **Vollholzblockbau** aus ganzen Baumstämmen ist die bearbeitungstechnisch einfachste Art des Blockbaus. Im Unterschied dazu werden beim **Hälblingsblockbau** die Stämme der Länge nach gespalten oder gesägt und als halbrunde Blockhölzer oder als kantig beschlagene Halbhölzer verbaut.

Der **Kantholzblockbau** (regional Strickbau) besteht aus Balken mit hochrechteckigem Querschnitt, mit einer Breite zwischen 9 cm und 15 cm. Die Höhe der Kanthölzer schwankt zwischen 25 cm und 30 cm, zuweilen erreicht das Wurzel-/Stockende bis zu 50 cm.

Der Kantholzblockbau mit verzinkten Ecken wird als **verzinkter Blockbau** bezeichnet. Vom **Bohlenblockbau** spricht man, wenn die Wandstärken deutlich geringer als im Kantholzblockbau ausgebildet und die Ecken verzinkt sind. Es handelt sich meist um einräumige Bauten von maximal 4–5 m Seitenlänge. Beim sogenannten **lockeren** oder **offenen Blockbau** sind Kant- oder Rundhölzer mit deutlichen Abständen aufgesetzt. Die lockere Schichtung erlaubt eine Belüftung, weshalb der offene Blockbau vor allem bei landwirtschaftlich genutzten Gebäuden wie Scheunen und Heustadeln zu finden ist. Die Abstände werden durch die Ausbildung der Eckverbindung vorgegeben und durch Distanzhölzer im Wandverlauf gestützt.

Abb. 87: Rundholzblock (links) und Kantholzblock (rechts angeschnitten). St. Martin, Gde. Pfäfers (Kt. St. Gallen).

Abb. 88: Hälblingsblock.

Abb. 89: Kantholzblock.

3.2 Konstruktion

3.2.1 Wand- und Deckenausbildung

(Abb. 95–111)

Im Blockbau werden horizontal aufeinandergeschichtete, an den Ecken kraftschlüssig miteinander verbundene Hölzer zu **Blockkränzen** gefügt. Der horizontale Ausgleich zwischen den Blockkränzen erfolgt durch eine wechselseitige Anordnung der naturgemäß konischen Baumstämme (Wipfel- über Wurzelende/Zopf- über Stockende).

Die Blockkränze werden gegen seitliches Ausweichen und Verdrehen mit **Dollen** (Hartholzdollen) in vorgebohrten Löchern gesichert. Der Abstand von Dollen zu Dollen beträgt im historischen Blockbau 1,5–2,5 m. Im offenen Blockbau sind die Dollen oftmals sichtbar.

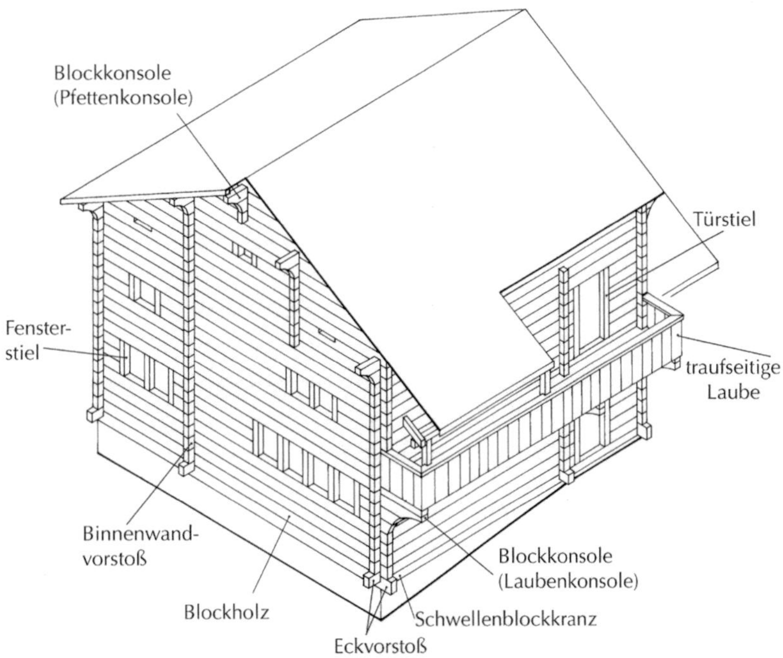

Abb. 90 (oben links): Offener Kantholzblock.

Abb. 91 (Mitte links): Offener Rundholzblock, Silenen (Kt. Uri).

Abb. 92 (unten links): Mehrgeschossiger Blockbau (Kantholz).

Abb. 93 (oben rechts): Kantholzblock, historische Ansicht aus Johannes Hartlieb (1400–1468), Kriegsbuch König Albrechts II.

Abb. 94 (unten rechts): Verzinkter Bohlenblock.

Abb. 95 (links): Kantholzblock mit Dollen.

Abb. 96 (rechts): Kantholzblock mit Hohlkehle für Dichtungsmaterial.

Abb. 97 (links): Längsstöße. Sisikon (Kt. Uri).

Zur Verbesserung der Winddichtigkeit kann zwischen den Blockkränzen Moos oder anderes Dichtungsmaterial aufgelegt werden, das durch die Last der darüberliegenden Hölzer stark gepresst wird. Beim Kantholzblock werden zur Aufnahme des Dichtungsmaterials flache Hohlkehlen auf beiden Lagerflächen der Hölzer, beim Rundholzblock nur auf der Unterseite Hohlkehlen oder V-förmige Kerben ausgehauen.

Die nutzbare Stammlänge bestimmt überwiegend die maximale Länge und Breite der Blockbauten. Ist nicht genügend langes Bauholz vorhanden oder werden die Bauten erweitert, sind **Längsstöße** erforderlich. In der Regel als stumpfe Stöße ausgeführt, werden die Hölzer beidseitig mit zusätzlichen Dollen gesichert. Im Blockverband werden notwendige Längsstöße zueinander versetzt angeordnet oder im Bereich der Binnenwandeinbünde versteckt (**versteckter Längsstoß**) ausgeführt.

Abb. 98 (links): Stummelwand. Spiez (Kt. Bern).

Abb. 99 (rechts): Blockkonsolen (Pfettenkonsolen) kombiniert mit Mantelständer.

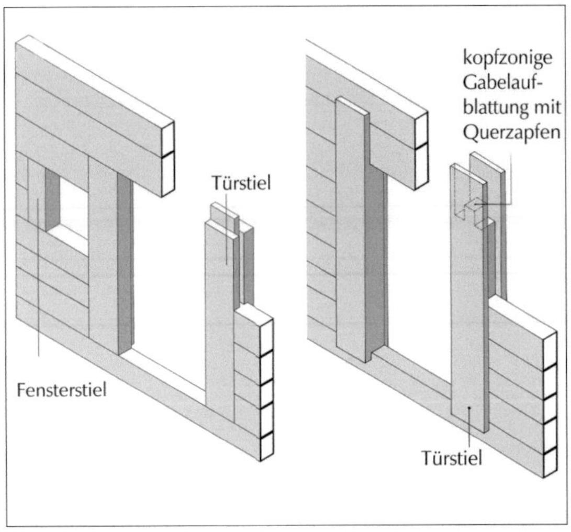

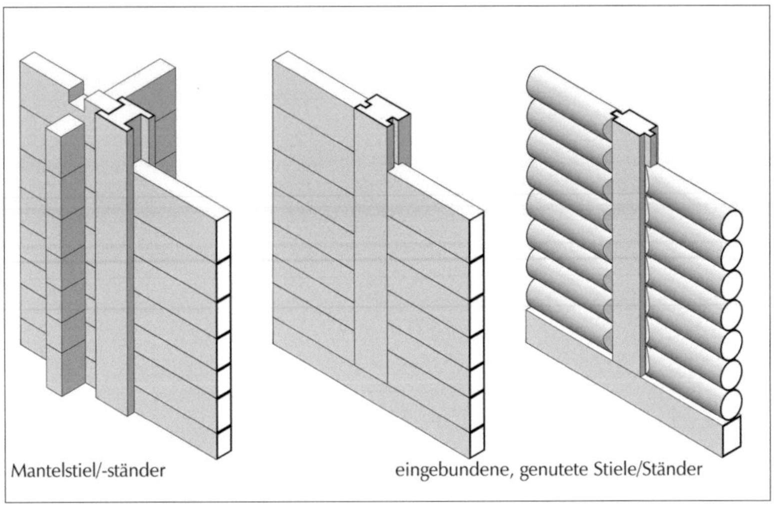

Abb. 100 (oben links): Fenster- und Türstiele.

Abb. 101 (oben rechts): Wandverlängerungen mittels Stielen oder Ständern.

Abb. 102: Mantelstiel (Türstiel).

Bei Wandlängen von mehr als 5–6 m und bei Giebeln braucht es Stabilisierungen (Queraussteifungen) in Form von einbindenden Querwänden, Stummelwänden, Mantel-/Schalenständern, Mantelstielen, eingebundenen Ständern/Stielen und Blockzangen, um Bauchungen zu verhindern.

Stummelwände nennt man beidseitig vorstoßende Querhölzer im Giebelfeld, die bei fehlenden Binnenwänden die Giebelwand stabilisieren. **Blockkonsolen** können entweder ein- oder beidseitig sich verbreiternde Stummelwände oder auskragende Eck- oder Binnenvorstöße sein. Auf ihnen ruhen Pfetten (**Pfettenkonsole**), Bodenbohlen der Lauben (**Laubenkonsole**) oder auskragende Geschosse.

Der **Mantel-/Schalenständer** ist ein wandhohes, vertikal in die Block- oder Bohlenwand eingestelltes Holz, welches beidseitig mit Mantelschalen die Balken- oder Bohlenköpfe umfasst. Seine Funktion entspricht entweder jener

Abb. 103 (links): Blockzange mit Schwertkeilen beim offenen Blockbau.

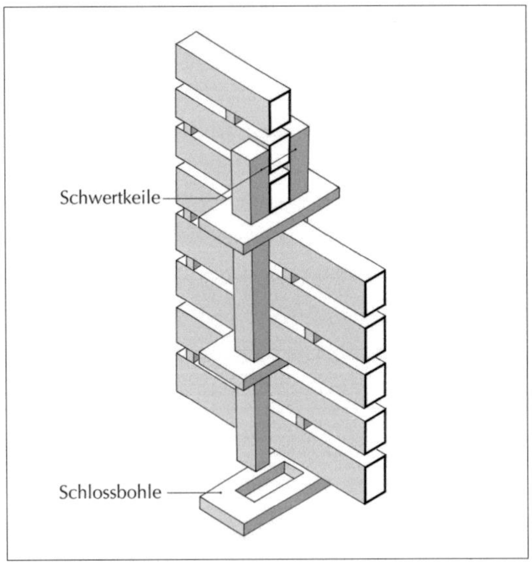

Abb. 104 (rechts): Blockzangen mit Schwertkeilen. Ausserferrera (Kt. Graubünden).

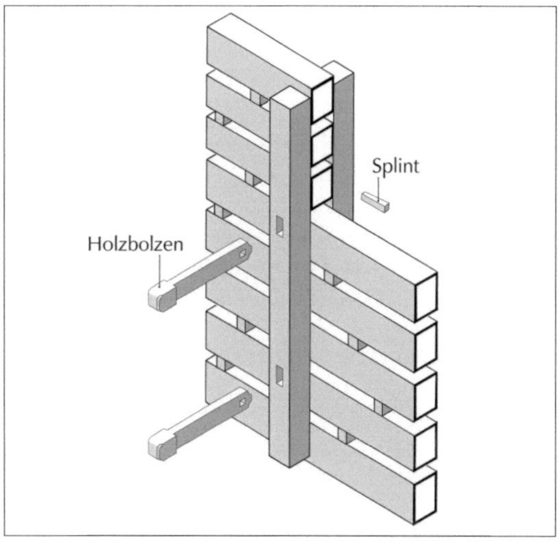

Abb. 105 (links): Blockzange mit Holzbolzen und Splint.

Abb. 106 (rechts): Blockzange mit Holzbolzen und Splint.

der Blockzange oder der eines Verbindungselementes bei der nachträglichen Verlängerung oder Reparatur einer Blockwand. **Mantelstiele** umfassen in der Regel einseitig Balken oder Balkenköpfe im Bereich von Tür- und Fensteröffnungen (bei Türöffnungen regional als Mantelstud bezeichnet). Im Gegensatz dazu steht der **eingebundene Ständer** (wandhoch) bzw. **eingebundene Stiel** (nicht wandhoch) jeweils mit Nut, der in gleicher Stärke wie die Blockwand ausgebildet ist. An den Balkenköpfen sind Zapfen angeschnitten, die von der Nut des Ständers/Stiels umfasst werden.

Blockzangen kommen in der Regel beim offenen Blockbau vor. Sie bestehen in einer Variante aus zwei vertikal verlaufenden Kanthölzern oder Hälblingen, die als Schwertkeile gearbeitet sind und mithilfe von durch die Wand greifenden **Schlossbohlen** (**Zungen**) verklammert werden. In einer weiteren Variante können Kanthölzer und Hälblinge mit durchgezapften Holzbolzen verklammert und mit Keilen verankert sein.

Bei zwei- oder mehrgeschossigen Blockbauten werden meist **Schwellen**- oder **Deckenblockkränze** ausgebildet, die stärker dimensioniert sind als die übrigen Blockkränze. Vereinzelt gibt es über gemauertem Sockel ausgeprägte **Schwellenkränze** mit Schwellenschloss, deren Hölzer im Gegensatz zu den Schwellenblockkränzen auf einer Ebene liegen. Zusätzlich können auch die Brüstungshölzer als verstärkter **Brüstungsblockkranz** mit leicht aus der Flucht der Blockwand innen und/oder außen vorspringender Profilierung ausgeführt sein.

Bezogen auf die vertikale Gliederung des Blockbaus können giebel- oder traufständige **Auskragungen** auftreten. Sie kommen über einem

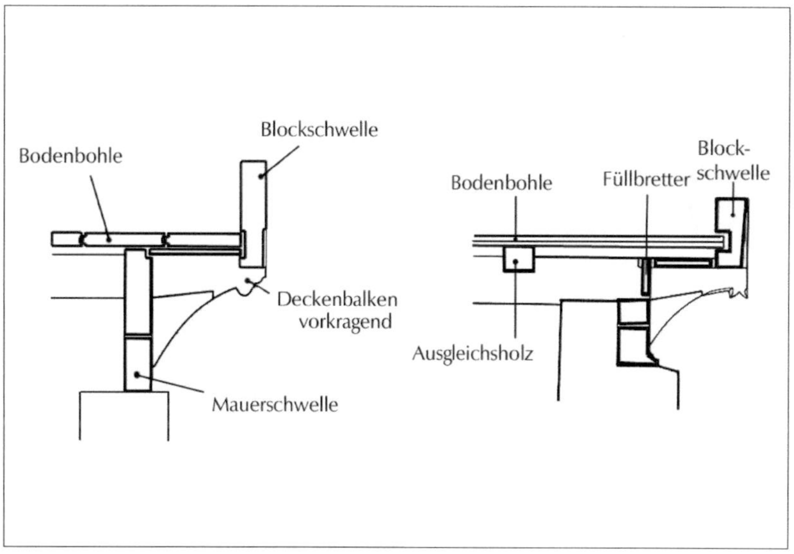

Abb. 107: Bodenbohlen und Blockschwelle in zwei Varianten.

Abb. 108: Schwellenblockkranz mit Zapfenschloss (Schwellenschloss) mit dreifachem Zapfen und Brüstungsblockkranz.

Abb. 109 (links): Schließbohle.

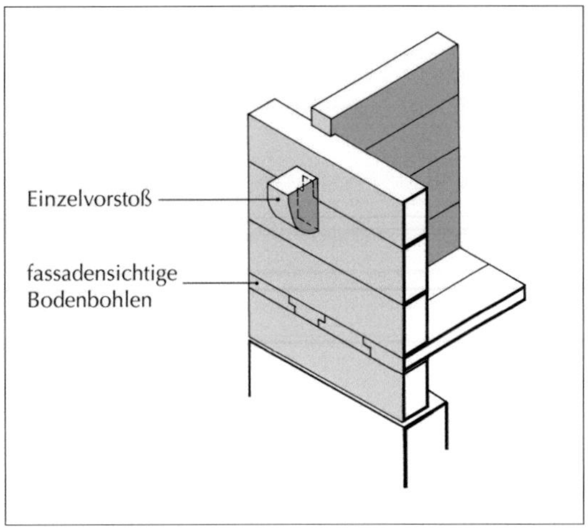

Abb. 110 (rechts): Einzelvorstoß und fassadensichtige Bodenbohlen.

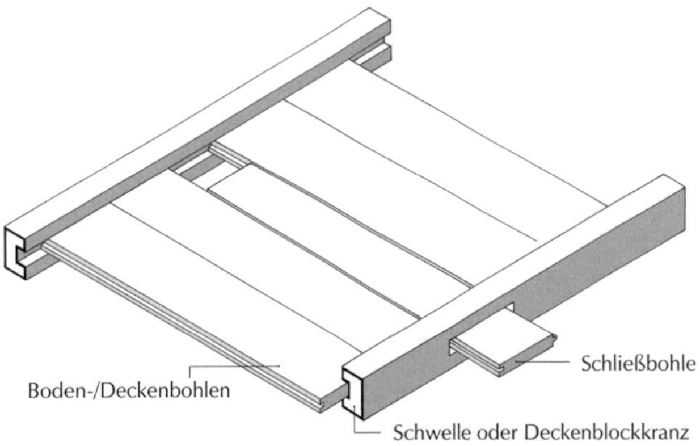

Abb. 111: Schließbohle.

massiven Kellergeschoss oder über einem unteren **Blockstock** vor. Letzteres erfordert einen neuen Abbund und begründet die Zwei- oder Mehrstöckigkeit dieser Blockbauten.

Boden- bzw. Deckenbohlen werden entweder fassadensichtig auf die Deckenblockkränze verlegt oder in Nuten derselben eingeschoben. Eine keilförmige Bohle (**Schließbohle**, **Keilladen**) verspannt die bereits verlegten Deckenbohlen. Bei den in Nuten eingeschobenen Bohlen wird die Schließbohle von außen durch eine Öffnung im Deckenblockholz eingetrieben. Das Ende der Schließbohle kann außen aus der Wand vorstehend belassen werden oder es wird abgesägt und die Öffnung im Blockholz verschlossen oder sichtbar gelassen. Deckenbohlen überspannen bei mehrräumigen Blockbauten jeweils nur einen Raum und können daher von Raum zu Raum unterschiedliche Richtungen aufweisen. Bei größeren Räumen können die Boden- bzw. Deckenbohlen durch einen Unterzug abgefangen werden. Die Unterzüge sind in der Regel ohne Zwischenstützen frei gespannt.

Im Gegensatz zu Gerüstbauten wirkt sich das radiale oder tangentiale Schwundmaß des Holzes beim Blockbau deutlicher aus und muss bei der Errichtung berücksichtigt werden. Saftfrisches, auf etwa 2 m Höhe geschichtetes Holz schwindet ca. 4–6 cm, bis die entsprechende Holzausgleichsfeuchtigkeit erreicht ist (vgl. S. 19). Unterschiedliche Auswirkungen des Schwindens zwischen senkrecht bzw. waagrecht verbauten Hölzern hatte der Zimmermann mit handwerklichen Lösungen aufzufangen, z. B. mit der auf das Schwundmaß der Blockwand ausgerichteten Ständer- oder Stiellänge bzw. der angepassten Tiefe von Zapfenlöchern bei Wandöffnungen.

3.2.2 Blockverbindungen

(Abb. 112–122)

Im Blockverband sind Verbindungen vor allem an den Blockecken zur Verzahnung der horizontalen Schichten wichtig. Entsprechend dem Blocktyp und der Funktion des Gebäudes werden unterschiedliche Verbindungen ausgebildet. Je dichter die Fugen sein sollen, desto komplexer werden die Blockverbindungen ausgeführt.

Man kann Eckverbindungen mit und ohne Vorstoß unterscheiden. Beim Blockbau mit vorstoßender Eck- oder Querverbindung erfolgen die Einschnitte etwa 15–20 cm vor dem Balkenende und bilden so einen unverschiebbaren Rahmen mit Vorstoß (regional Gwättkopf). Vorstöße können mit Dollen gesichert sein.

Beim verzinkten Blockbau sind die Kantholz- oder Bohlenenden keilförmig ausgeschnitten, einen Vorstoß gibt es hier nicht. Bei der **Verzinkung** sind die stirnseitigen Enden beidseitig trapezförmig quer zur Faser verjüngt (**Zinken**).

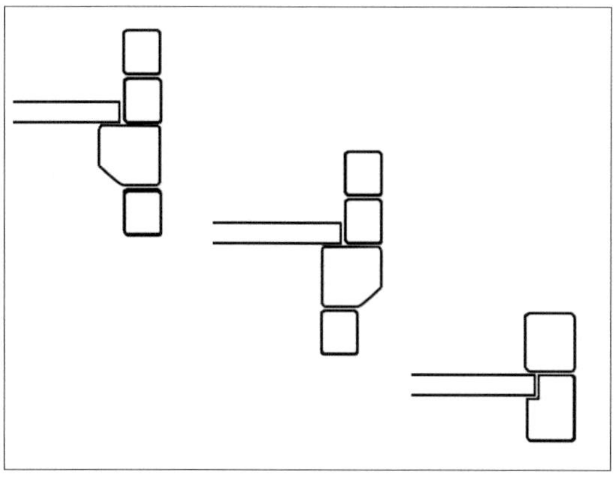

Abb. 112: Deckenanschlüsse.

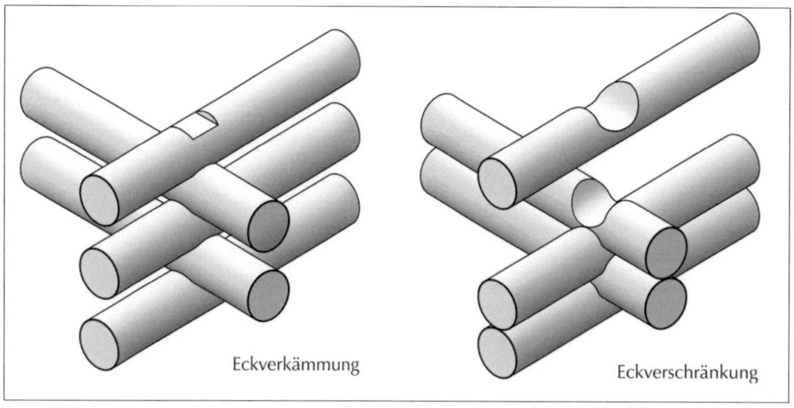

Abb. 113: Eckverbindung beim offenen und geschlossenen Rundholzblock mit Vorstoß.

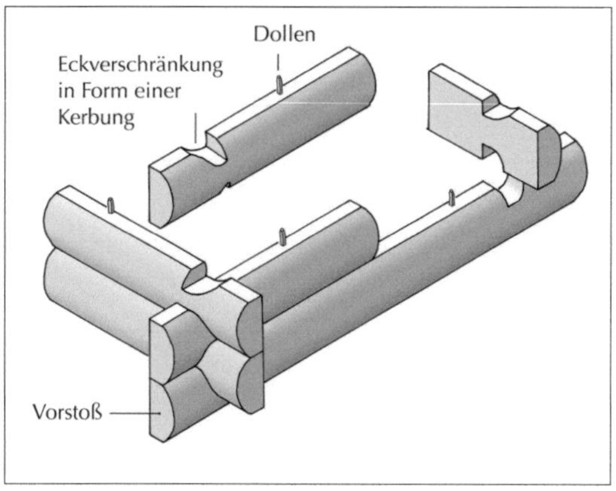

Abb. 114: Eck- und Querverbindung beim Hälblingsblock mit Vorstoß und Dollensicherung.

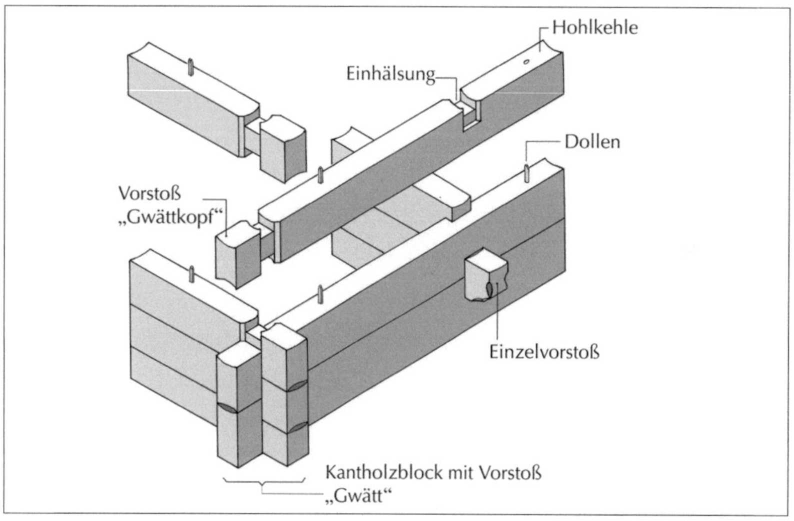

Abb. 115: Komplexe Eck- und Querverbindung beim Kantholzblock mit Vorstoß und Dollensicherung.

Abb. 116 (links): Kantholzblock mit Einzelvorstößen und fassadensichtigen Bohlen.

Abb. 117: Eckverschränkung mit Vorstoß.

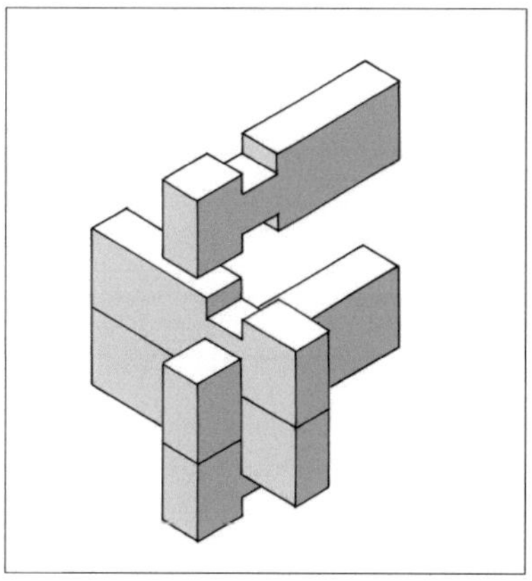

Abb. 118: Einzelvorstoß.

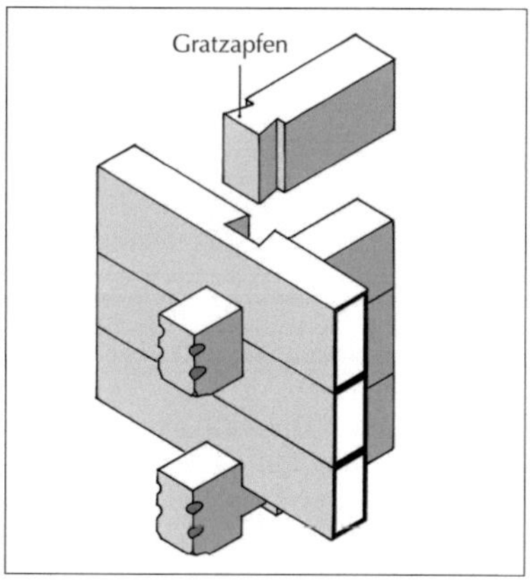

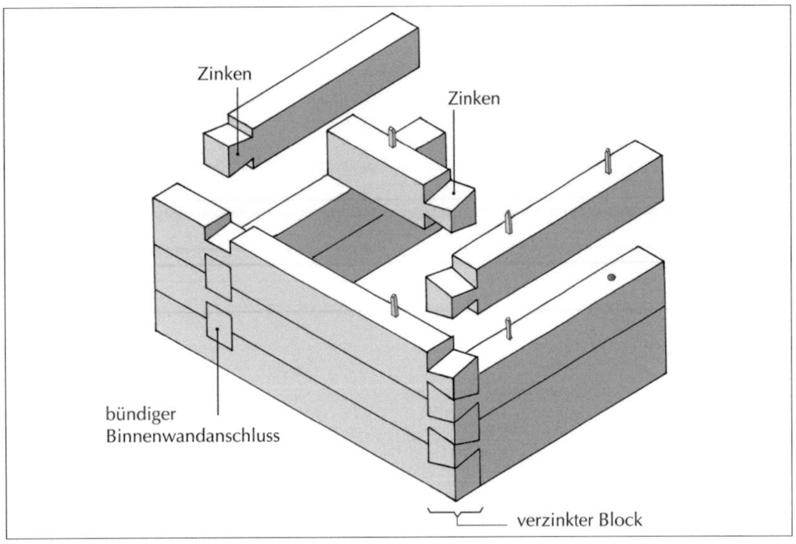

Abb. 119: Eck- und Querverbindung beim verzinkten Block.

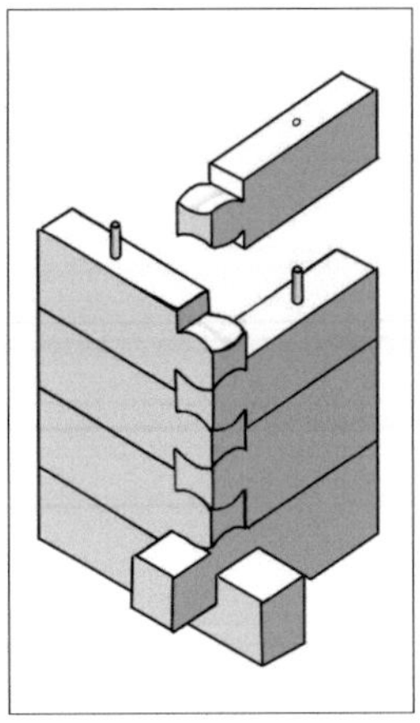

Abb. 120: Verzinkter Block mit geschweiften Zinken.

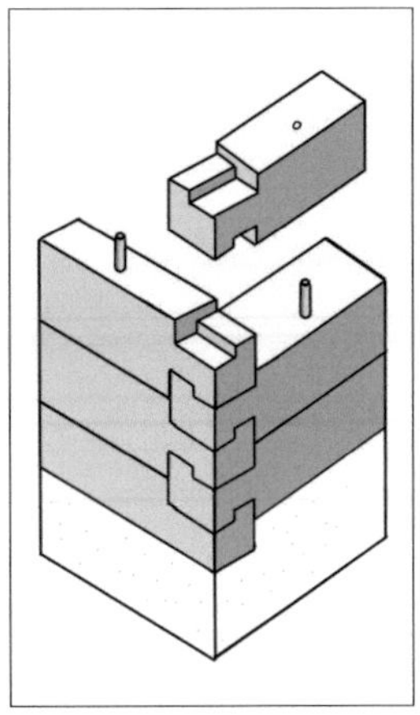

Abb. 121: Block mit Hakenblatteckverbindung.

Abb. 122: Versteckter Binnenwandanschluss mit Gratzapfen (Schwalbenschwanznutung) ohne Einzelvorstoß.

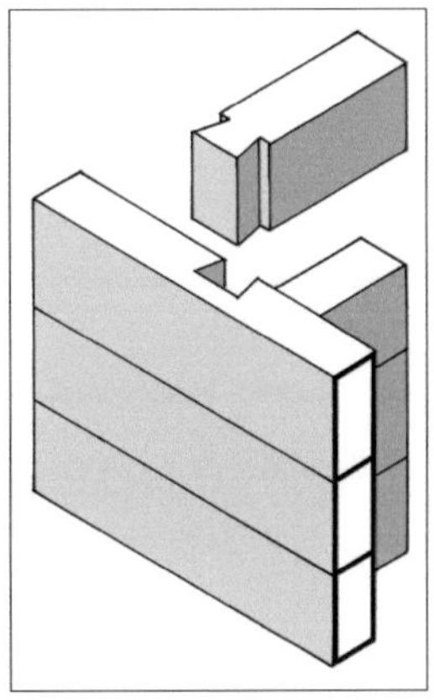

Abb. 123 (links): Blockdach. Unterschächen (Kt. Uri), Sittlisalp, um 1850.

Abb. 124 (unten): Blockdach, halb zerstört. Unterschächen (Kt. Uri), um 1850.

Abb. 125 (unten): Pultdach. Münster (Kt. Wallis).

3.3 Dachwerke

(Abb. 123–125)

Auf Blockbauten können verschiedene Dachformen und -konstruktionen aufgesetzt sein. Es gibt Pult- und Satteldächer mit meist geringer Dachneigung. Dabei sind Sparren-, Rofen- wie auch Pfettendächer mit entsprechenden verstärkenden Einbauten nachweisbar.

Eine blockbauspezifische Konstruktion stellen gestuft ausgeführte Blockkränze dar (**Blockdach/Pfettendach**). Die Dachschräge entsteht durch das treppenförmige Einspringen der Kränze. Im statischen Sinn wirken die Längshölzer wie Pfetten (vgl. Pfettendach, S. 109). Auf diese Pfetten ist die Dachhaut in Form von Brettschindeln oder Steinplatten aufgebracht.

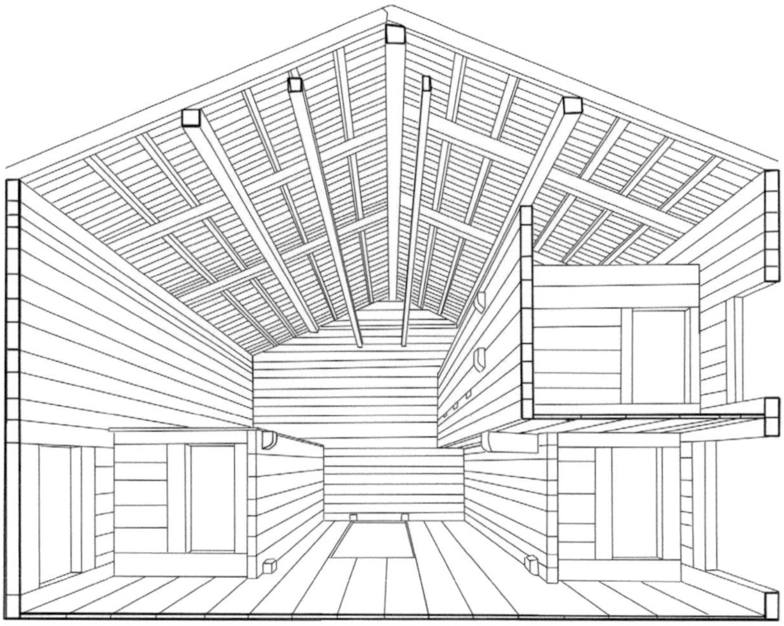

Abb. 126: Hinterhaus mit Blockkammern, Isometrie. Wohnhaus aus Schwyz (Kt. Schwyz), 1336 (d), heute im Freilichtmuseum Ballenberg.

3.4 Nutzungsbedingte Aspekte

(Abb. 126–130)

Der giebelbetonte, mehrräumige Wohnbau ist in der Regel zweizonig ausgeführt, getrennt durch eine lastabtragende Blockbinnenquerwand. Die nutzungsspezifischen Unterteilungen der Grundrisse können denen im Gerüstbau gleichen. In der Schweiz werden die Querzonen **Vorder-** und **Hinterhaus** genannt. Das Vorderhaus ist meist besser belichtet und nimmt die Stube auf. Das Hinterhaus enthält im Wesentlichen die Erschließung und die Feuerstellen. Diese Zone kann ungegliedert und bis in den Dachraum offen sein. Eine weitere Differenzierung erfolgt durch **Blockkammern**, die, mit eigener Decke versehen, in die Außenwände eingebunden sind. Am häufigsten jedoch ist das Hinterhaus gänzlich ausgebaut.

Blockbauten besitzen oft trauf- und/oder giebelseitige Lauben. Die Laubengänge weisen unterschiedliche Gestaltungen auf, von nahezu geschlossenen Räumen bis hin zu offenen, lediglich mit Stangen gesicherten Brüstungen.

Ökonomiebauten sind ebenfalls Ein- oder Mehrraumbauten, jedoch ohne Unterscheidung in Vorder- und Hinterhaus. In vielen Regionen sind die Speicher vom Boden abgehobene, auf kurze Stützen (u. a. **Doppelgabelstützen**) gesetzte Blockbauten. Auf diesen Stützen ruht in der Regel ein Schwellenblockkranz. Zwischen Blockbau und Stützen kann eine Steinplatte (**Mäuseplatte**) eingeschoben sein.

Abb. 127: Laubenkonstruktion auf einer Blockkonsole (Laubenkonsole).

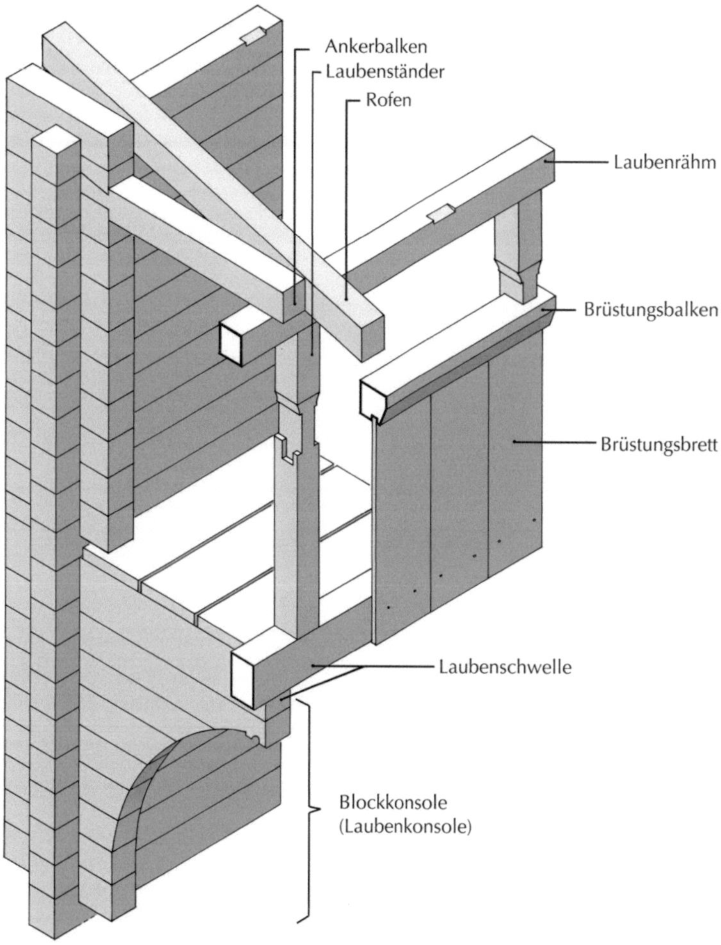

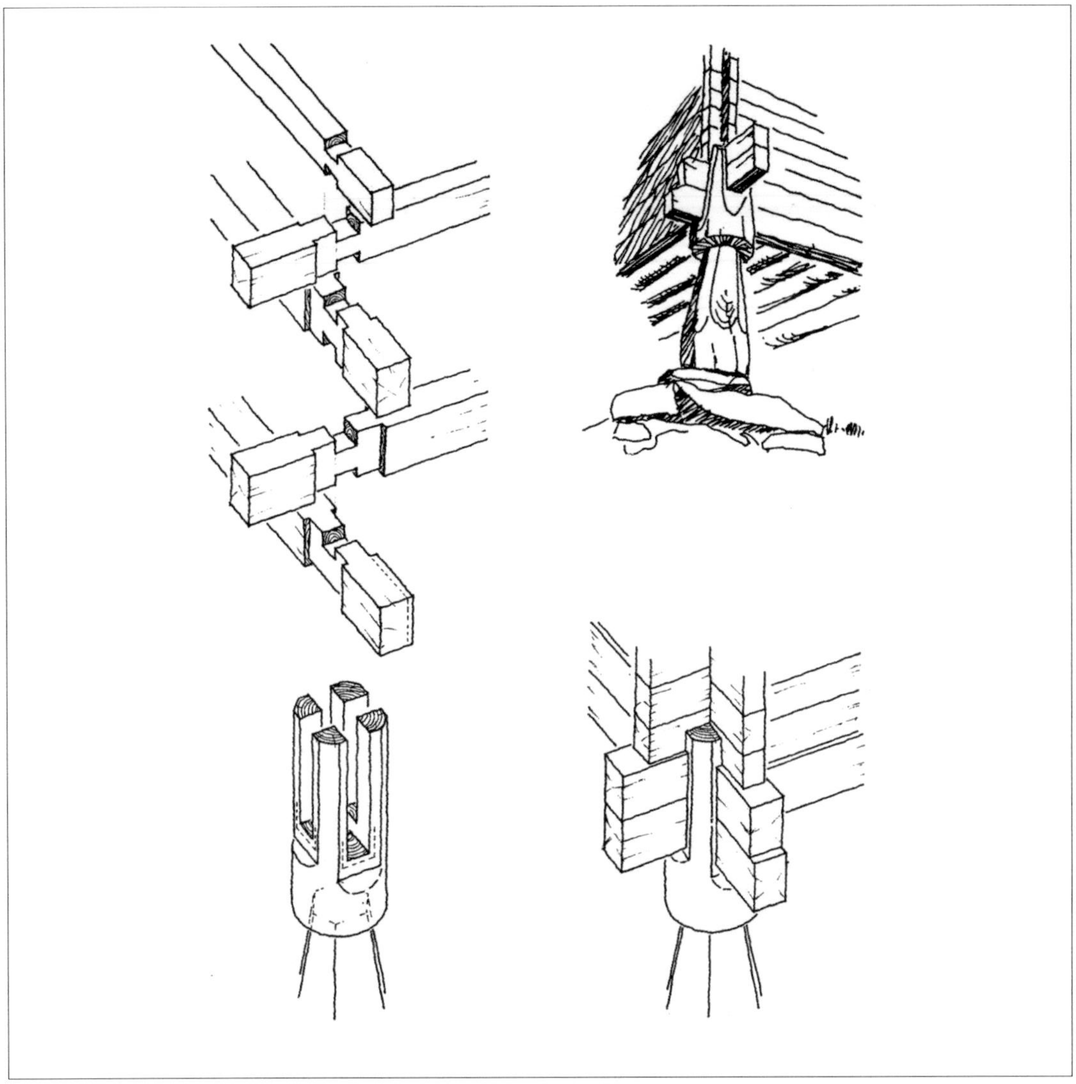

Abb. 128: Aufbau einer Doppelgabelstütze.

Abb. 129 (links): Doppelgabelstütze.

Abb. 130 (rechts): Stütze mit Mäuseplatte.

4 Holzgerüstbauweise

4.1 Systematik der Holzgerüste

4.1.1 Überblick

(Abb. 131–133)

Die Holzgerüste lassen sich in drei Grundsysteme gliedern: das Firstgerüst, das Traufgerüst und das Dachgerüst. In der Systematik werden Grundsysteme beschrieben, aber keine Kombinationsformen. Innerhalb eines Gebäudes können mehrere Grundsysteme vorkommen, die jeweils getrennt angesprochen werden müssen. Derartig kombinierte Gerüstsysteme stellen eher die Regel als die Ausnahme dar, lassen sich aber mithilfe der Grundsysteme in ihrer Vielfalt beschreiben.

Der Unterscheidung der Holzgerüstbauten liegt die folgende Systematik zugrunde: Sie richtet sich nach den innerhalb eines Bauwerks separat abgebundenen Einheiten, den **Stöcken**, unabhängig davon, ob einzelne aussteifende Hölzer mehrere Stöcke übergreifen. Holzgerüste können aus einem Stock bestehen oder aus mehreren Stöcken zusammengesetzt sein.

Das **Firstgerüst** umschließt den gesamten Bau von der Gründungsebene bis zum First. Es kann ein- oder mehrstöckig sein, beinhaltet aber immer einen Hochstock, der das Dach und mindestens einen Teil des Unterbaus umfasst.

Das **Traufgerüst** umfasst die Gesamtheit der Stöcke zwischen Gründungsebene und Traufe. Es weist eine konstruktive Trennung von dem darüber abgezimmerten Dachgerüst auf. Daher können im Gegensatz zum Firstgerüst die Längs- und Querbünde von Unterbau und Dach unabhängig und in unterschiedlicher Lage zueinander ausgeführt sein. Die Höhe eines Stockes entspricht hier der ungeteilten Länge der Bundständer. Bei mehreren Stöcken übereinander erfolgt die Trennung zwischen denselben meist durch eine Deckenbalkenlage (**Stockdeckenbalkenlage**) oder in Höhe der aufgelegten Dielung. Innerhalb eines mehrgeschossigen Stockes können in Teilabschnitten kleinere Einheiten separat abgebunden sein (z. B. einseitige Auskragung).

Bei einem im Querschnitt symmetrischen **Dachgerüst** (mit Ausnahme des Mansarddachs) entspricht die Höhe des Stockes der Höhe des von Sparren oder Rofen gebildeten Dachdreiecks.

Der Begriff **Geschoss** bezeichnet eine tatsächliche oder potenzielle Nutzungsebene, die unabhängig von der konstruktiven Ausbildung der Stöcke ist. So können beispielsweise innerhalb eines Stockes durch den Einzug von Deckenbalkenlagen (**Geschossbalkenlage**) zwei oder mehrere Geschosse vorhanden sein. Daher werden die Nutzungsebenen als Erdgeschoss, erstes Obergeschoss, zweites Obergeschoss usw., im Dach als erstes Dachgeschoss, zweites Dachgeschoss usw. bezeichnet. Das oberste Dachgeschoss wird auch **Spitzboden** genannt.

Bei First- und Traufgerüsten kann ein **Kniegeschoss** als Nutzungsebene auftreten. Dabei liegt die oberste Deckenbalkenebene unterhalb des Dachfußes, so dass ein Raum entsteht, der vom Unterbau in das Dach reicht. Ist der Bereich unterhalb der Dachbasis stöckig abgezimmert, handelt es sich um einen **Kniestock**. Die Besonderheit besteht bei diesem Stock darin, dass der Nutzungsbereich (Kniegeschoss) die Grenze zwischen zwei Stöcken überschneidet.

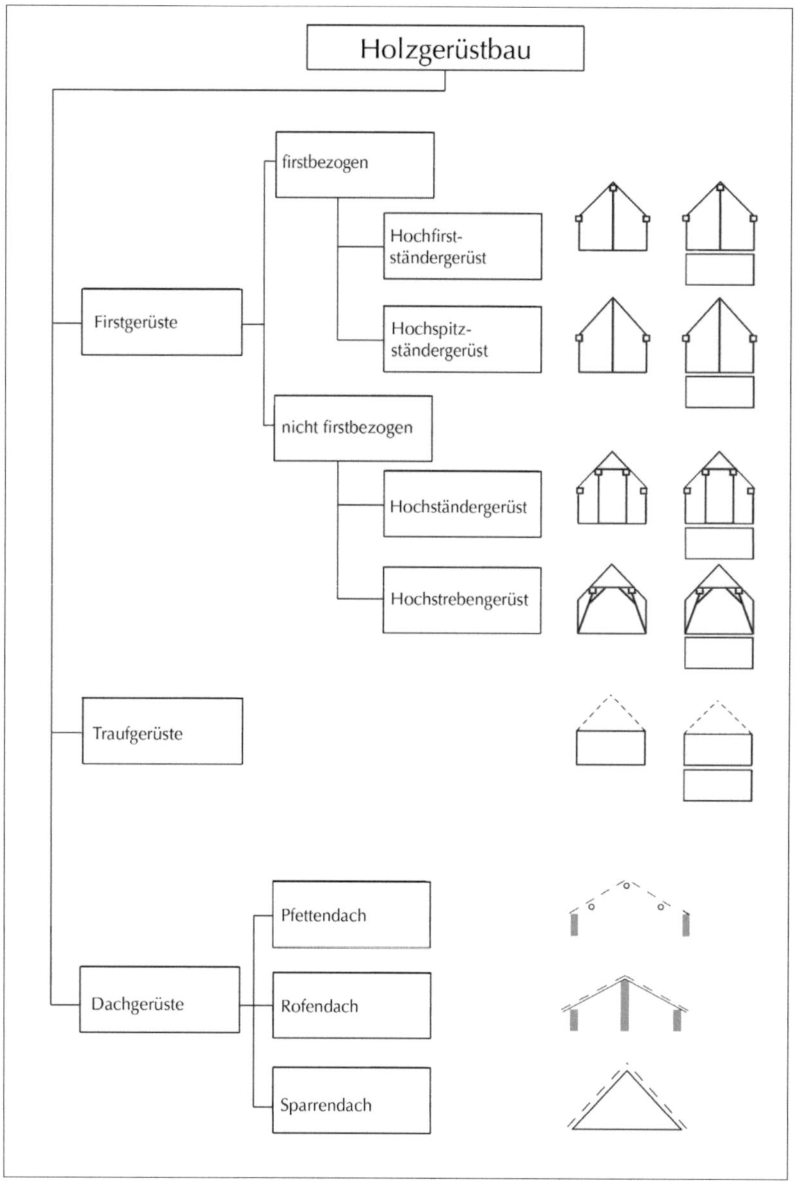

Abb. 131: Grundsysteme der Holzgerüste bezogen auf den Bauwerksquerschnitt.

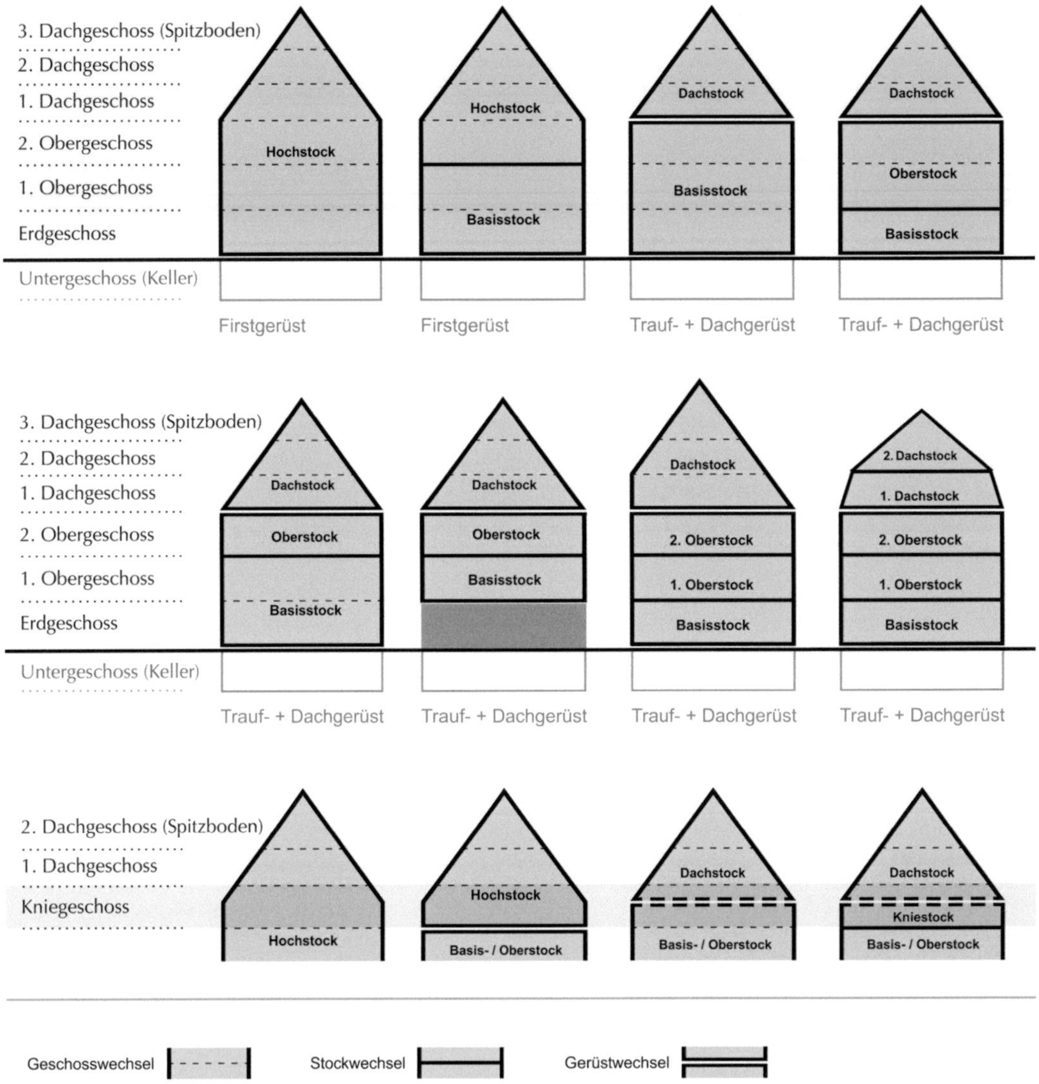

Abb. 132: Unterscheidung Geschoss – Stock; links angegeben die Nutzungsebenen (Geschosse), innerhalb der Querschnitte Angabe der Stöcke.

Abb. 133: Hausgerüst mit Kniegeschoss (links) und mit Kniestock (rechts).

4.1.2 Firstgerüste

(Abb. 134–142)

Die Firstgerüste werden nach der Position der in Reihen angeordneten Hochständer in firstbezogen und nicht firstbezogen unterschieden. Die auf den First bezogenen Firstgerüste lassen sich entsprechend ihrer konstruktiven Ausbildung in Hochfirst- und Hochspitzständergerüste differenzieren. Bei den nicht firstbezogenen Firstgerüsten können die Hochständer in der Firstachse oder parallel dazu angeordnet sein, besitzen aber keine direkte Verbindung zum First.

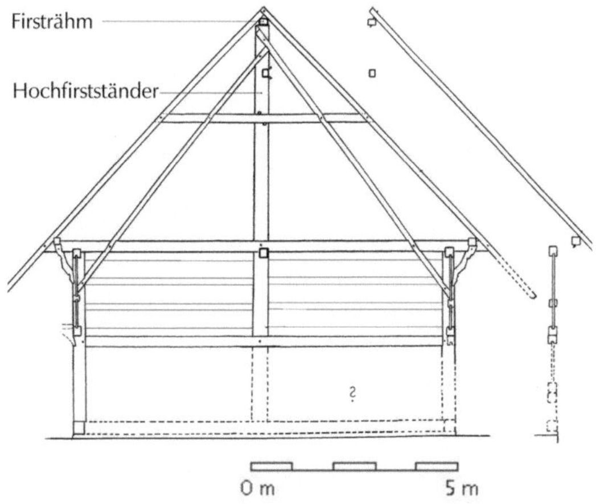

Abb. 134: Hochfirstständergerüst mit ursprünglich vier hintereinander aufgestellten Hochfirstständern. Dachsberg-Wittenschwand (Lkr. Waldshut), Haus Nr. 2, 1580 (d).

Hochfirstständergerüste (firstbezogen)

Bei Hochfirstständergerüsten reichen ein oder mehrere **Hochfirstständer** vom Unterbau bis zum First. Die Hochfirstständer tragen ein **Firsträhm**, manchmal auch einen Rofen- oder Sparrenunterzug. Auf diesen Längshölzern liegen die Rofen auf oder sie unterstützen die Sparren. Das Hochfirstständergerüst wird im schweizerischen Mittelland auch als **Hochstudgerüst**, der Hochfirstständer als **Hochstud** bezeichnet.

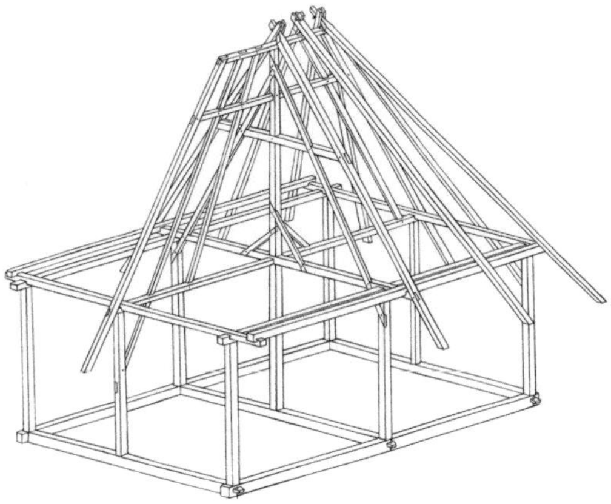

Abb. 135 Hochfirstständergerüst mit einem zentralen Hochfirstständer. Gontenschwil (Kt. Aargau), 1608 (d). Rekonstruktion nach Räber 2002, ohne Maßstab.

Hochspitzständergerüste (firstbezogen)

Bei Hochspitzständergerüsten reichen die **Hochspitzständer** vom Unterbau bis zum First, wo sie im Gegensatz zum Hochfirstständer kein Rähm tragen, sondern direkt unter der von den Sparren gebildeten Firstverbindung spitz auslaufen oder selbst den Firstpunkt ausbilden. Im ersten Fall können, im letzten Fall müssen die Bundsparren mit dem Hochspitzständer verbunden sein. Zwischen den Querbünden sind selbsttragende Sparrenpaare ausgebildet. Wie beim Hochfirstständergerüst weisen die Hochspitzständergerüste in ihrer Grundform zwei Längszonen auf.

Hochständergerüste (nicht firstbezogen)

Hochständergerüste besitzen eine oder mehrere, in der Firstebene oder parallel mit Abstand zum First aufgestellte Hochständerreihen. Die **Hochständer** steigen vom Unterbau bis unter die Rähme im Dachraum auf. Zu den Hochständergerüsten zählen auch die **Hochunterfirstständergerüste**, deren **Hochunterfirstständer** vom Unterbau bis zum **Unterfirsträhm** reicht, das mit Abstand unterhalb des Firstes verläuft. Das Unterfirsträhm trägt mithilfe der Rofenpaarbalken die Rofenpaare. Bei Sparrendächern bewirkt der Unterfirstkehlbalken eine zusätzliche Aussteifung der Gespärre.

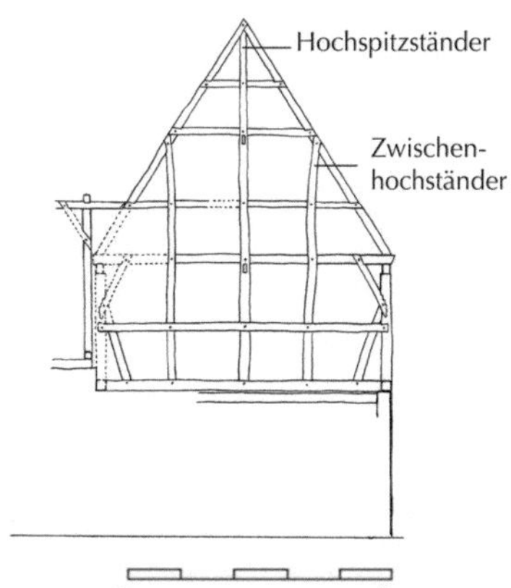

Abb. 136: Auf einem massiven Erdgeschoss abgezimmertes Hochspitzständergerüst. Wissembourg (Dép. Bas-Rhin), 2 rue du Musée, um 1448 (d).

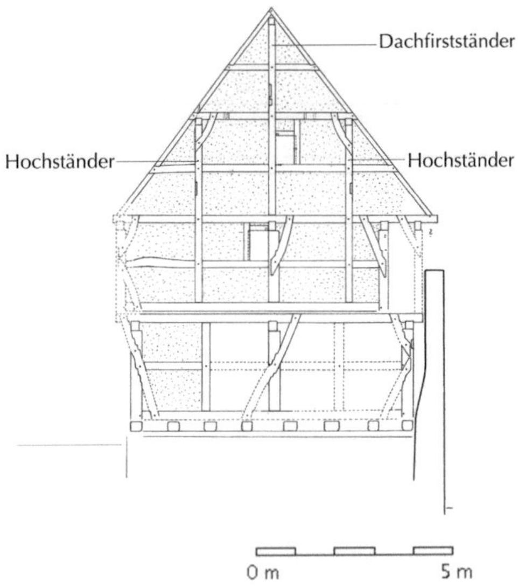

Abb. 137: Hochständergerüst mit Dachfirstständer auf Basisstock. Herbolzheim (Lkr. Emmendingen), Hauptstr. 105 (Kirchplatz), 1462/63 (d).

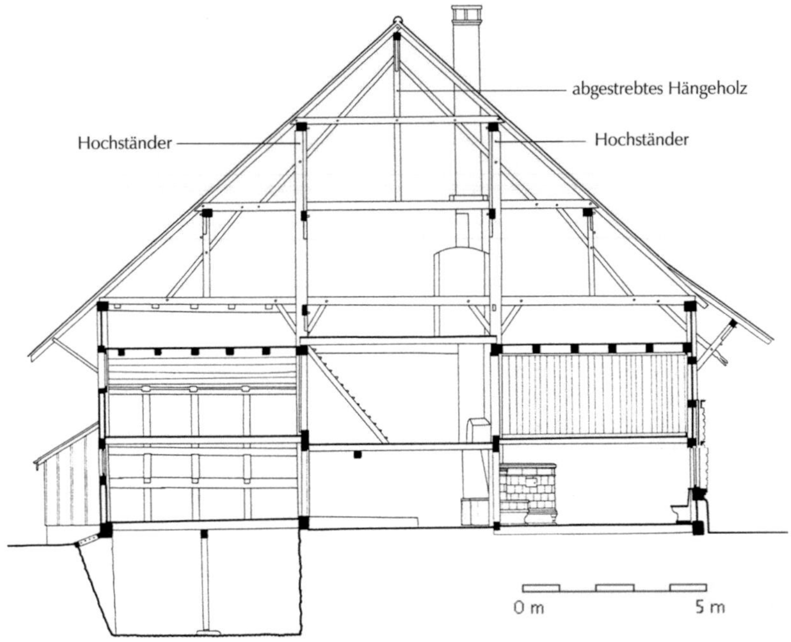

Abb. 138: Hochständergerüst mit abgestrebtem Hängewerk im 2. Dachgeschoss. Kloten (Kt. Zürich), „Büchelerhaus", 1548 (i).

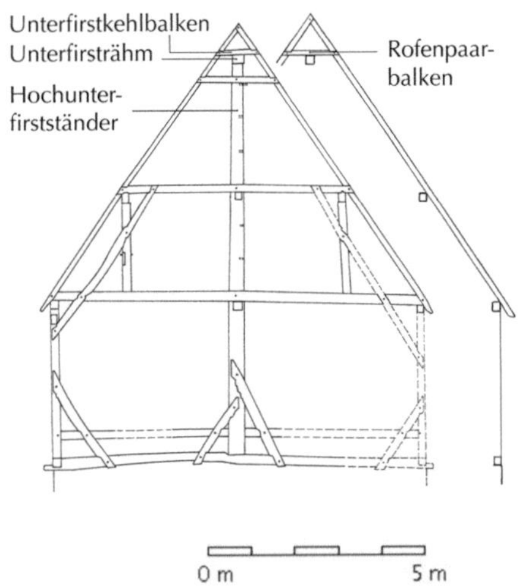

Abb. 139: Hochunterfirstständergerüst mit zweifach stehendem Querbund (hier: zweifach stehender Stuhl) im 1. Dachgeschoss und Rofenpaaren zwischen den Querbünden. Stuttgart-Vaihingen, Pfarrhausstr. 17a, 1534 (d).

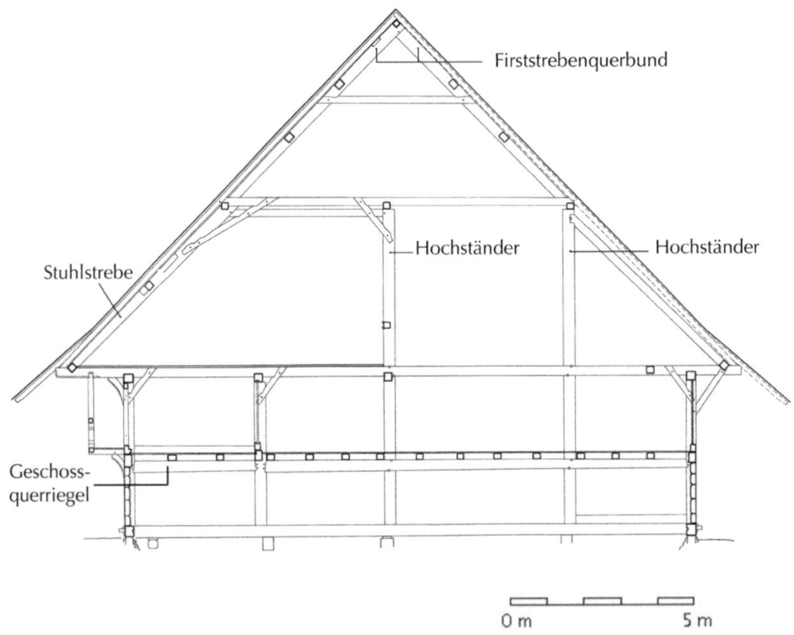

Abb. 140: Hochständergerüst mit einseitig abgesprengtem Querbund im 1. DG und Firststrebenquerbund im 2. DG. Birkenhofscheuer, Kirchzarten (Lkr. Breisgau-Hochschwarzwald), Höllentalstr. 41, 1797 (i).

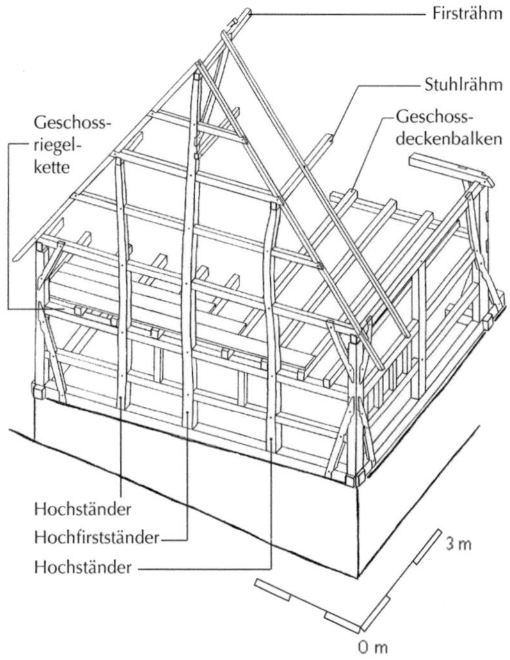

Abb. 141: Kombination aus Hochfirstständer- und Hochständergerüst. Herbolzheim (Lkr. Emmendingen), Obere Brunnenstr. 7, 1464 (d).

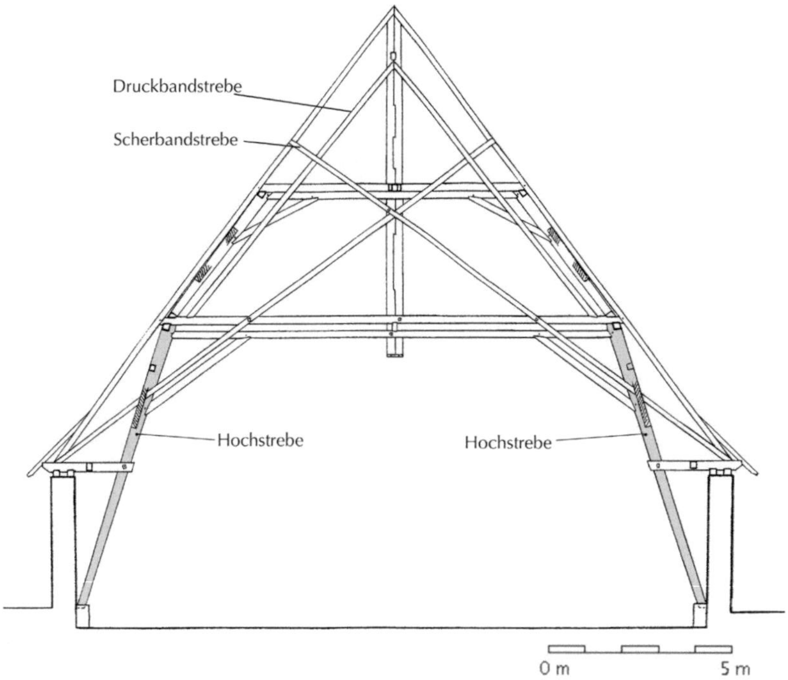

Abb. 142: Hochstrebengerüst. Abgesprengter Querbund kombiniert mit abgestrebtem Hängebund im oberen Dachgeschoss. Glockenkelter, Kernen-Stetten (Rems-Murr-Kreis), Hindenburgstr. 43, 1786 (d).

Hochstrebengerüste (nicht firstbezogen)

Dieser Gerüsttyp besteht aus zwei gegeneinander geneigten **Hochstreben** mit absprengender Wirkung, die vom Unterbau bis in den Dachraum aufsteigen (vgl. auch S. 113 f.). Hochstrebengerüste besitzen eine Längszone.

4.1.3 Traufgerüste

(Abb. 143–149)

Einstöckige Traufgerüste

Einstöckige Traufgerüste können eine, zwei oder mehrere Nutzungsebenen besitzen und werden entsprechend als eingeschossig, zweigeschossig oder mehrgeschossig bezeichnet. Bei mehrgeschossiger Unterteilung liegen die Deckenbalken (**Geschossbalkenlagen**) auf **Geschossriegeln** auf. Diese verlaufen bei einer Längsbalkenlage quer und bei einer Querbalkenlage längs zum First. Der zwischen den Bundständern parallel zu den Geschossbalken verlaufende Balken wird als **Geschossdeckenriegel** bezeichnet.

Infolge der durchlaufenden Bundständer ist bei den einstöckig mehrgeschossigen Traufgerüsten dieselbe Grundrissgliederung für alle Geschosse vorgegeben.

Abb. 143: Einstöckig zweigeschossiges Traufgerüst, giebelseitig mit zwei Stockwänden stöckig abgezimmert. Biberach a. d. Riß (Lkr. Biberach), Zeughausgasse 4, 1319 (d).

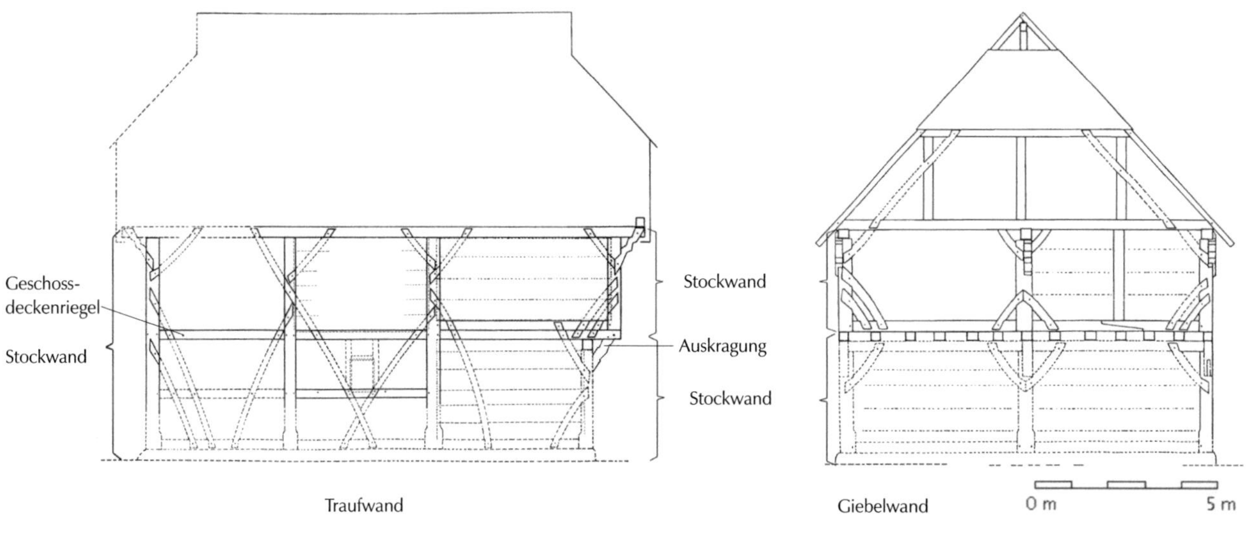

Abb. 144: Einstöckiges Traufgerüst bestehend aus Basisstock auf massivem Untergeschoss und Dachstock. Ebringen (Lkr. Breisgau-Hochschwarzwald), Schönbergstr. 42, 1576 (d).

Das einstöckig mehrgeschossige Traufgerüst kann entweder giebel- oder traufseitig oder an beiden Seiten geschosshohe Auskragungen durch vorkragende Decken- oder Stichbalken aufweisen. Dazu können entweder die Außenbünde des mehrgeschossigen Teilbereichs, an dem die Auskragung erfolgen sollte, stöckig mit **Stockwänden** abgebunden oder auf den auskragenden Decken- und Stichbalken unabhängig vorgesetzte Bünde abgezimmert sein.

Mehrstöckige Traufgerüste

Werden zwei oder mehr Stöcke aufeinandergesetzt, spricht man von mehrstöckigen Traufgerüsten. Die Stöcke selbst können ein- oder

Abb. 145: Mehrstöckiges Traufgerüst über massivem Sockel, bestehend aus drei eingeschossigen Oberstöcken. Links: Gesamtansicht; Rechts: Detail: gedoppelte Rähmkränze. Ehem. Fruchtkasten, Geislingen a. d. Steige (Lkr. Göppingen), Moltkestr. 11, 1444/45 (d).

Abb. 146 (links): Zweistöckiges, trauf- und giebelseitig auskragendes Traufgerüst. Ettingen, Gde. Kandern (Lkr. Lörrach), Vogtshaus, Im Winkel 4, 1473 (d), heute im Europapark Rust.

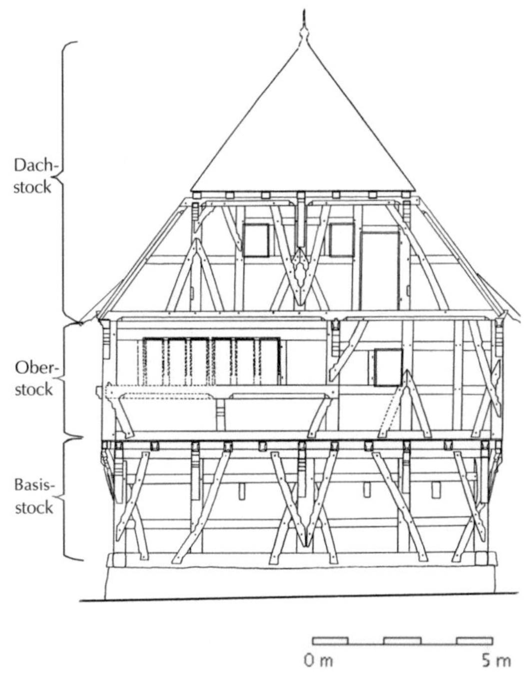

Abb. 147 (rechts): Zweistöckiges Traufgerüst aus eingeschossigem Basisstock und zweigeschossigem Oberstock. Esslingen am Neckar (Lkr. Esslingen), Hafenmarkt 10, 1333 (d).

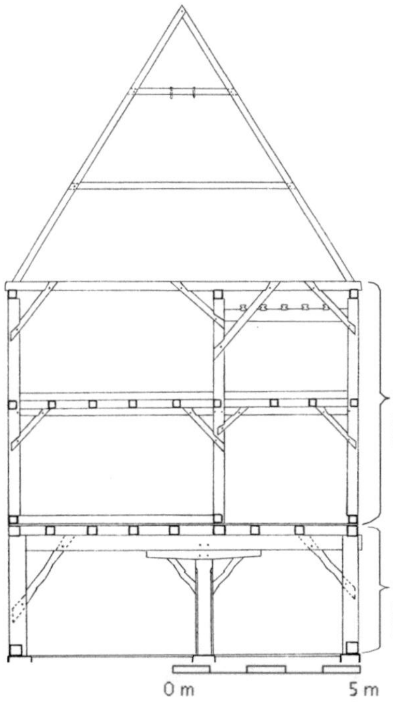

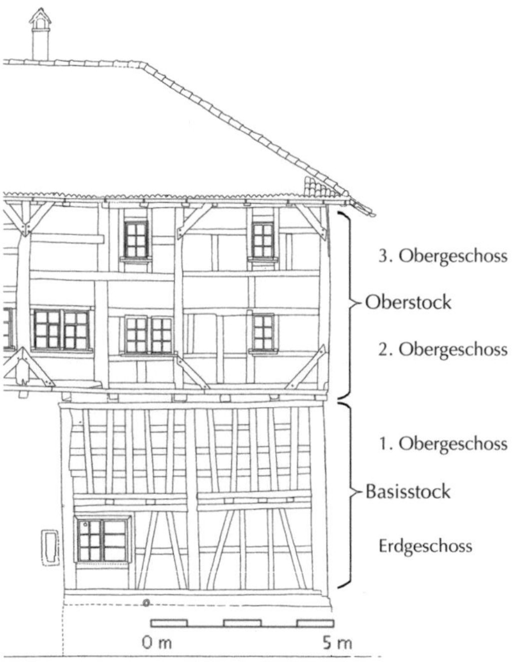

Abb. 148: Zweistöckiges Traufgerüst mit jeweils zwei Geschossen. Amriswil, Schloss Hagenwil (Kt. Thurgau), 1413 (d).

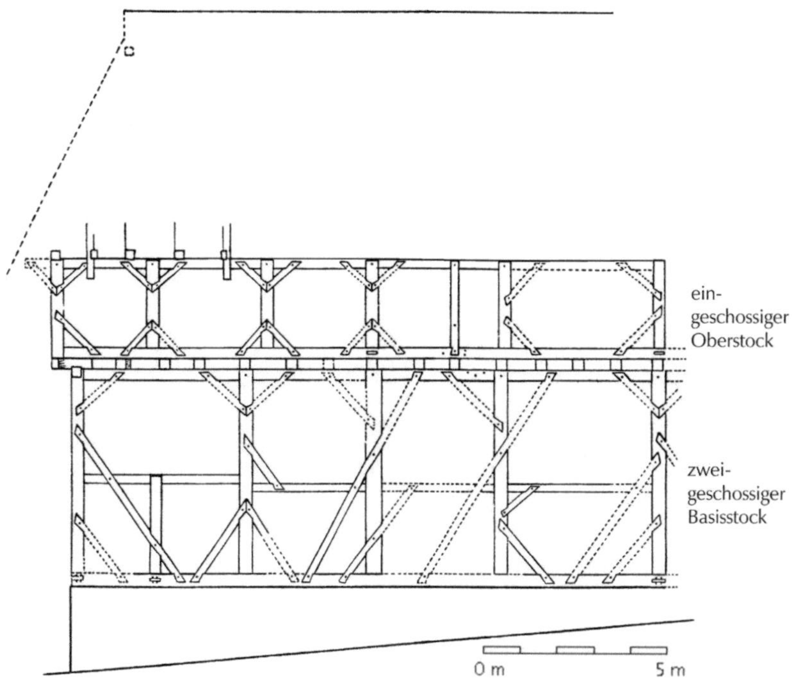

Abb. 149: Zweistöckiges Traufgerüst mit zweigeschossigem Basisstock und eingeschossigem Oberstock. Schwäbisch Hall (Lkr. Schwäbisch Hall), Untere Herrngasse 2, 1289 (d).

mehrgeschossig ausgeführt sein. Bekannt sind zwei- bis dreistöckige, äußerst selten vierstöckige Traufgerüste. Das mehrstöckige Traufgerüst ermöglicht eine große Variabilität der Grundrissgliederung in den einzelnen Stöcken und zudem allseitige Auskragungen.

Bei mehrseitig auskragenden Traufgerüsten können **Stockrähme** mit darunter angeordneten **Rähmriegeln** ausgebildet sein. Während die Rähmriegel in die Ständer eingezapft sind, sind die oberen Rähme zu einem Kranz verbunden. Es können auch zwei Rähmkränze übereinanderliegen.

Ein- und mehrgeschossige Stöcke können beliebig gestapelt sein. Zur besseren Ansprache der Stöcke ist je nach ihrer Lage eine Unterscheidung in **Basisstock** und **Oberstock** möglich.

4.2 Bestandteile des Gefüges

4.2.1 Allgemeines

(Abb. 150, 151)

Das **Gefüge** bezeichnet im Holzgerüstbau die Gesamtheit einer Holzkonstruktion, bestehend aus Gerüst und gerüstergänzenden Elementen. Diese Vorgaben erfüllt auch der Begriff **Fachwerk**, unter dem im Allgemeinen ein Gefüge verstanden wird, dessen Gefache ausgemauert oder mit Flechtwerk geschlossen sind.

Das **Gerüst** ist eine selbsttragende Einheit, bestehend aus den statisch relevanten Hölzern. Zum Gerüst zählen die tragenden und die aussteifenden Gerüstelemente.

Tragende Gerüstelemente sind alle horizontalen, vertikalen und schrägen Hölzer einschließlich der Deckenbalken, im Dachgerüst zusätzlich die Sparren, Rofen und Pfetten, die im Wesentlichen zur Abtragung von vertikalen Lasten dienen. Die **aussteifenden Gerüstelemente** umfassen alle Hölzer, die schräg zu den tragenden Gerüstelementen verlaufen und somit meist mit diesen unverschiebliche Dreiecke bilden. Deren Aufgabe besteht vorrangig darin, Deformation und Verschiebung zu verhindern und die horizontale Lastabtragung zu gewährleisten.

Bilden die tragenden Gerüstelemente unverschiebliche Dreiecke, z. B. geschlossene Gespärre, übernehmen diese nicht nur tragende, sondern auch aussteifende Funktion.

Wand-, decken- und **dachhautbildende Elemente** ergänzen das Gerüst (**gerüstergänzende Elemente**). Die **unterteilenden Elemente** können die offenen Felder des Gerüstes auf eine für die Ausfachung günstige Größe verkleinern (**Gefach**) und Öffnungen für Fenster, Türen, Treppen oder Rauchschlote/Schornsteine

Abb. 150: Gefüge im Holzgerüstbau.

Gefüge im Holzgerüstbau

Gerüst

Tragende Gerüstelemente

- Schwelle, Bundschwelle, Lagerschwelle, Grundschwelle, Riegelschwelle, Stockschwelle, Stuhlschwelle, Dachstockschwelle, Mauerschwelle, Streichbalken, Sparrenschwelle, Rofenschwelle, Dachfußschwelle, Aufschieblingsschwelle, Schwellenkranz
- Ständer, Pfahl, Pfosten, Bundständer, Eckständer, Hochständer, Hochfirstständer, Hochunterfirstständer, Hochspitzständer, Freistehender Ständer/Stütze, Stuhlständer, Dachfirstständer, Dachspitzständer, Walmspitzständer, Zentralspitzständer, Dachunterspitzständer, Firstzierständer, Dachunterfirstständer
- Druckband/-strebe/Druckblattstrebe, Bundstrebe, Sprengstrebe, Stuhlstrebe, Firstsprengstrebe, Firststuhlstrebe, Zwischenstuhlstrebe, Hochstrebe
- Rähm, Rähmriegel, Stuhlrähm, Stuhlrähmriegel, Firsträhm, Firsträhmriegel, Unterfirsträhm, Dachstockrähm, Vordachrähm, Unterzug, Rofen-, Sparren-, Firstunterzug, Überzug
- Balkenlage (Gebälk), Deckenbalken, Bunddeckenbalken, Geschossdeckenbalken, Stockdeckenbalken, Dachbalken, Bunddachbalken, Dachfußbalken, Geschossdeckenriegel, Geschossriegel, Geschosslangriegel, Wechselbalken, Stichbalken, Eckstichbalken, Gratstichbalken
- Hängeholz, Zugholz/-balken, Druckholz, Druckriegel, Ankerbalken, Kehlbalken, Bundkehlbalken, Kehlgebälkriegel, Kehlriegel, Unterfirstkehlbalken, Unterfirstriegel, Unterfirstlangriegel
- Distanzriegel, Sattelholz, Sattelschwelle
- Rofen, Standrofen, Rofenpaarbalken, Sparren, Stocksparren, Giebelstocksparren, Bogensparren, Vordachsparren/-rofen, Gratsparren/-rofen, Gratschiftersparren/-rofen, Walmsparren/-rofen, Walmbundsparren, Kehlsparren/-rofen, Kehlschiftersparren/-rofen, Walmkehlriegel, Aufschiebling, Pfette
- Vollholzkonsole, Knagge, Bug

Aussteifende Gerüstelemente

- Kopfband/-strebe/-blattstrebe, Fußband/-strebe/-blattstrebe, Steigband/-strebe/-blattstrebe, Langband/-strebe/-blattstrebe, Scherband/-strebe/-blattstrebe, Kreuzband/-strebe/-blattstrebe, Feldband/-strebe/-blattstrebe
- Kopf- und Fußwinkelholz, Zugband/-strebe/-blattstrebe, Sparrenfußband/-strebe/-blattstrebe, Sparrenstützband/-strebe/-blattstrebe, Schubverteilungsband/-strebe/-blattstrebe, Rispe

Gerüstergänzende Elemente

Wand-, decken- und dachautbildende Elemente

Unterteilend

- Riegel, Feldriegel, Brüstungsriegel, Sturzriegel, Langriegel, unterer, mittlerer und oberer Feldriegel, Riegelkette, Schwellriegel, Wechselriegel
- Zwischenständer, Zwischenhochständer, Wandstiel, Fenster-/Türstiel, Fenster-/Türständer

Schließend

- Gefachholz
- Dachlatte, Dachbrett
- Bohle, Brett, Kantholz
- Füllholz, Staken, Flechtwerk, Lehmwickel, Schindel, Brettschindel

Applikationen

- Stirnbrett
- Ortgangbrett
- Traufbrett
- Fenster- und Türverdachung
- Knauf

schaffen. Mit den **schließenden Elementen** werden innerhalb der Gerüste **Wände** gebildet. Die **Decke** entsteht durch das Schließen der Felder (**Deckenfelder**) und/oder durch das Aufbringen einer Schalung ober- oder unterhalb der Geschoss- oder Deckenbalken.
Die Zuordnung der Hölzer zu diesen Gruppen dient ihrer besseren Ansprache im Gefüge. Damit ist nur die wesentliche Funktion entsprechend der Lage der Hölzer genannt, wobei vernachlässigt wird, dass die meisten Hölzer mehrfache Funktionen innerhalb des Gefüges wahrnehmen können und daher gleichzeitig auch einer der anderen Gruppen zuzuordnen wären. Die Hölzer erfüllen neben ihrer konstruktiven oft auch eine Gestaltungsfunktion.
Eine **Stockwand** entspricht der Höhe eines Stockes und wird begrenzt durch die Eckständer, das Fundament bzw. die Schwelle und das Rähm. Weitere Bundständer gliedern die Stockwand in **Stockwandzonen**. Sofern Zwischenständer eingestellt sind, entstehen **Stockwandfelder**. Werden diese durch Riegel, Stiele oder Schräghölzer unterteilt, entstehen **Gefache**. Ist der Stock durch Geschosse untergliedert, können die Wandflächen analog zur Stockwand als **Geschosswand**, **Geschosswandzone** und **Geschosswandfeld** angesprochen werden.

4.2.2 Tragende Gerüstelemente

(Abb. 152–162)

Schwelle: horizontales, lastverteilendes, meist flächig aufliegendes Holz; zu unterscheiden ist zwischen **Bundschwelle**: einen Bund nach unten begrenzendes Holz; und **Lagerschwelle**: nicht zu einem Bund gehörendes Auflager am Ende einer Balkenlage. Zu den Bundschwellen gehören die **Grundschwelle** auf Boden, Steinsetzung oder Sockelmauer; die **Riegelschwelle**: zwischen zwei Eckständern eingezapftes und Bundständer tragendes Holz; die **Stockschwelle** (regional Saumschwelle) im mehrstöckigen Traufgerüst, die **Stuhlschwelle** im Quer- bzw. Längsbund unter Stuhlständern oder Stuhlstreben, sie kann im Querschnitt rechteckig stehend oder geneigt, trapezförmig oder fünfseitig sein; die **Dachstockschwelle** beim vorkragenden Dachstock. Zu den Lagerschwellen gehören die **Mauerschwelle** auf Massivbauten mit darüber aufgesetztem Traufgerüst, Firstgerüst oder Dachgerüst, der **Streichbalken** auf eingemauerten Konsolen bei Geschossdecken, die **Sparrenschwelle** bei längs eingebundenen

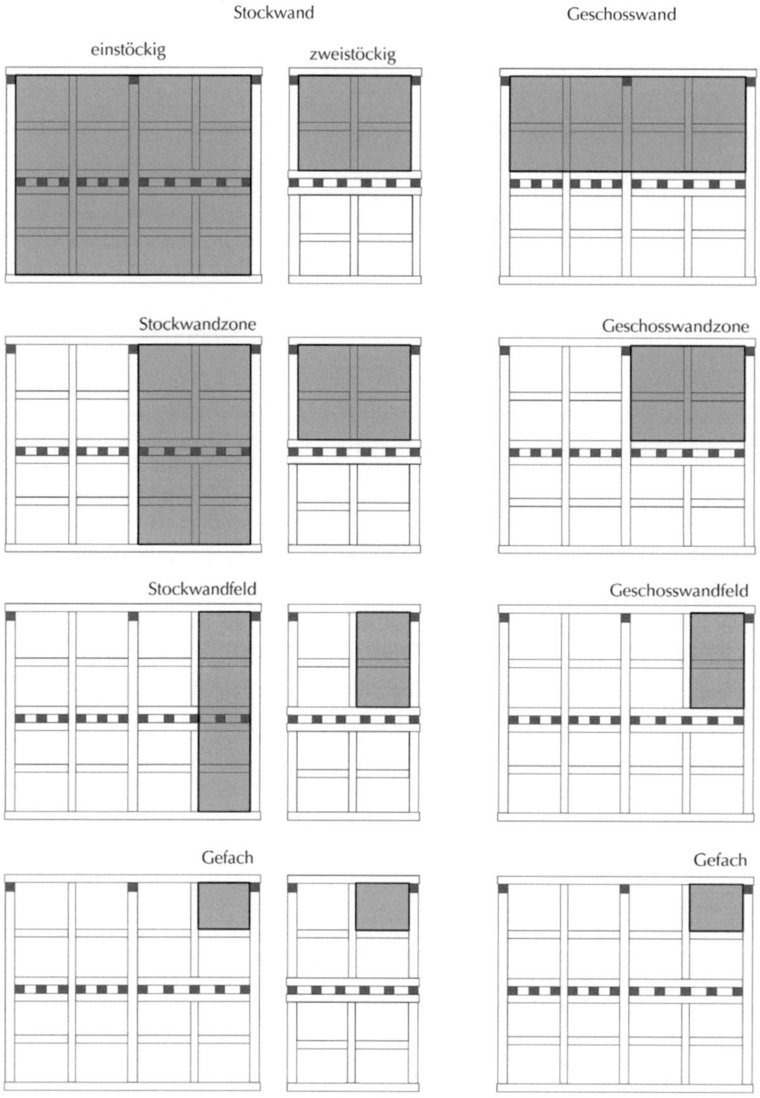

Abb. 151: Stock- und Geschosswand.

Abb. 152: Auf Konsolen lagernde Streichbalken.

Sparrenpaaren als Widerlager für die Sparren; die **Rofenschwelle** bei Rofendächern, die **Dachfußschwelle** unter den Dachfußbalken bei quer eingebundenen Sparrendächern, die **Aufschieblingsschwelle** bei Aufschieblingen.
Schwellenkranz: zu einem horizontalen Rahmen zusammengefügte Schwellen mit kraftschlüssigen Eckverbindungen.

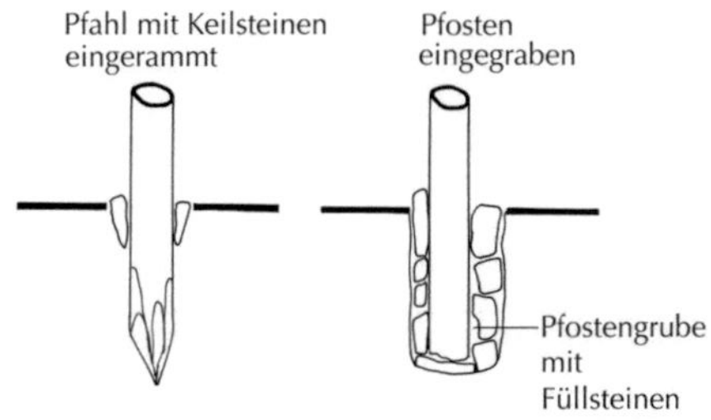

Abb. 153 (rechts): Pfahl- und Pfostengründungen.

Ständer: vertikales, stock- oder geschosshohes Holz, das auf dem Boden, einem einzelnen Stein, einer Mauer oder einer Schwelle/einem Balken steht und durch aufliegende bzw. einbindende Hölzer Vertikallasten aufnimmt. Im Gegensatz dazu **Pfahl**: zugespitzt eingerammtes, **Pfosten**: stumpf eingegrabenes Holz, unabhängig von seinem Querschnitt oberhalb des Bodenniveaus.
Bundständer: stockhoher Ständer im Kreuzungspunkt von Bünden bzw. eines Bundes und eines Unterzuges; **Eckständer**: Bundständer im Eckpunkt von Bünden.
Hochständer: Bundständer im Firstgerüst, der vom Unterbau in den Dachraum reicht.
Hochfirstständer: Ständer, der in der Firstebene aufgestellt ist und vom Unterbau bis unter den First reicht und ein Firsträhm oder einen Rofen-/Sparrenunterzug trägt bzw. in den ein Firsträhmriegel einbindet.
Hochunterfirstständer: Ständer, der vom Unterbau bis zum Unterfirsträhm reicht.
Hochspitzständer: vom Unterbau bis unter den First reichender Ständer, kann spitz auslaufend unter das Sparrenpaar stoßen oder die Sparren können in den Hochspitzständer eingezapft oder mit diesem verblattet sein.
Freistehender Ständer/Stütze: vertikales Holz, ohne Bezug zu einem Längs- oder Querbund; dient der zusätzlichen Lastabtragung weit gespannter Balken; oft zur nachträglichen Ertüchtigung des Gerüstes eingebaut.
Stuhlständer: Ständer, der auf einem Dach- oder Kehlbalken oder einer Schwelle aufsitzt, ein Rähm stützt und Teil eines Stuhles ist.
Dachfirstständer: Ständer in der Firstachse im Dachgerüst, der auf einem Dachbalken, einem Kehlbalken oder einer Schwelle aufsitzt und ein Firsträhm trägt bzw. in den ein Firsträhmriegel einbindet.
Dachspitzständer: auf dem Dach-, Kehlbalken oder einer Schwelle aufsitzender, bis in den Firstbereich geführter Ständer im Dachgerüst. Kann spitz auslaufend unter das Sparrenpaar stoßen oder den First ausbilden und mit den Sparren verbunden sein; als **Walmspitzständer** unterstützt er den Walmansatz, während er als **Zentralspitzständer** bei zentrierten Dächern zur Anwendung kommt; in gekürzter Form auch **Dachunterspitzständer**. Die verschiedenen Varianten des Spitzständers können über den First hinausragen und Träger für eine Firstzier sein (**Firstzierständer**).
Dachunterfirstständer: auf dem Dach-, Kehlbalken oder einer Schwelle aufsitzender, bis zum Unterfirsträhm geführter Ständer im Dachgerüst.

Abb. 154: Unterzug und freistehender Ständer mit Sattelholz.

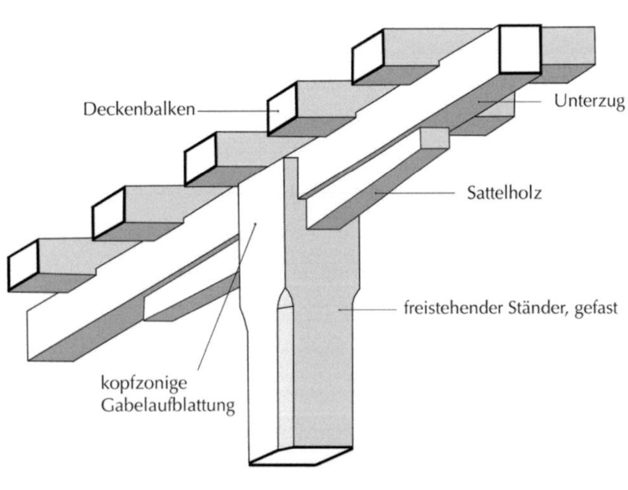

Druckband/-strebe/Druckblattstrebe: schräg verlaufendes, druckbelastetes Holz.
Bundstrebe: Druckstrebe innerhalb eines Bundes (vgl. Stuhlstrebe).
Sprengstrebe: Druckstrebe innerhalb eines Sprengbundes oder Sprengwerks.
Stuhlstrebe: Druckstreb im Kreuzungspunkt der Bünde eines Stuhles.
Firstsprengstrebe: Druckstrebe, die bis zum First reicht und dort das Firsträhm trägt.
Firststuhlstrebe: Firstdruckstrebe im Kreuzungspunkt der Bünde eines Stuhls.
Zwischenstuhlstrebe: Druckstrebe in einem Längs- oder Seitenbund außerhalb eines Quer- oder Radialbundes.
Hochstrebe: Druckstrebe bei Firstgerüsten, die vom Unterbau bis in den Dachraum reicht.

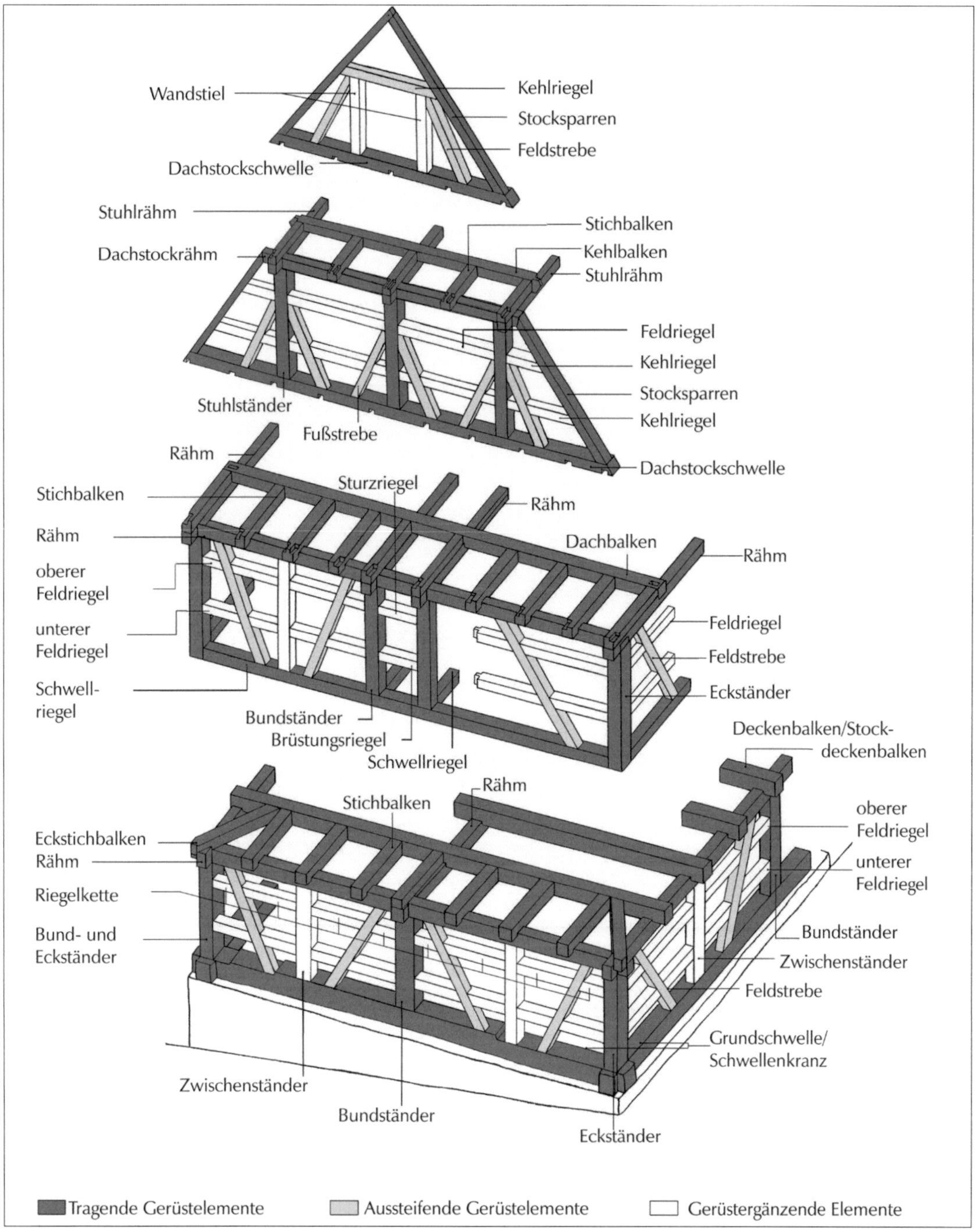

Abb. 155: Bestandteile des Gefüges.

Rähm: horizontales, einen Bund oben begrenzendes Holz, auf dem die Decken-, Dach-, Kehl- oder Stichbalken, Sparren oder Rofen aufliegen.

Rähmriegel: anstelle eines durchlaufenden Rähms oder als zusätzliches, unterhalb eines Rähms mit Ständern oder Streben verbundenes Holz.

Stuhlrähm: Rähm, das direkt oder indirekt von Stuhlständern oder Stuhlstreben getragen wird; kann im Querschnitt rechteckig stehend oder geneigt, trapezförmig oder fünfseitig sein.

Stuhlrähmriegel: zwischen Stuhlstreben bzw. Stuhlständern in Längs- oder Seitenbund eingebundenes Holz.

Firsträhm: Rähm, das von Dachfirst- oder Hochfirstständern getragen wird.

Firsträhmriegel: zwischen Firstständern eingebundenes Holz.

Unterfirsträhm: Rähm, das von Dachunterfirst- oder Hochunterfirstständern getragen wird und mithilfe von Unterfirstkehlbalken oder Rofenpaarbalken Sparrenpaare unterstützt bzw. Rofenpaare trägt.

Dachstockrähm: Rähm in einem mehrstöckig abgebundenen Dachgerüst.

Vordachrähm: Rähm eines traufseitigen Vordachgerüstes.

Abb. 156: Zwischenstuhlstrebe.

Unterzug: lastaufnehmender, zwischen Auflagerpunkten quer zur Balkenlage und unterhalb derselben verlaufendes Holz, das nicht Teil eines Bundes ist; als lastaufnehmender Balken bei Bohlendecken regional auch **Sohlbalken** genannt.
Rofen-, Sparrenunterzug: Rofen oder Sparren tragendes horizontales Holz, das nicht Teil eines Bundes ist; als **Firstunterzug** im First.
Überzug: lastaufnehmender, zwischen Auflagerpunkten quer zur Balkenlage und oberhalb derselben verlaufender Balken; die Lastaufnahme erfolgt über ein Verbindungsmittel zwischen Überzug und Balken.

Abb. 157: Wechselbalken und Stichbalken.

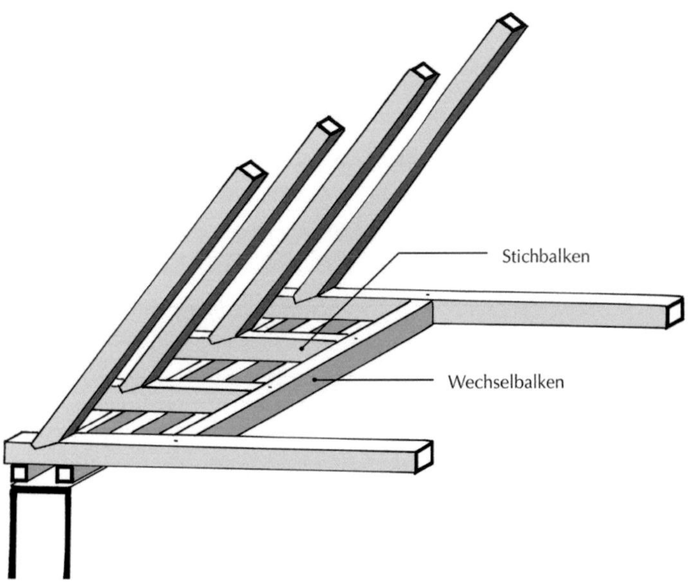

Balkenlage (Gebälk): Gesamtheit der zur Ausbildung einer Decke verlegten Balken.
Deckenbalken: Geschoss oder Stock horizontal begrenzender deckenbildender Balken; als **Bunddeckenbalken** innerhalb eines Bundes; als **Geschossdeckenbalken** die Geschossebene bildender Balken innerhalb eines mehrgeschossigen Traufgerüstes oder eines Firstgerüstes, liegt auf Geschossriegeln auf; als **Stockdeckenbalken** die Geschossebene bildender Balken zwischen zwei Stöcken.
Dachbalken: Balken im Basisgebälk des Dachgerüstes eines Sparrendachs, kann gleichzeitig eine Deckenlage bilden (dann auch Deckenbalken); als **Bunddachbalken** im Querbund verlaufend.
Dachfußbalken: bei offenen Sparrenpaaren den Sparrenfuß aufnehmendes Holz.
Geschossdeckenriegel: Balken, der auf der Ebene des Gebälks und gleichgerichtet mit diesem verläuft, zwischen den Bundständern eingezapft ist und auch fassadensichtiger Teil der Balkenlage sein kann.
Geschossriegel: horizontaler, zwischen den Bundständern eines mehrgeschossigen Holzgerüstes verlaufender Riegel, auf dem die Geschossdeckenbalken aufgelegt sind; als **Geschosslangriegel** mehrere Bundständer überblattend.
Wechselbalken: tragender Querbalken zur Aufnahme tragender Stichbalken.
Stichbalken: einseitig aufgelegter Balken, der am anderen Ende mit einem Decken- oder Wechselbalken verbunden ist; als **Eckstichbalken** zu Decken-, Dach- oder Wechselbalken schräg verlaufend; als **Gratstichbalken** mit dem Gratsparrenfuß verbunden.

Hängeholz: vertikales, auf Druck und/oder Zug beanspruchtes, über Druckhölzer abgestrebtes bzw. abgesprengtes Gerüstholz. Liegt dem Hängeholz z. B. ein Firsträhm oder ein Firstunterzug auf und ist es fußzonig mit Bund- oder Dachbalken zugfest verbunden, wird es partiell sowohl auf Druck als auch auf Zug beansprucht.
Zugholz, -balken: schräges bzw. horizontales Holz, das in Faserrichtung Zugkräfte in das Gerüst einleitet.
Druckholz: vertikales, schräges oder horizontales, auf Druck in Faserrichtung belastetes Holz.
Druckriegel: horizontales Holz im abgespreng-

ten Quer- oder Längsbund zwischen den Sprengstreben.

Ankerbalken: horizontal verlaufendes Holz, das durch seine spezielle, auf Zug beanspruchte Endpunktverbindung ein Auseinanderweichen der Konstruktion verhindert; kann häufig auch Doppelfunktionen als Deckenbalken, Dachbalken, Geschossriegel o. Ä. besitzen.

Kehlbalken: horizontal zwischen den beiden Sparren eines Sparrenpaares eingespanntes geschossunterteilendes Holz, somit Bestandteil einer Balkenlage (**Kehlgebälk**); als **Bundkehlbalken** im Querbund; als **Kehlgebälkriegel** Balken, der auf der Ebene des Gebälks und gleichgerichtet mit diesem verläuft, zwischen den Ständern bzw. diesen und den Sparren eingebaut ist.

Kehlriegel: horizontal zwischen den beiden Sparren eines Sparrenpaares eingespanntes, nicht geschossunterteilendes Holz, somit nicht Bestandteil einer Balkenlage.

Unterfirstkehlbalken: Kehlbalken, auf dem Unterfirsträhm, -riegel oder -langriegel lagernd.

Unterfirstriegel: horizontal zwischen zwei Hochständern eingefügtes Holz, das wenig unterhalb des Firstes verläuft; als **Unterfirstlangriegel** überblattet er in der Längsrichtung Hochständer.

Distanzriegel: hält zwei Querbünde/Längsbünde auf Abstand, ohne selbst Bestandteil eines Längsbundes/Querbundes zu sein.

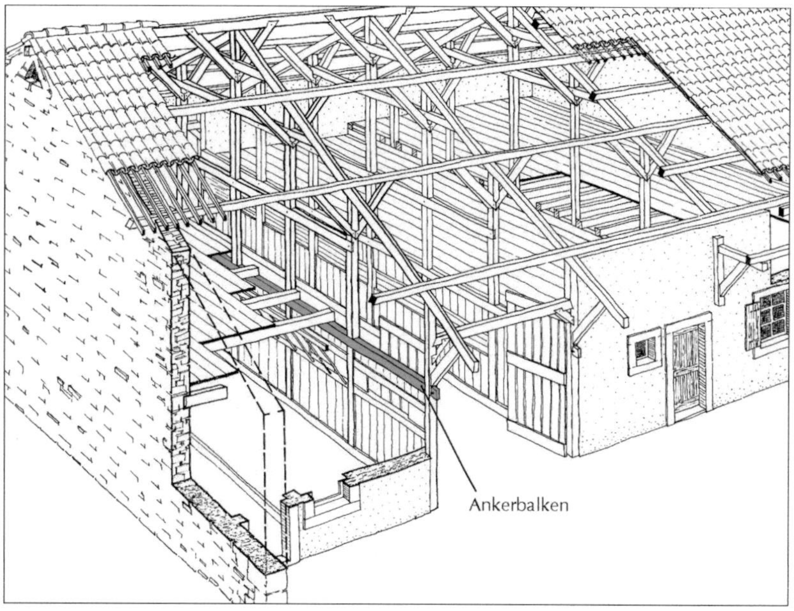

Abb. 158: Ankerbalken.

Sattelholz: horizontales, kopfzoniges Holz über frei stehendem Ständer unter Unterzug bzw. Deckenbalken zur besseren Lastaufnahme, oft von einer Gabelaufblattung umfasst; immer in Richtung des zu unterstützenden Balkens orientiert.

Sattelschwelle: horizontales, fußzoniges Holz unter frei stehendem Ständer auf Unterzug bzw. Deckenbalken zur besseren Lastaufnahme, oft von einer Gabelblattung umfasst.

Rofen: dachhauttragendes Holz, das firstparallele Gerüsthölzer als Auflager benötigt und am

Abb. 159: Konstanzer Konzil. Konstanz, Hafenstr. 2, 1390 (d).

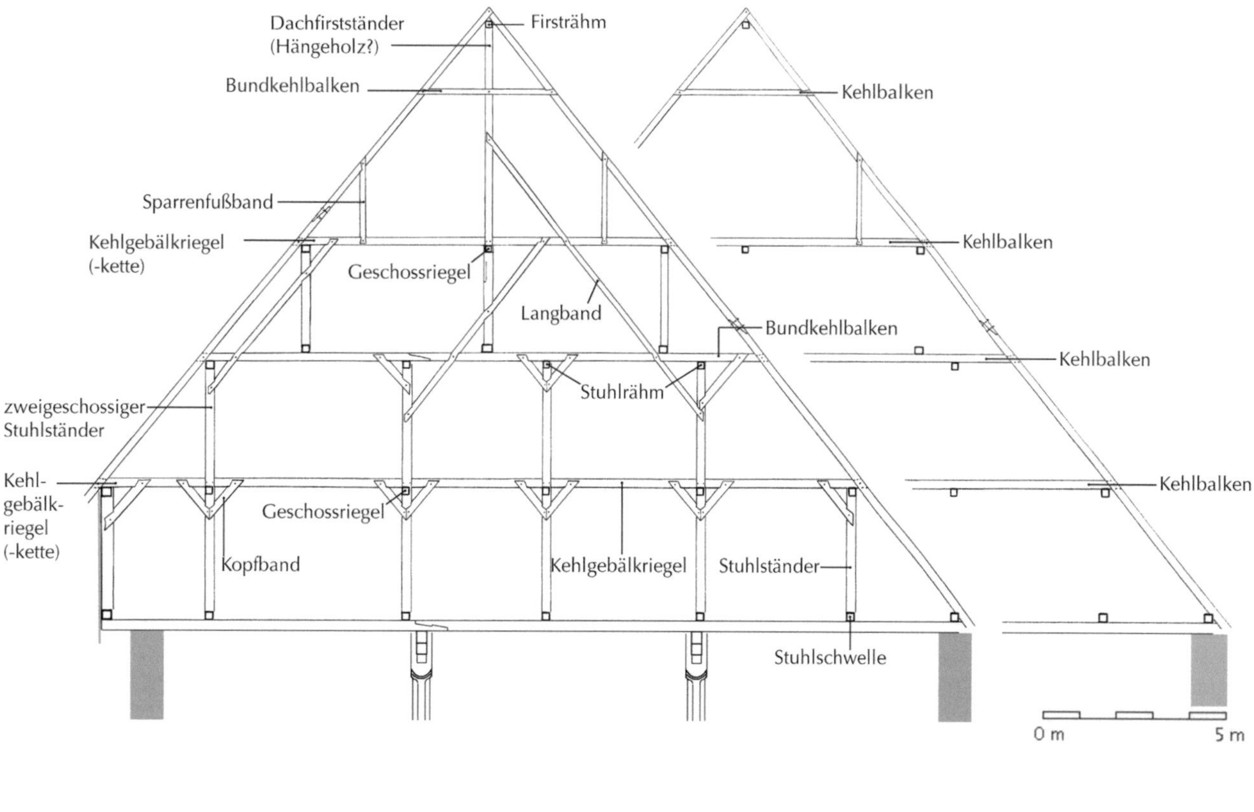

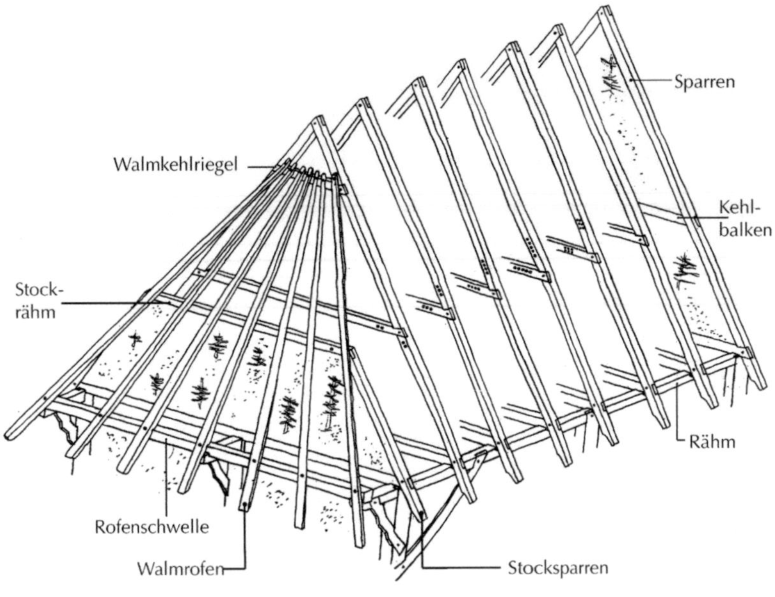

Abb. 160: Satteldach mit Vollwalm und Giebelabschluss.

Abb. 161: Vollholzkonsole.

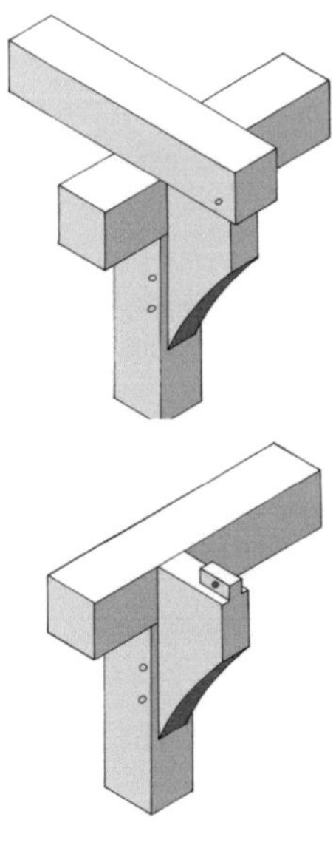

Abb. 162: Knaggen.

Fußpunkt keine Horizontalkräfte erzeugt. Ist der Rofen am Fußpunkt auf ein Schwellholz gestellt, handelt es sich um einen **Standrofen**.

Rofenpaarbalken: horizontales Holz, eingespannt zwischen zwei gegenständigen Rofen.

Sparren: dachhauttragendes Holz, das am Fußpunkt immer Horizontalkräfte freisetzt; tritt in der Regel paarweise im First verbunden (**Sparrenpaar**) auf; im Gegensatz zum Rofen selbsttragend. Als **Stocksparren** stockhoch abgebunden im mehrstöckigen Dachwerk; als **Giebelstocksparren** stockhoch abgebunden im mehrstöckig abgebundenen Giebel.

Bogensparren: gekrümmt gearbeiteter Sparren.

Vordachsparren/Vordachrofen: Sparren/Rofen eines giebelseitigen Dachüberstandes.

Gratsparren/Gratrofen: Sparren/Rofen, der den Grat bei schräg aneinanderstoßenden Dachflächen bildet; der Sparren- bzw. Rofenquerschnitt kann rhombisch ausgeformt sein.

Gratschiftersparren/Gratschifterrofen: Sparren/Rofen innerhalb eines Walms, der mit Gratsparren/Gratrofen verbunden ist.

Walmsparren/Walmrofen: Sparren/Rofen, der innerhalb einer Walmfläche von der Basis bis zum Walmansatz verläuft.

Walmbundsparren: mittlerer Sparren eines Walms, der Teil des Firstlängsbundes ist.

Kehlsparren/Kehlrofen: Sparren/Rofen, der die Dachkehle bei zwei aneinanderstoßenden Dachflächen bildet.

Kehlschiftersparren/Kehlschifterrofen: Sparren/Rofen, der gegen einen Kehlsparren/Kehlrofen anläuft.

Walmkehlriegel: Kehlriegel, der den Walmansatz bildet und auf dem die Walmrofen aufliegen.

Aufschiebling: auf oder neben den Sparren oder Rofen befestigtes, die Dachfläche verlängerndes und über den Dachfuß führendes Holz, dabei kann der geometrische Traufpunkt angehoben bzw. eine weit vorstehende Traufe gebildet und ein charakteristischer Knick in der Dachfläche erzeugt werden.

Pfette: in Firstrichtung verlaufendes, die Dachhaut tragendes, das Grundgerüst des Pfettendachs prägendes Holz.

Vollholzkonsole: vorkragendes Auflager, das aus dem Trägerholz herausgearbeitet ist.

Knagge: vorkragendes Auflager, das den Winkel zwischen Trägerholz und aufzunehmendem Holz ausfüllt; im Gegensatz zur Vollholzkonsole mit dem Trägerholz als separates Holz konstruktiv verbunden.

Bug: aus der Wandflucht frei aufsteigendes Holz, das auskragende oder überstehende Bauteile unterstützt.

4.2.3 Aussteifende Gerüstelemente

(Abb. 163)

Innerhalb der aussteifenden Gerüstelemente gilt für Band, Strebe und Blattstrebe folgende Unterscheidung:

Band: an beiden Enden geblattetes, schräg verlaufendes Holz.

Strebe: an beiden Enden meist gezapftes schräg verlaufendes Holz.

Blattstrebe: schräg verlaufendes Holz, das nur an einem Ende geblattet ist.

Kopfband/-strebe/-blattstrebe: den oberen Winkel zwischen zwei Gerüsthölzern aussteifendes, maximal geschosshohes Holz.

Fußband/-strebe/-blattstrebe: den unteren Winkel zwischen zwei Gerüsthölzern aussteifendes, maximal geschosshohes Holz.

Steigband/-strebe/-blattstrebe: schräges geschosshohes Holz, das von der Schwelle bis zum Rähm bzw. Geschossriegel reicht und einen Bund- oder Zwischenständer überblattet; im Dachgerüst auch zwischen Dachbalken und Kehlbalken oder -riegel.

Langband/-strebe/-blattstrebe: schräg verlaufendes, geschossübergreifendes Holz, entweder fußzonig, kopfzonig oder ständerübergreifend angeordnet.

Scherband/-strebe/-blattstrebe: eines von zwei sich überkreuzenden Hölzern in Dachgerüsten, die über und unter dem Kreuzungspunkt ungleiche Längen aufweisen; beide zusammen auch **Schere** genannt.

Kreuzband/-strebe/-blattstrebe: eines von zwei sich überkreuzenden Hölzern in Dachgerüsten, die über und unter dem Kreuzungspunkt annähernd gleich lange Schenkel besitzen.

Feldband/-strebe/-blattstrebe: schräg verlaufendes Holz, das innerhalb eines Feldes ohne Überblattung eines Bund- oder Zwischenständers von der Schwelle zum Rähm reicht.

Kopf- und Fußwinkelholz: eingezapftes, den Winkel zwischen vertikalen und horizontalen Gerüsthölzern vollständig ausfüllendes Holz, in der Ansicht dreieckig.

Zugband/-strebe/-blattstrebe: auf Zug belastetes schräg verlaufendes Holz, häufig bei Vordächern und weit auskragenden Walmen eingesetzt.

Sparrenfußband/-strebe/-blattstrebe: den Winkel zwischen Sparren und Dachbalken, Dachfußbalken, Kehlriegel oder Kehlbalken aussteifendes Holz. Der Übergang zum Sparrenstützholz ist fließend.

Sparrenstützband/-strebe/-blattstrebe: die Sparrenspannweite unterteilendes, abstützendes Holz zwischen Sparren und Dachbalken, Kehlriegel bzw. -balken, das senkrecht verläuft oder gegen den Sparren geneigt ist.

Schubverteilungsband/-strebe/-blattstrebe: am Sparrenfuß die Schubkräfte aufteilendes Holz, das steiler als der Sparren geneigt ist und zwischen Sparren und Dachbalken bzw. Dachfußbalken verläuft.

Rispe: schräg vom Dachfuß gegen den First verlaufendes, latten-, brett- oder bohlenartiges Holz, das auf der unteren Seite der Sparren aufgenagelt, überkämmt oder überblattet, selten auf der oberen Seite eingeblattet ist.

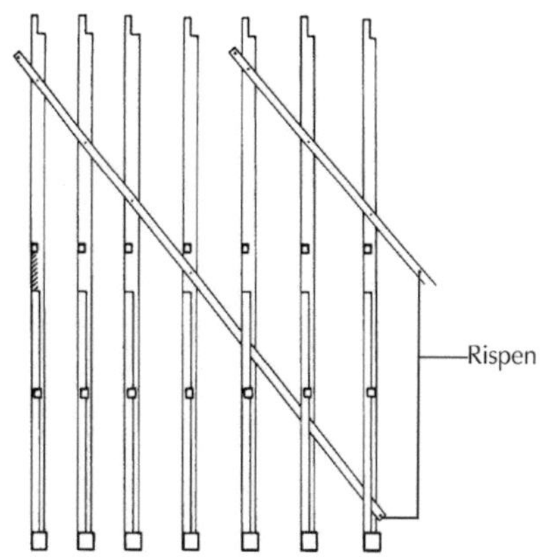

Abb. 163: Rispen, Blick auf die Sparrenunterseiten. Biberach an der Riß (Lkr. Biberach), Stadtpfarrkirche St. Martin, Chordach, 1337 (d).

Feldriegel: horizontales, zwischen den Eck-, Bund- oder Zwischenständern verlaufendes, in diese eingezapftes oder angeblattetes Holz; man unterscheidet: **Brüstungsriegel**: unterhalb von Fensteröffnungen, **Sturzriegel**: oberhalb von Fenster- oder Türöffnungen, **Langriegel**: Riegel, der Zwischen- oder Bundständer überblattet oder verschränkt; **unterer, mittlerer, oberer Feldriegel**: Riegel, der oder die das Feld in der Höhe unterteilen.

Riegelkette: innerhalb eines Bundes in gleicher Höhe angeordnete Riegel.

Schwellriegel: zwischen zwei benachbarten Bundständern angeordnetes Holz.

Wechselriegel: quer zwischen zwei benachbarten Balken oder Sparren eingepasstes Holz zur Fassung einer Öffnung.

Zwischenständer: Ständer, der zwischen Bundständern angeordnet ist; als **Zwischenhochständer** zusätzlich im Querbund eines Firstgerüstes eingestellter Ständer, der kein Rähm bzw. keinen Rähmriegel trägt.

Wandstiel: nicht geschosshohes vertikales Holz.

Fenster-/Türstiel: nicht geschosshohes, eine Wandöffnung einfassendes vertikales Holz.

Fenster-/Türständer: geschosshoher, seitlich eine Fenster- oder Türöffnung einfassender Zwischenständer.

4.2.4 Wand-, decken- und dachhautbildende Elemente

(Abb. 164–166)

Unterteilend

Riegel: horizontal zwischen vertikalen oder schräg verlaufenden Hölzern eingespanntes Holz.

Schließend

Hier werden überwiegend Materialien aus Holz beschrieben, Elemente aus anderen Materialien wie Schiefer, Stein etc. werden ausschnitthaft nur in den Zeichnungen gezeigt. Die schließenden Hölzer sind in der Regel nicht Teil des Abbundes.

Gefachholz: brett- bis balkenstarkes Holz zur Stabilisierung einer Gefachausmauerung.

Dachlatte: auf den Sparren oder Rofen waagrecht befestigtes schmales Holz als Teil der Dachhaut, das als Träger für die Dachdeckung dient.

Dachbrett: auf Pfetten, Rofen, Sparren oder auch auf dachformgebenden Bohlen angebrachtes Brett als Teil der Dachhaut, auf dem die Dachdeckung liegt.

Bohle, Brett, Kantholz: siehe S. 31 f.

Füllholz: zwischen Balkenköpfen das Balkenfach schließendes Holz.

Staken: meist gespaltene, halbrunde oder eckige Hölzer.

Flechtwerk: besteht aus kreuzweise miteinander verflochtenen Ruten und/oder Staken; dient in der Regel als Armierung für einen späteren Lehmbewurf.

Lehmwickel: um einen Stecken gewickelte, lehmgetränkte Stroh-, Riedgras- oder Schilfhalme.

Schindel: dünnes Brettchen in einer Länge bis zu etwa 40 cm, in der Regel durch Spaltung hergestellt; als **Brettschindel** in einer Länge von bis zu 1–2 m; meist dachhautbildend, kann aber auch zur Verschalung von Wänden eingesetzt werden.

Abb. 164: Mehrstöckiges Traufgerüst.

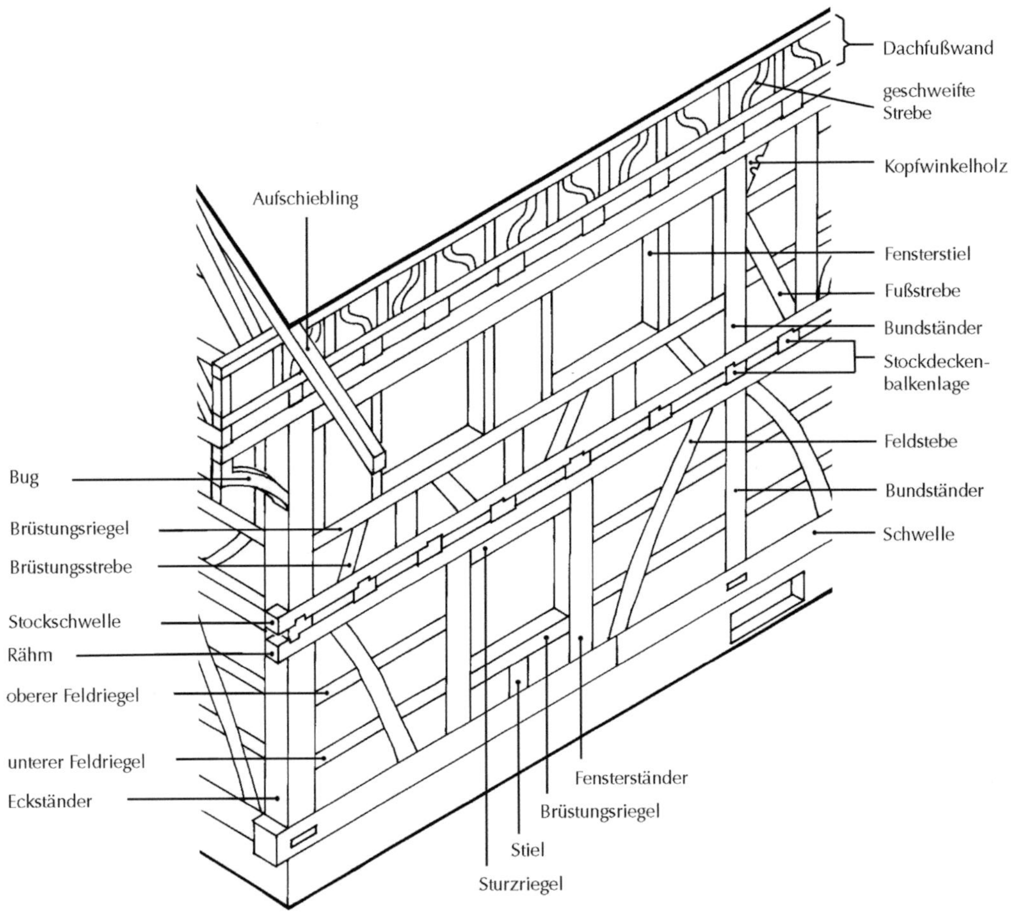

Abb. 165a: Gefachfüllungen (Auswahl).

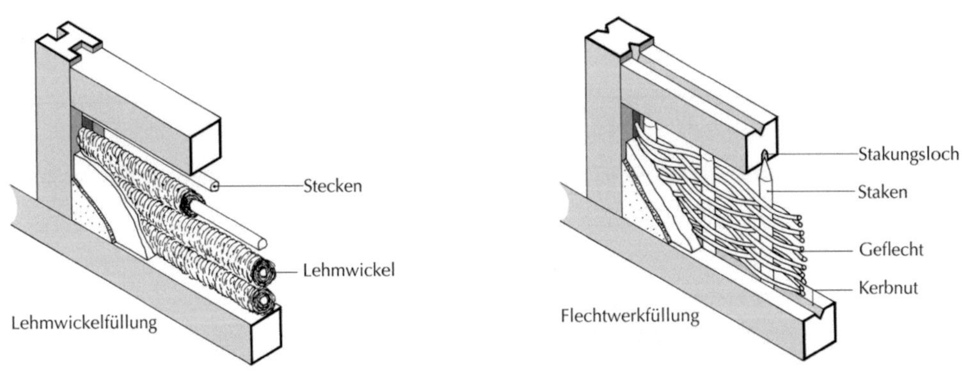

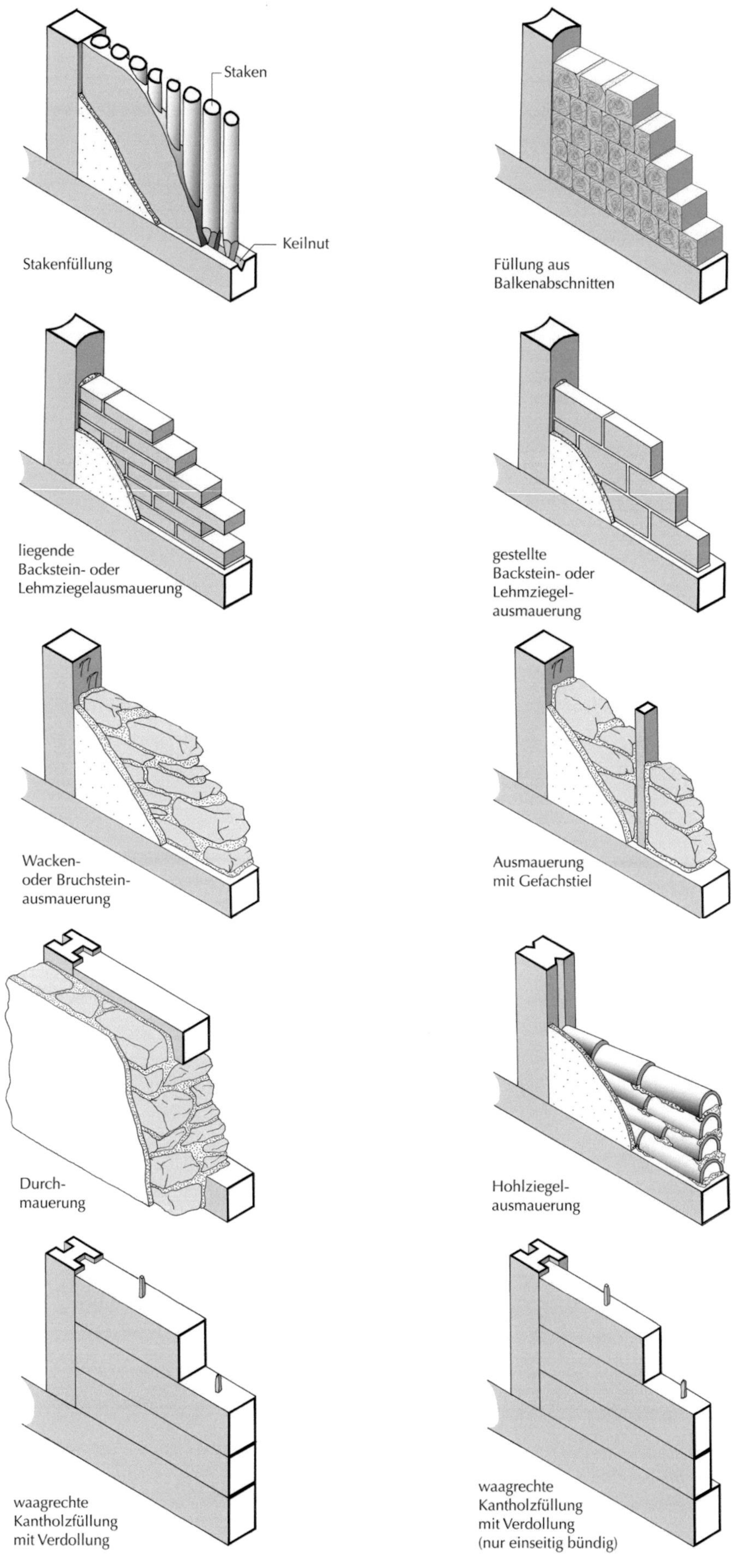

Abb. 165a Fortsetzung.

Abb. 165a Fortsetzung.

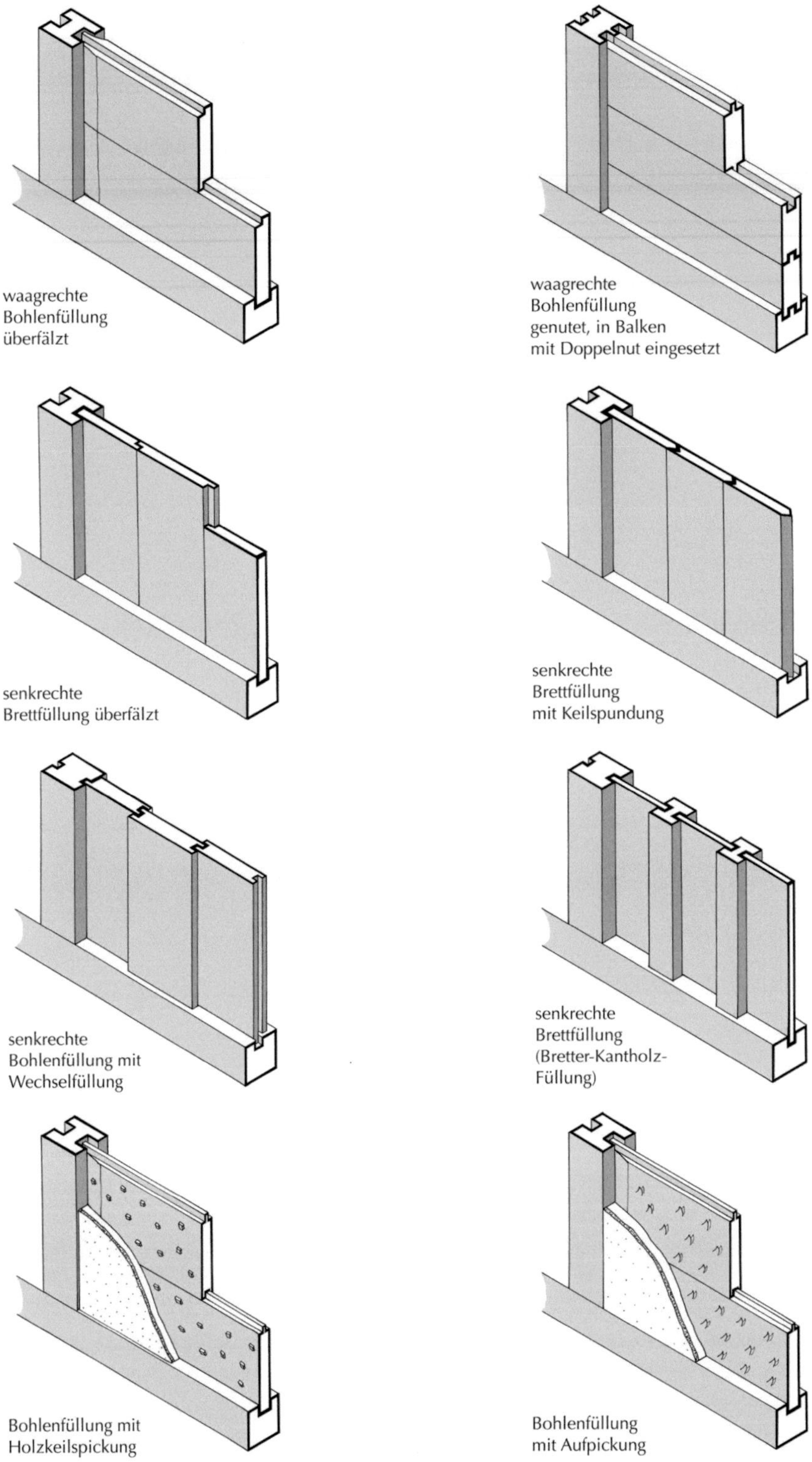

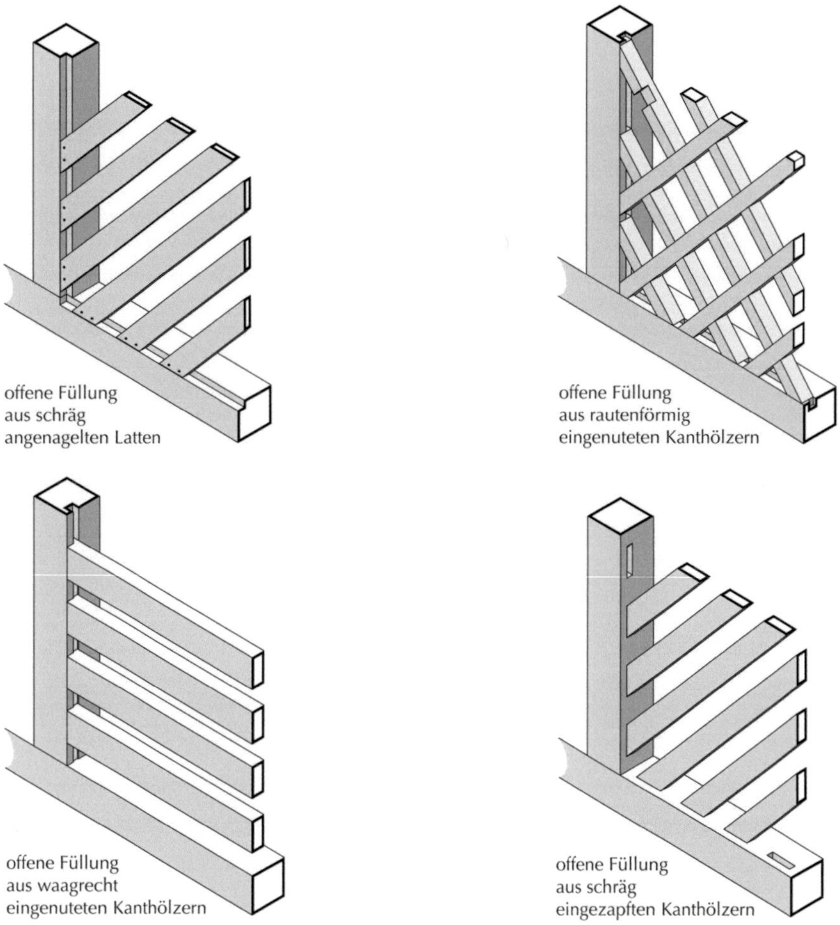

Abb. 165b: Offene Gefachfüllungen (Auswahl).

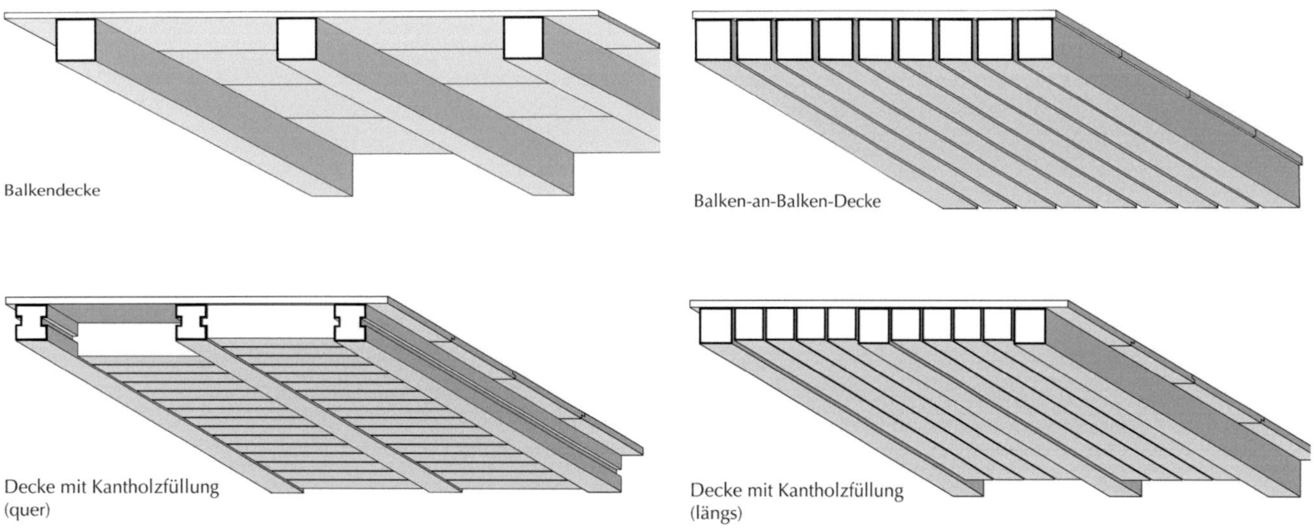

Abb. 166: Deckenkonstruktionen (Auswahl). Fortsetzung nächste Seite.

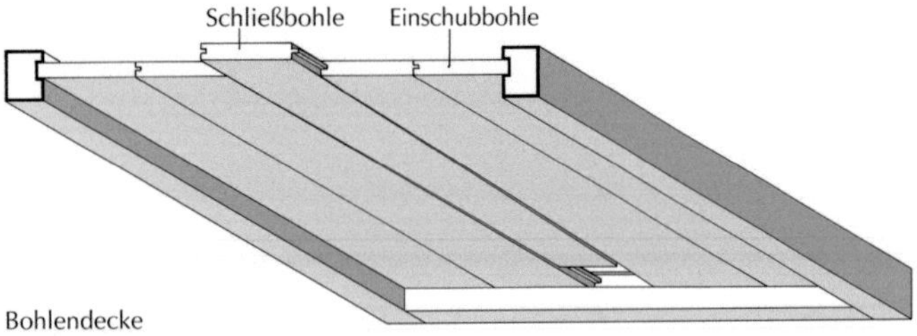

Bohlendecke
(Bohlenboden)

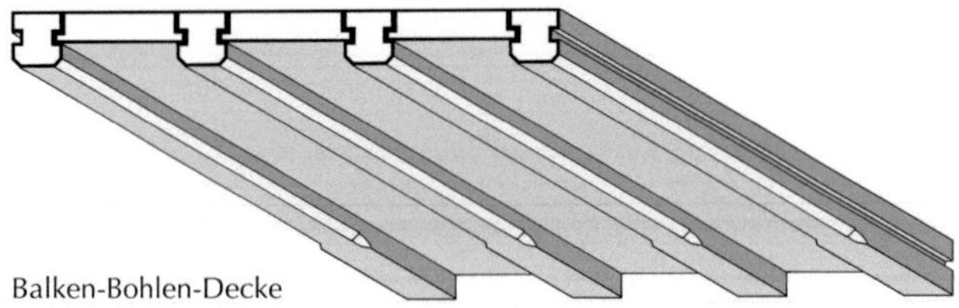

Balken-Bohlen-Decke

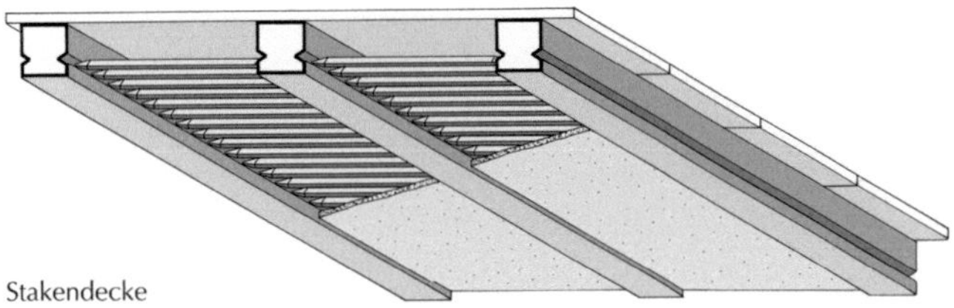

Stakendecke

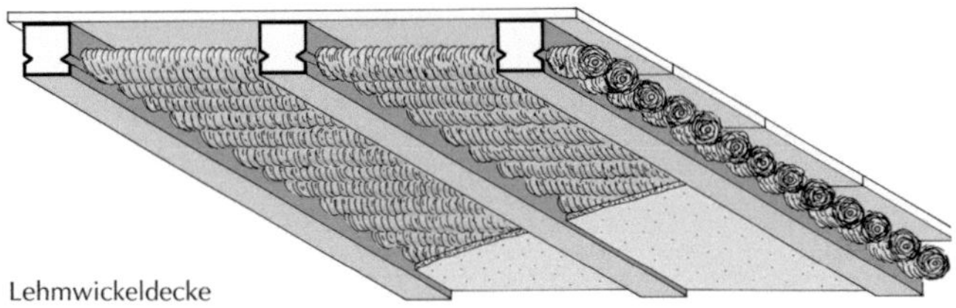

Lehmwickeldecke

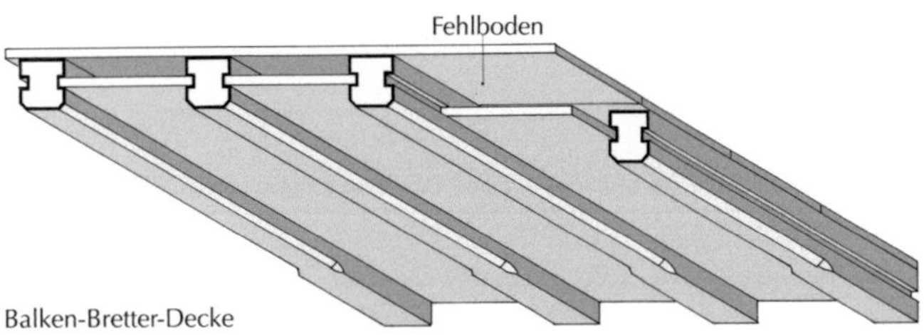

Balken-Bretter-Decke

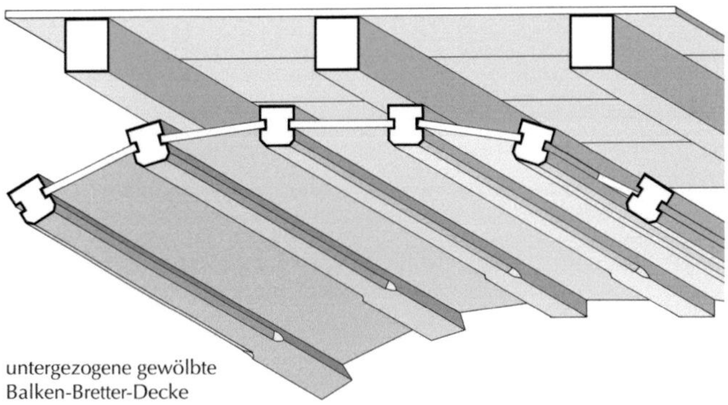

untergezogene gewölbte
Balken-Bretter-Decke

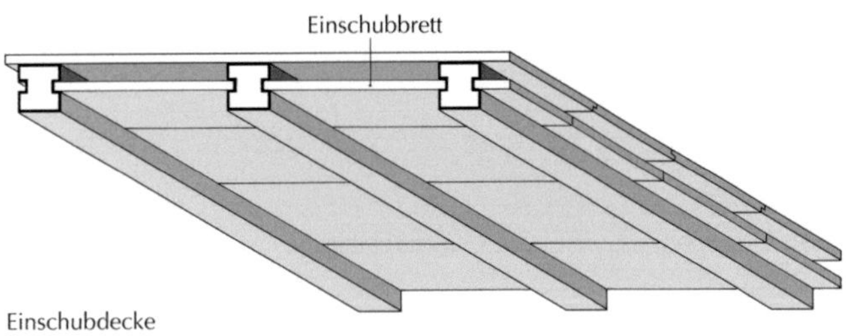

Einschubdecke

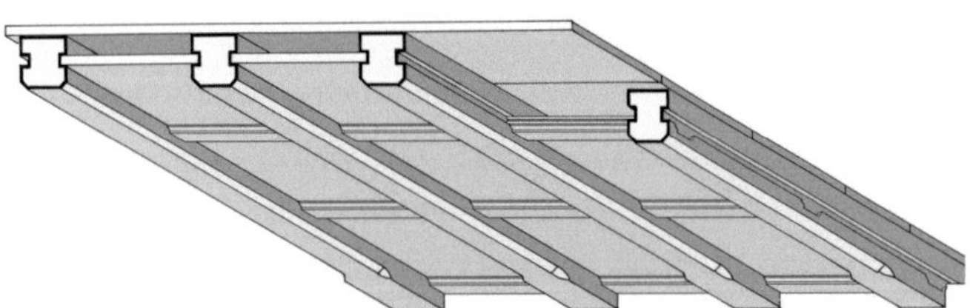

Einschubdecke mit eingelassenen
Deckleisten

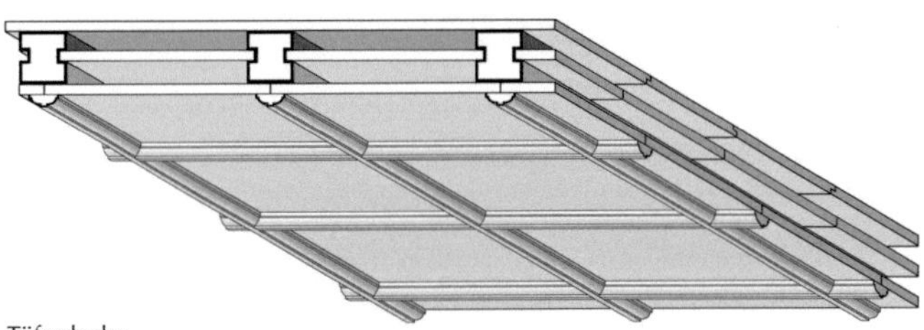

Täferdecke

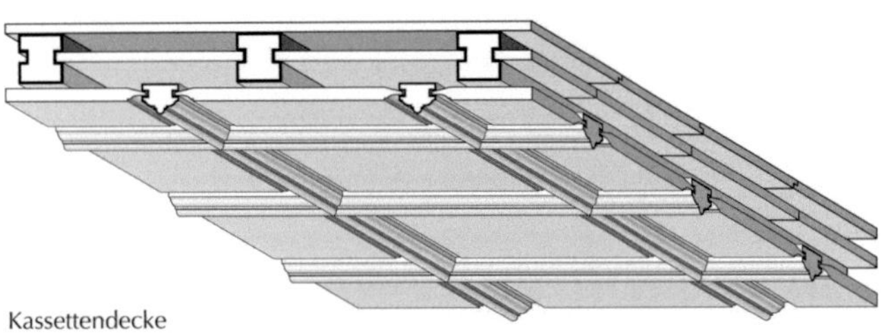

Kassettendecke

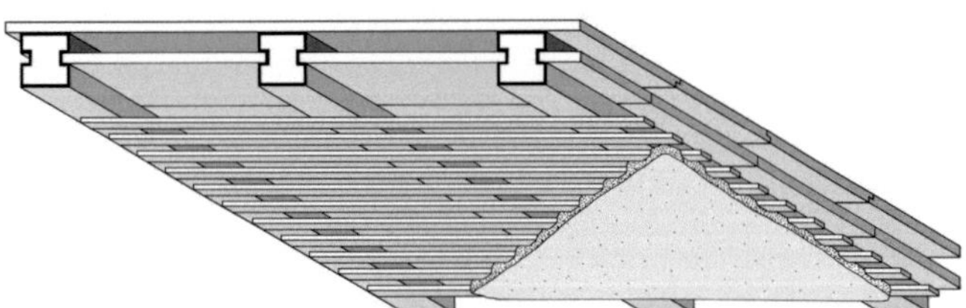

Putzdecke auf Holzlatten

5 Abgestrebte, abgesprengte, gebogene und abgehängte Gerüstkonstruktionen

(Abb. 167–173)

Abgestrebte, abgesprengte bzw. gebogene oder auch abgehängte Gerüstkonstruktionen sind **Zusatzgerüste**. Sie werden eingesetzt, um Grundgerüste zu entlasten, die aufgrund konstruktiver Gegebenheiten, ihrer Größe, ihres Gewichtes, zusätzlicher Nutzlasten oder infolge von Schäden nicht selbstständig tragfähig sind.

Die Bestandteile von abgestrebten, abgesprengten und gebogenen Zusatzgerüsten lassen sich drei unterschiedlichen Funktionsgruppen zuordnen. Es gibt Elemente, die der Einleitung der aufzunehmenden Vertikallasten dienen, schräge oder gekrümmte Hölzer, die die auftretenden Druckkräfte bis zu den Auflagern übertragen, und Elemente, die den hierdurch verursachten Horizontalschub aufnehmen. Zu den lasteinleitenden Elementen können z. B. die Lauf- und Fahrbahnebenen oder auch Dächer bei Brücken, aber auch weitgespannte Decken gehören.

Die abgestrebten, abgesprengten und gebogenen Zusatzgerüste können sowohl stützend unterhalb als auch über diesen Ebenen angeordnet sein, wobei im zuletzt genannten Fall die aufzunehmenden Lasten über vertikale Hängehölzer in die Zusatzgerüste eingeleitet werden. In dieser Kombination spricht man von abgestrebten, abgesprengten bzw. gebogenen Hängegerüsten.

Die einfachste Ausführung derartiger das Grundgerüst verstärkender Zusatzgerüste besteht aus zwei gegeneinander geneigten, sich in einem gemeinsamen Knotenpunkt treffenden Druckbändern,- streben oder- blattstreben, wobei sie in dieser Ausführung das **abgestrebte Gerüst** definieren. Werden die Druckhölzer am oberen Ende durch ein weiteres Druckholz auf Abstand gehalten, spricht man von einer über Sprengbänder, -streben oder -blattstreben wirkenden Variante, dem **abgesprengten Gerüst**. Bilden die Druckhölzer einen gekrümmten Sprengträger aus, handelt es sich um ein **gebogenes Gerüst**.

Unabhängig von den vielfältigen Kombinationen untereinander könen die jeweiligen Varianten drei verschiedenen Zusammenhängen zugeordnet sein. Handelt es sich um auf einzelne Tragachsen reduzierte und von weiteren benachbarten Lasten nicht beanspruchte Zusatzgerüste, werden sie in der abgestrebten Ausführung als **Strebeträger**, in der abgesprengten oder gebogenen Variante als Spreng- oder Bogenträger bezeichnet. Sind sie zusätzlich mit Hängehölzern kombiniert, ergeben sich daraus die abgestrebten, abgesprengten oder gebogenen Hängeträger. Werden demgegenüber in die einzelnen Tragachsen über Unter- oder Überzüge zusätzlich nachbarliche Lasten eingeleitet, übernehmen deren Ablastung **Strebebünde**, **Spreng-** bzw. **Bogenbünde**, die im Falle von integrierten Hängehölzern zu abgestrebten, abgesprengten oder gebogenen **Hängebünden** werden. Um **Strebewerke**, **Sprengwerke** oder **Bogenwerke** handelt es sich, wenn die jeweiligen Bünde über zusätzliche Gerüsthölzer wie Rähme, Riegel oder Schwellen sowie aussteifende Hölzer wie Kopf- oder Fußbänder eine räumliche, konstruktiv und abbundtechnisch aufeinander abgestimmte Einheit bilden. Wie schon bei den Trägern und Bünden führen in den Werken verbaute Hängehölzer zur Differenzierung von **abgestrebten**, **abgesprengten** oder **gebogenen Hängewerken**.

	abgestrebt		abgesprengt		gebogen	
	ohne Hängeholz	mit Hängeholz	ohne Hängeholz	mit Hängeholz	ohne Hänge holz	mit Hängeholz
eine Tragachse	Strebeträger	abgestrebter Hängeträger	Sprengträger	abgesprengter Hängeträger	Bogenträger	gebogener Hängeträger
belastet aus mehreren Tragachsen	Strebebund	abgestrebter Hängebund	Sprengbund	abgesprengter Hängebund	Bogenbund	gebogener Hängebund
räumlicher Abbund	Strebewerk	abgestrebtes Hängewerk	Sprengwerk	abgesprengtes Hängewerk	Bogenwerk	gebogenes Hängewerk

Abb. 167: Abgestrebte, abgesprengte und gebogene Zusatzgerüste.

Abb. 168: Auswahl abgestrebter und abgesprengter Gerüste.

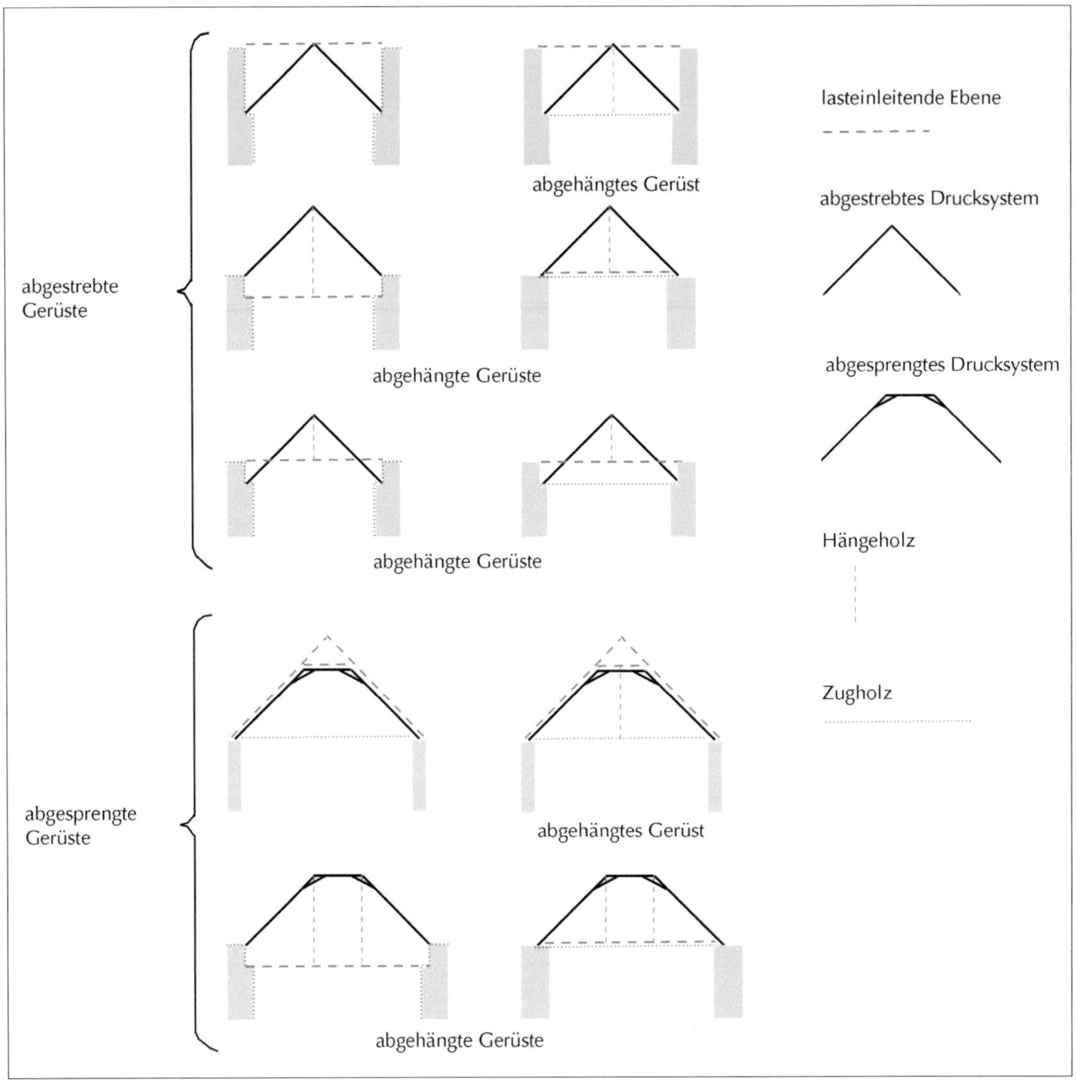

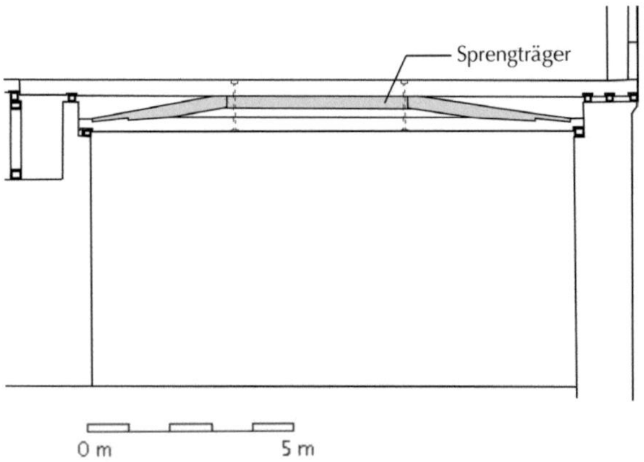

Abb: 169: Tübingen Schloss, Decke über dem Festsaal im Nordflügel, 1536 (d).

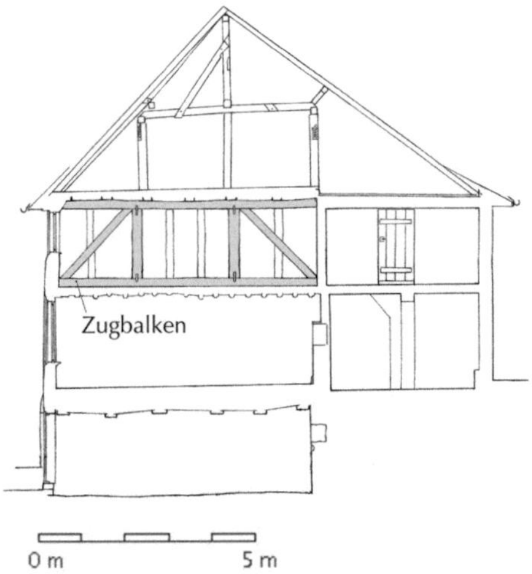

Abb. 170: Nachträglich über einer Balken-Bretter-Decke ausgeführte Wand mit integriertem, abgesprengtem Hängebund (grau). Wollmatingen, Sternengasse 4, 19. Jh.

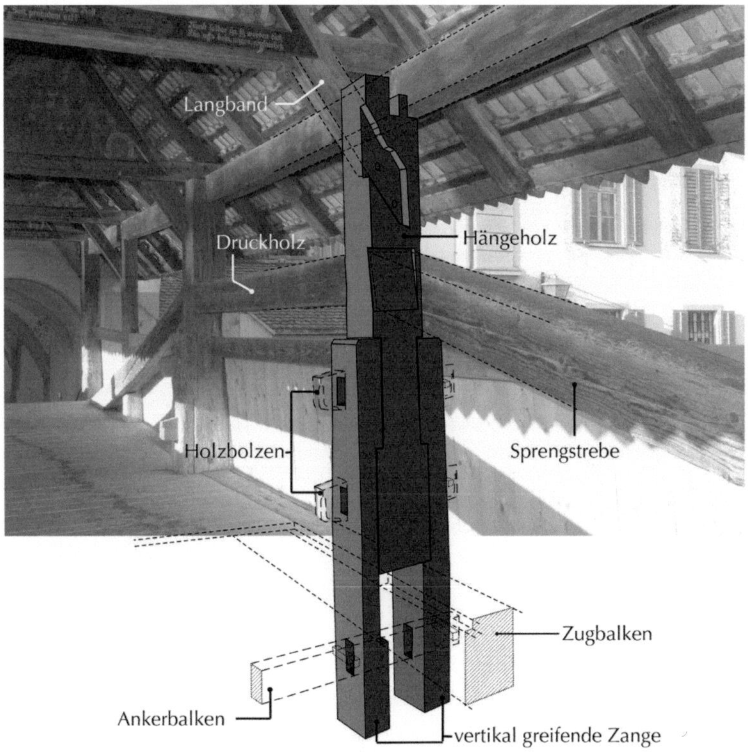

Abb. 171: Der abgesprengte Längsbund mit zwei Hängehölzern wird durch den konstruktiven Verbund mit dem benachbarten Sprengbund und den Hängehölzern zum abgesprengten Hängewerk. Spreuerbrücke, Luzern (Kt. Luzern), südliches Brückenfeld, 1569 (d).

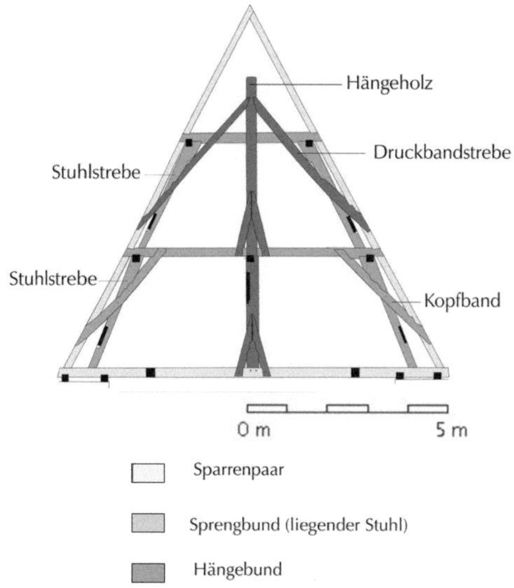

Abb. 172: Quer eingebundene, mit zwei angeblatteten Kehlbalken ausgestattete Sparrenpaare werden in den Querbünden durch verschiedene Zusatzgerüste verstärkt. Diese setzen sich zusammen aus zwei übereinander angeordneten Sprengbünden und einem über zwei Dachgeschosse ausgeführten, im 2. Dachgeschoss abgestrebten Hängebund. Blaubeuren (Alb-Donau-Kreis), Klosterkirche, Dachwerk über der Petrikapelle, 1486 (d).

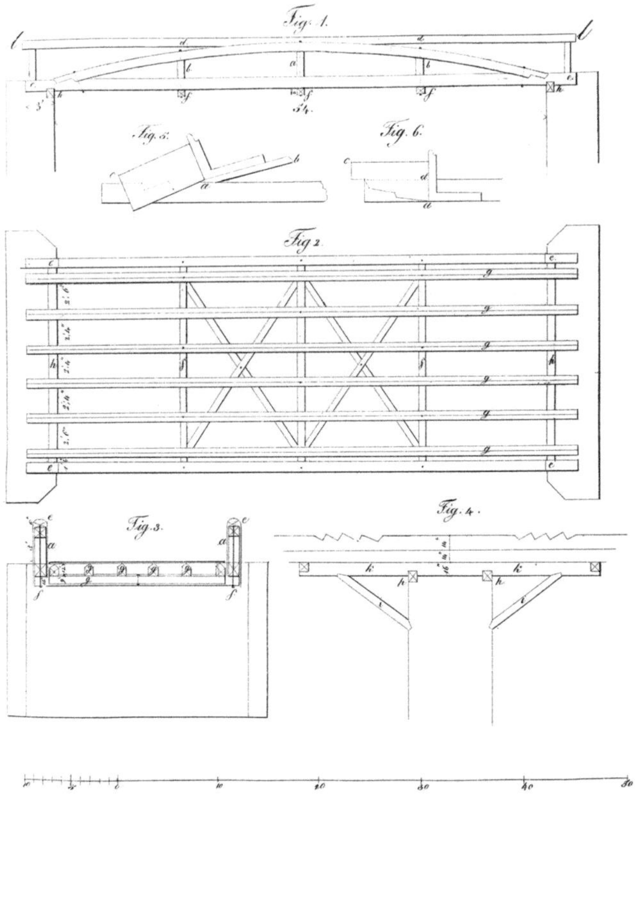

Abb. 173: Das Bogenwerk mit zwei aufgehängten Querunterzügen wird in Verbindung mit den Hängehölzern zum gebogenen Hängewerk (aus: Pechmann 1825).

6 Dachwerke

6.1 Allgemeines

Dächer schützen vor Witterungseinflüssen. Sie bestehen aus einer tragenden Konstruktion, dem **Dachgerüst**, und einem schließenden Element, der **Dachhaut**. Letztere setzt sich zusammen aus dem Deckungsmaterial und der dafür erforderlichen Unterkonstruktion, wie zum Beispiel Dachlattung oder Verbretterung (Schalung).

Dächer lassen sich in Bezug auf ihre Deckung, Form und Konstruktion beschreiben, wie nachfolgend auch vorgegangen wird. Keiner dieser Aspekte lässt sich unabhängig von den anderen betrachten. So kann sich die tragende Konstruktion auf die Dachform auswirken oder die Dachdeckung die Art der Konstruktion beeinflussen.

Unabhängig von den konstruktiven Faktoren ist der die Dachform prägende Gestaltungswille zu sehen. In diesem Zusammenhang sind z. B. Turmdächer oder Vordächer zu nennen.

6.2 Dachdeckung, Dachformen und Dachaufbauten

(Abb. 174–179)

Dachdeckung und Konstruktion, neben vielen anderen Aspekten, beeinflussen die Wahl der Dachneigung. So machen z. B. aufgelegte Brettschindeln, Leistenziegel oder Steinplatten eine besonders flache Neigung notwendig. Andere Deckungsmaterialien wie Flach- und Hohlziegel, Dachpfannen, Schieferplatten, Stroh und kleine Schindeln benötigen eine steilere Dachneigung und müssen daher befestigt werden (gebunden, gehängt, genagelt, gemörtelt). Im Vergleich zu flachen Neigungen bietet die steilere Dachneigung einen besseren Schutz gegen das Eindringen von Wasser und Schnee. Bei aufwendigen Dachformen, insbesondere steilen, vielfach gefalteten Turmdächern, finden sich auch andere Deckungsmaterialien wie mit Nägeln befestigte Holz- und Schieferschindeln, Metallbleche (Kupfer, Blei) oder speziell geformte Ziegel. Schiefer- und Metalleindeckungen erfordern eine Dachschalung.

Die Dachausmittlung bestimmt die geometrische Form des Daches über einem vorgegebenen Grundriss. Der idealisierte geometrische Dachkörper (ohne Dachüberstände etc.) besteht aus den Dachflächen und deren Schnittkanten. Die Schnittkanten werden entsprechend ihrer Lage als **Traufe**, **Ort**, **First**, **Dachkehle**, **Grat** und **Verfallung** bezeichnet.

Ist ein Gebäude mit einer Giebelseite zur Straße, Gasse oder einem anderen Bezugspunkt hin ausgerichtet, steht es **giebelständig**. Umgekehrt bezeichnet man ein mit einer Traufseite zur Straße hin orientiertes Gebäude als **traufständig**.

Das Erscheinungsbild der Dächer wird nach der Form und Anordnung der Dachflächen bestimmt. Die wesentliche Unterscheidung der Formen ist die zwischen gerichteten und zentrierten Dächern. Alle bekannten Dachformen lassen sich einer dieser beiden Hauptgruppen zuordnen.

Der Grundtypus des **gerichteten Dachs** ist das einfach gerichtete Dach. Es erstreckt sich in einer Richtung, die durch einen einzigen First (bei im Querschnitt gerundeten Dächern einen Scheitel)

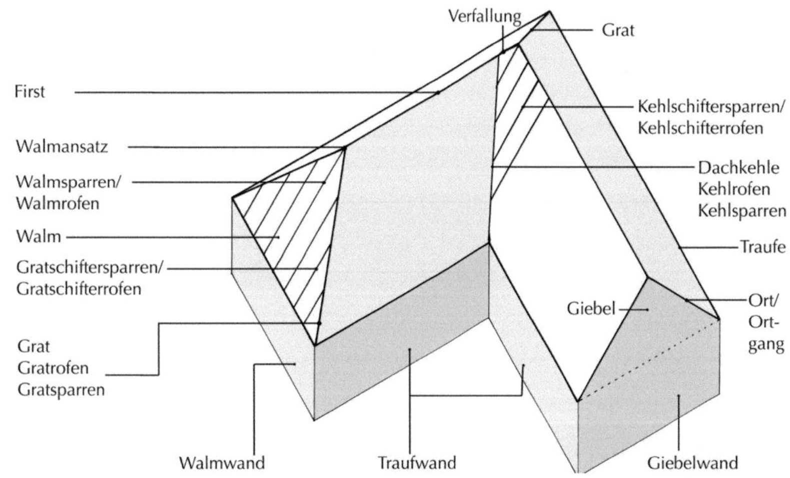

Abb. 174: Satteldach mit Dachkehle, Walm und Verfallung.

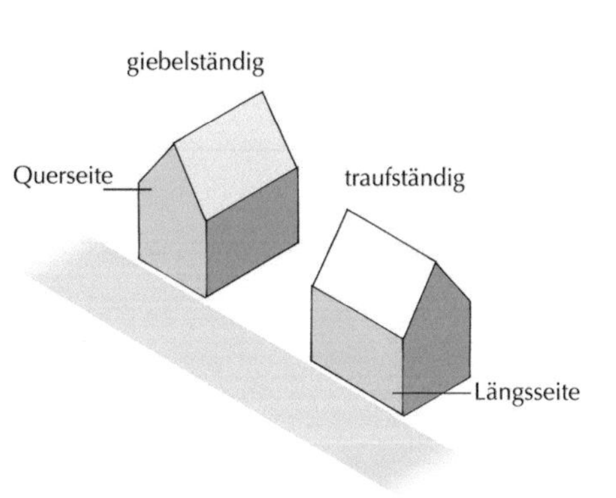

Abb. 175: Gebäudeorientierung.

markiert wird. Es ist über einem quadratischen oder rechteckigen Grundriss, der auch zum Parallelogramm oder Trapez verzogen sein kann, aufgeschlagen. Alle übrigen Formen des gerichteten Dachs sind Kombinations- oder Sonderformen des einfach gerichteten Dachs.

Ein nach einer Seite geneigtes Dach mit linearem Querschnitt heißt **Pultdach**. Ein solches Dach mit geknicktem Querschnitt wird als **Mansardpultdach** bezeichnet.

Ein Dach mit zwei Dachflächen, die auf gleicher Traufhöhe beginnen, heißt **Satteldach**. Die Dachflächen haben in der Regel die gleiche Neigung. Anderenfalls wird das Dach als **asymmetrisches Satteldach** bezeichnet. Sind die Dachflächen geknickt, entsteht das **Mansardsatteldach**. Bei konvex gekrümmter Dachfläche ohne First liegt ein **Tonnendach**, bei zwei gekrümmten Dachflächen mit First ein **Spitztonnendach** vor.

Dächer mit zwei Dachflächen, die auf unterschiedlicher Höhe beginnen, werden nach dem Verhältnis ihrer Dachflächen zueinander definiert. Beträgt die Höhe der kürzeren Dachfläche weniger als die Hälfte der längeren, liegt ein **gekapptes Pultdach** vor, anderenfalls ein **einhüftiges Satteldach**.

Neben dem einfach gerichteten Dach treten verschiedene Kombinationsformen der gerichteten Dächer auf. Die Form des wechselnd gerichteten Daches entsteht über komplexeren Baukörpern mit durchlaufendem First. Denkbar sind z. B. abgeknickte Baukörper oder auf gerundetem (bis zum Vollkreis oder Oval) Grundriss angelegte Bauten (z. B. **Ringpultdach**). Dabei sind alle Querschnitte des einfach gerichteten Daches möglich.

Parallel gerichtete Dächer bestehen aus zwei oder mehreren in Längsrichtung nebeneinander angeordneten einfach gerichteten Dächern. So ergeben zwei zueinander geneigte Pultdächer das **Grabendach**. Für ein Satteldach in gleicher Anordnung gilt der Begriff **Parallelsatteldach**.

Zu den nicht parallel gerichteten Dächern gehören alle Dächer, die sich aus mehreren mit gleich hohem First aneinanderstoßenden, einfach gerichteten Dächern zusammensetzen. Beispiele für die zahlreichen Kombinationsmöglichkeiten sind das **Kreuzdach** (auch über achteckigem Grundriss) und das **Quergiebeldach**.

Mit Ausnahme der im vollständigen Polygon oder im Kreis geführten wechselnd gerichteten Dächer benötigen alle gerichteten Dächer an ihren Enden einen Abschluss. Dieser kann aus einem Giebel, einer Dachfläche (**Walm**) oder einer Kombination von beiden bestehen. Da die verschiedenen Formen des Abschlusses bei allen gerichteten Dächern auftreten können, generieren sie keine eigenen Dachformtypen, zumal unterschiedliche Abschlüsse an einem Dach möglich sind.

Reicht die Walmabschrägung von der Traufe über die gesamte Dachhöhe, so handelt es sich um einen **Vollwalm**. Sitzt der Walm oberhalb der Traufe einer Unterstützungskonstruktion auf, spricht man entsprechend der Überdeckungshöhe des Walmes im Verhältnis zur Dachhöhe von einem **Zweidrittel-**, **Halb-**, oder **Drittelwalm**. Ist der Walm auf einen deutlich kleineren Bruchteil der Dachhöhe beschränkt,

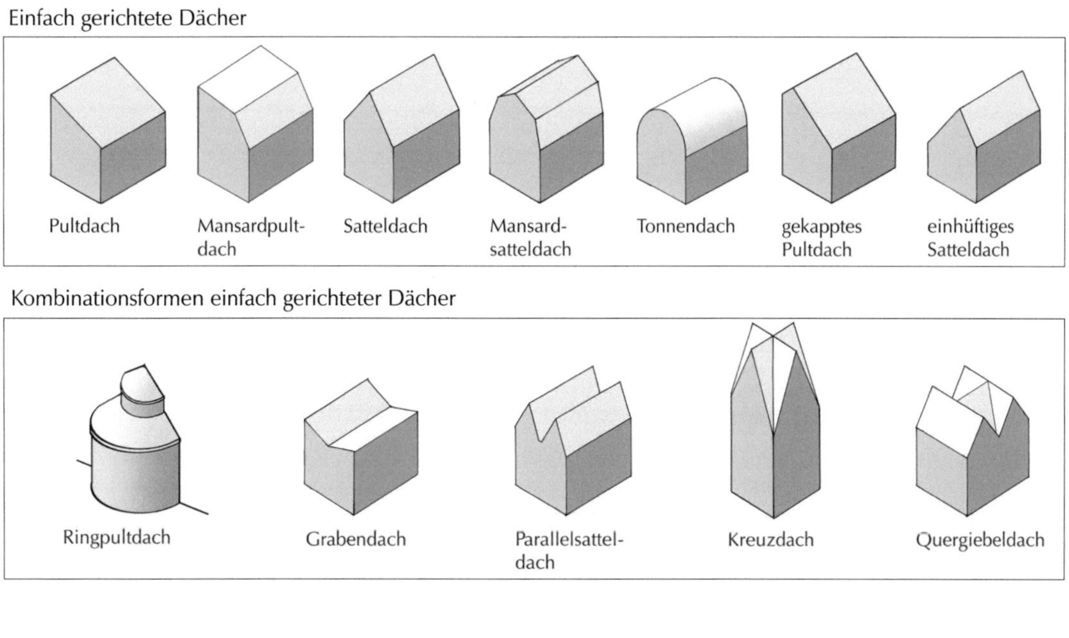

Abb. 176: Dachformen des gerichteten Daches.

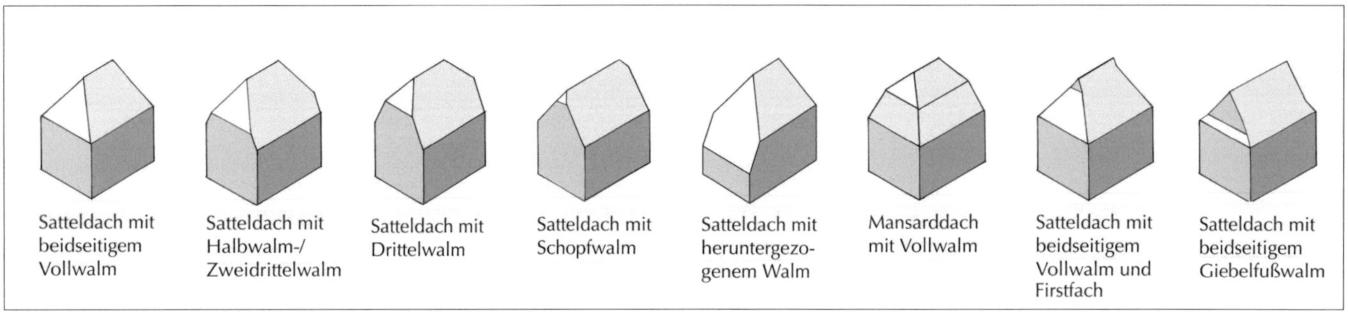

Abb. 177: Walmformen gerichteter Dächer

wird er als **Schopfwalm** bezeichnet. In seltenen Fällen können Walme bis zum Erdreich hinabgeführt werden oder kurz davor enden (**heruntergezogener Walm**). Der obere Anfang aller dieser Walme wird als **Walmansatz** bezeichnet, der untere Auslauf als **Walmende**.

Setzt der Walm kurz unterhalb des Firstes an, entsteht eine kleine, dreieckige Giebelfläche. Dieses **Firstfach** kann geschlossen werden oder offen bleiben. Es dient dann häufig dem Rauchabzug. Der **Giebelfußwalm** ist eine trapezförmige Walmfläche mit geringer Höhe, die unterseitig von der Traufe und oberseitig von der Schnittkante zum Giebel begrenzt wird. Der Übergang von Giebelfußwalmen zu giebelseitigen Vordächern kann fließend sein.

Bei **zentrierten Dächern** laufen alle Dachflächen am oberen Ende zu einer Spitze zusammen. Diese Dächer sind meist über regelmäßig polygonalen oder kreisförmigen Grundrissen aufgeschlagen, doch kommen auch leicht gestreckte oder unregelmäßige Varianten vor. Zentrierte Dächer sind häufige Dachformen für Türme, treten aber auch bei anderen Bauten über den genannten Grundrissen auf. Ist das Dach über einer Grundrissgeometrie errichtet, die von der des Unterbaus abweicht, sind überleitende Dachflächen erforderlich, die den Gesamteindruck des Dachs entscheidend mitprägen können. Zentrierte Dächer, deren Dachflächen auf einer Ebene ansetzen (über einer Traufe oder hinter Giebeln), werden nach ihrem Querschnitt benannt. Ein Dach mit linear durchlaufenden Dachflächen heißt (vier- oder mehrseitiges bzw. rundes) **Zeltdach**, ein gedrehtes Zeltdach **Spiraldach**, ein Dach mit gebrochenen Dachflächen analog zu den gerichteten Dächern **Mansardzeltdach**. Weist der Querschnitt eine konvexe Krümmung auf, wird von einem **Kuppeldach** gesprochen, bei einer konkaven Krümmung von einem **eingeschwungenen Dach**. Ein im Querschnitt konkav und konvex geschwungenes Dach heißt **Glockendach**, sofern die Neigung stets unter 90 Grad bleibt, anderenfalls **Zwiebeldach**.

Die wesentlichen Unterschiede zwischen den Varianten zentrierter Dächer, deren Dachflächen auf Giebeln ansetzen, ergeben sich aus dem Verhältnis der Giebelhöhe zur Gesamthöhe des Dachs. Erreichen die Giebel exakt die halbe Dachhöhe, entsteht ein **Rhombendach** aus vier gleichen Dachflächen. Über- oder unterschreiten die Giebel diese Höhe, entstehen vier Dachformen, die horizontal oder vertikal nach außen oder innen geknickt sind: **Kehlfaltendach**, **Gratfaltendach**, **spitzes** und **stumpfes Knickdach**.

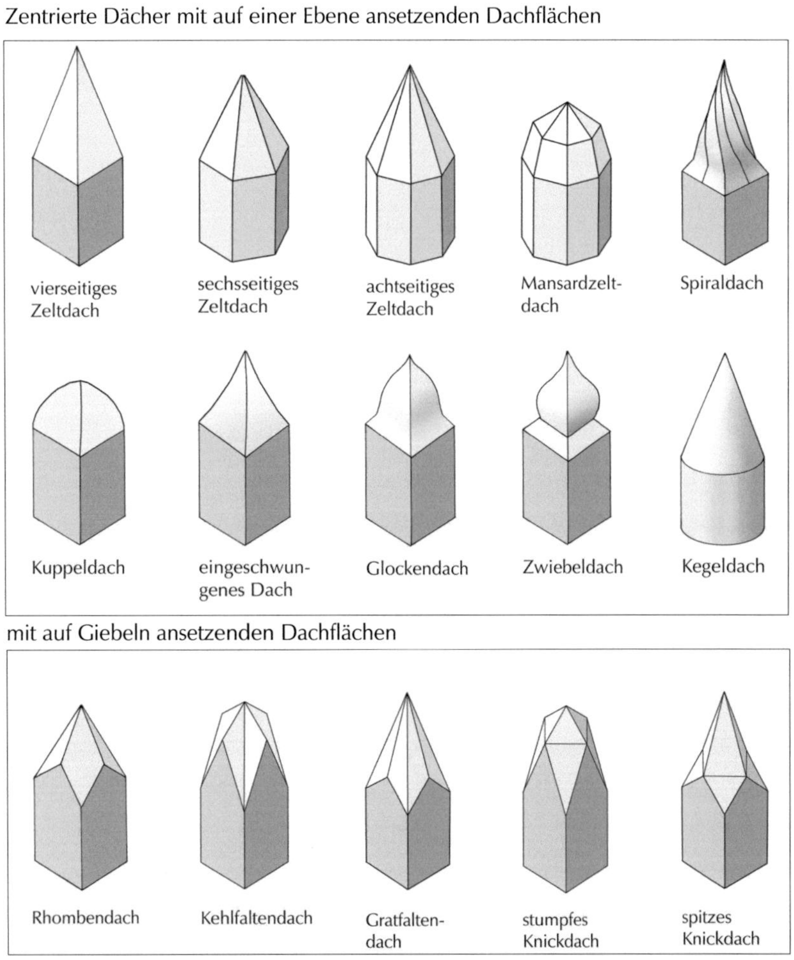

Abb. 178: Dachformen des zentrierten Daches.

Bauten, deren Grundriss sich aus einem Quadrat oder einem Rechteck (gegebenenfalls zum Parallelogramm oder Trapez verzogen) und einem halben Polygon, Kreis oder Oval an einem oder beiden Enden zusammensetzt, erfordern in der Regel eine Kombination aus einem gerichteten und einem oder zwei unvollständigen zentrierten Dächern. Dabei sind nahezu alle Varianten möglich. Eigene Typen entstehen daraus jedoch nicht; die Beschreibung kann additiv erfolgen.

Die verschiedenen Dachaufbauten werden danach unterschieden, ob sie auf einer Traufe, auf einer Dachfläche oder auf dem First bzw. der Spitze des Hauptdachs sitzen. Besteht ein Aufbau auf der Traufe lediglich aus einem Giebel, der durch ein **Zwerchdach** mit der Hauptdachfläche verbunden ist, wird er **Zwerchgiebel** genannt. Liegt die Traufe des Zwerchdachs über derjenigen des Hauptdachs, so dass der Aufbau auch seitliche Wandflächen besitzt, entsteht ein **Zwerchhaus**. Eine Sonderform des Zwerchhauses, deren Front unter dem Giebel lediglich aus einer Lade- oder Fensteröffnung besteht, wird als **Lukarne** bezeichnet.

Bei den Aufbauten auf der Dachfläche handelt es sich um stehende Dachfenster, die als **Gauben** bezeichnet und nach der Form ihrer Front sowie ihres Daches unterschieden werden. Besteht die Front lediglich aus einem Giebel, liegt eine **Zwerchgiebelgaube** vor, deren Sonderform mit geschwungenem Giebel **Fledermausgaube** genannt wird. Eine Gaube mit quer- oder hochrechteckiger Front und aufliegendem Pultdach heißt **Schleppdachgaube**. Erstreckt sich über der quer- oder hochrechteckigen Front und den Seitenwänden ein Zwerchdach (mit Giebel oder Walm), so dass sich die Form der Gaube derjenigen des Zwerchhauses nähert, entsteht eine **Zwerchhausgaube**. Es können weitere Formen des einfach gerichteten Daches über Gauben auftreten.

Ein Aufbau mit quadratischem oder mehreckigem Grundriss, der aus einer Dachfläche steigt, wird als **Dachflächenturm** bezeichnet, erhebt er sich über dem First eines gerichteten oder der Spitze eines zentrierten Daches, heißt er **Dachfirst-** bzw. **Dachspitzturm**. Der Dachfirstturm wird oft auch als **Dachreiter** bezeichnet.

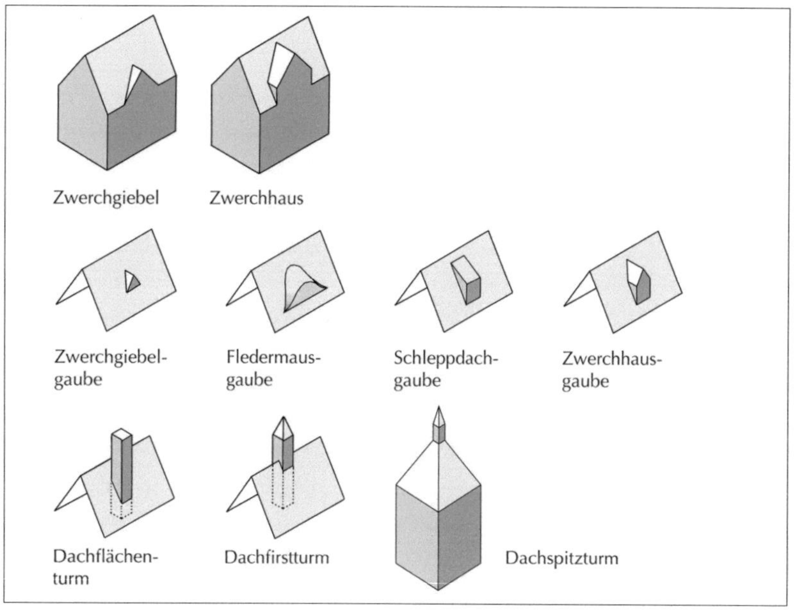

Abb. 179: Dachaufbauten.

6.3 Dachgerüste

6.3.1 Grundsysteme

(Abb. 180–190)

Um Dächer in ihrer unterschiedlichen Ausprägung zu differenzieren, können verschiedene Ordnungskriterien verwendet werden, unter anderem die Dachform oder Dachgestalt, die Dachhaut und die Konstruktion des Daches.

Orientiert man sich zum Beispiel an der Dachform (vgl. Kap. 6.2), so beruht die Unterscheidung in erster Linie auf der architektonischen Gestalt, während der funktionale Aspekt des Daches als Wetterschutz wie auch die ausgeführte Dachkonstruktion weitgehend in den Hintergrund rücken.

Dachwerke nach ihren jeweiligen Deckungsmaterialien zu ordnen, ist eine gleichfalls auf das äußere Erscheinungsbild zielende Unterteilung. Weich- und Hartdächer geben dabei eine erste Gliederung vor, wobei Stroh-, Holz-, Stein-, Ziegel- und Metalldächer die Merkmale für eine weitere Differenzierung bilden. Anders als bei der Betrachtung der Dachformen überwiegt bei dieser Art der Katalogisierung der funktionale Aspekt.

Mehr noch als bei der Formgebung ist mit der Betrachtung der Deckungsmaterialien, die zusammen mit der Brettschalung oder Lattung die Dachhaut bilden, die Frage nach der tragenden Unterkonstruktion verbunden. Besonders deutlich wird dies bei der Verwendung von schweren Steinplatten, deren Verlegung ohne eine darauf abgestimmte Unterstützungskonstruktion nicht ausführbar ist.

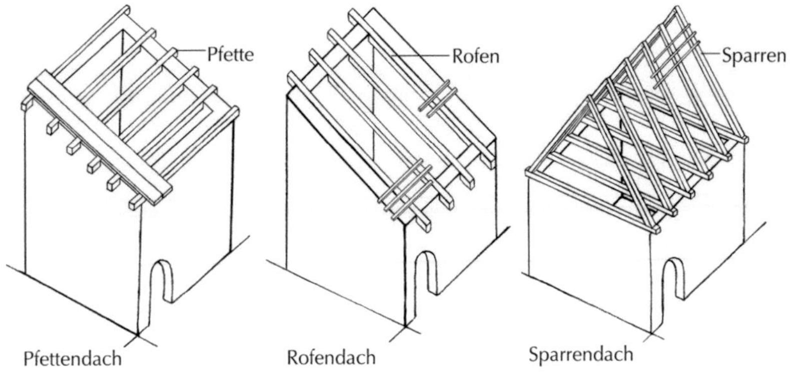

Abb. 180: Beispiele für die drei Grundsysteme der Dachgerüste.

Darauf beruhend, bezieht sich das hier gewählte Ordnungskriterium nicht auf das Äußere, sondern auf das Innere, also die unter der Dachhaut ausgeführte Dachkonstruktion. Ganz wesentlich geht es um die Dachhölzer, die das Auflager für die Dachhaut bilden.

Zur Erfüllung dieser Aufgabe, nämlich die aus dem Eigengewicht der Dachhaut resultierenden Lasten sicher in den Unterbau oder in das Erdreich abzuleiten, zeigt sich in den historischen Dachlandschaften eine unübersehbare Vielfalt unterschiedlicher Dachkonstruktionen. Orientiert man sich bei der differenzierten Untergliederung dieser Konstruktionen nicht an den komplexen Kombinationsformen unterschiedlichster Gerüste, sondern an den einfachen und weitgehend anspruchslosen Basislösungen, so reduziert sich die Variantenvielfalt auf zwei Grundsysteme. Sie unterscheiden sich dadurch, dass das eine Tragsystem im Wesentlichen auf der Biegebeanspruchung (Tragbalken) beruht, das andere auf einer abstrebenden Wirkung (Strebeträger).

Das prägende Merkmal des ersten Systems bilden frei gespannte, die Dachhaut tragende Balken, die neben dem Eigengewicht auch die aus der Dachhaut übertragenen Lasten als Vertikalkräfte in die Außenwände einleiten. Bei einem solchen Dachgerüst werden die Balken bei vertikaler Last nur auf Biegung beansprucht, es treten keine horizontalen Kräfte auf. Die Balkenlage kann parallel oder quer zur Traufe verlegt sein. Traufparallel verlaufende Balken

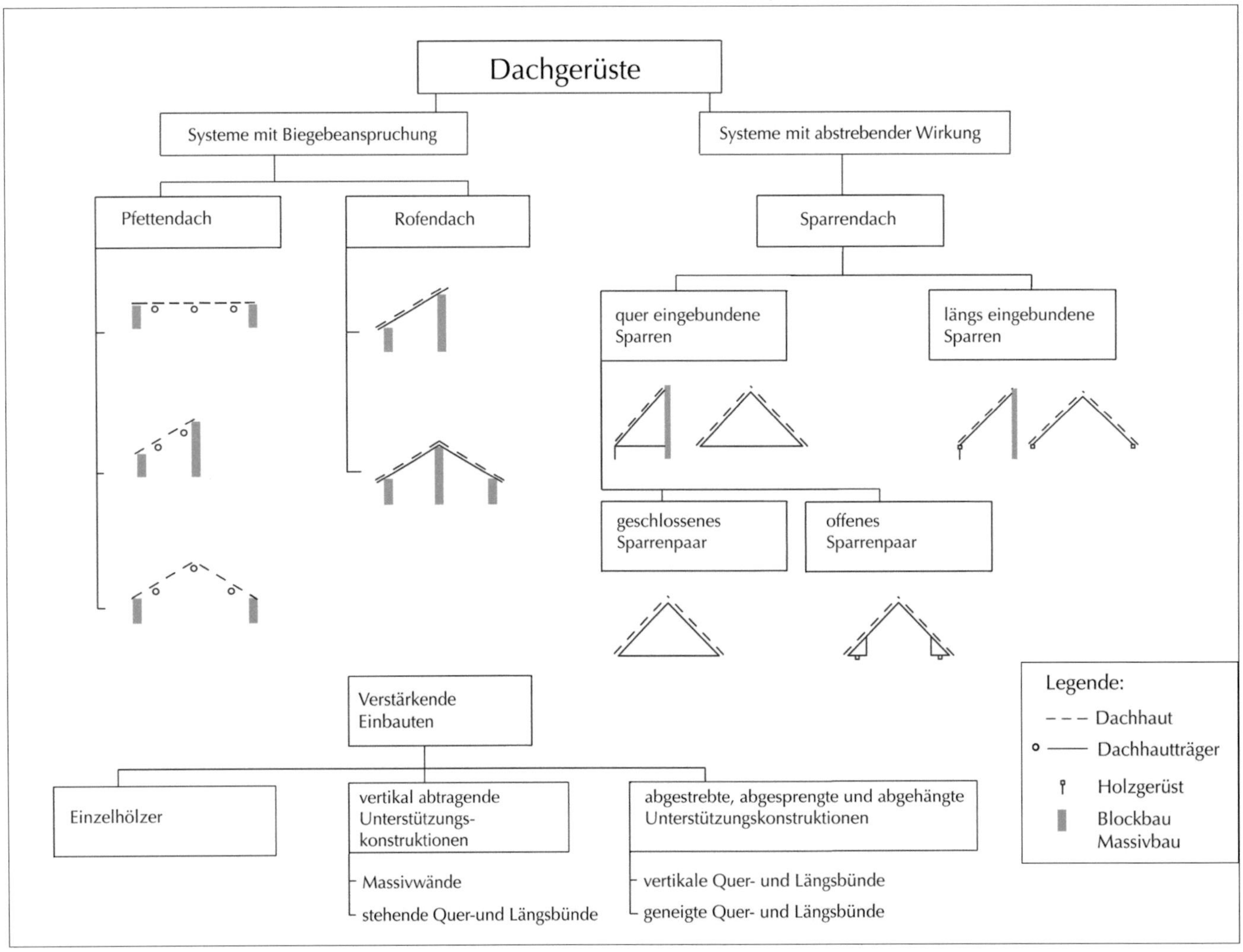

Abb. 181: Übersicht zu den Dachgerüsten.

werden als **Pfetten** bezeichnet, quer zur Traufe angeordnete Balken als **Rofen**.

Beim zweiten, auf einer abstrebenden Wirkung beruhenden System wird die Dachhaut von **Sparren** getragen. Im Gegensatz zu den Pfetten und Rofen treten bei den Sparren am Fußpunkt aus der vertikalen Belastung durch die Dachhaut und das Eigengewicht horizontale und vertikale Kräfte auf, die durch zusätzliche Gerüsthölzer wie Dachbalken oder Zugbalken aufgenommen werden. Am Kopfpunkt des Sparrens gibt es horizontale Kräfte, die sich bei der paarweisen Anordnung von Sparren gegenseitig aufheben. Sind nur einzelne Sparren verbaut, müssen die Horizontalkräfte am Kopfpunkt von anderen Baugliedern aufgenommen werden.

Die fußzonigen Enden von Rofen und Sparren beziehungsweise deren Verlängerungen zum Beispiel durch Aufschieblinge etc. bilden die Traufe aus.

Zur Gestaltung der Dachform können auf die Traghölzer der Grundsysteme zusätzliche Hölzer (dachformgebende Bohlen, Aufschieblinge) aufgesetzt werden, die in diesen Fällen die Dachhaut tragen, aber kein eigenständiges Grundsystem bilden.

Pfettendach

Werden die aus der Dachhaut resultierenden Lasten in firstparallel verlaufende Balken abgetragen, handelt es sich um ein **Pfettendach**. In seiner Grundform besteht das Pfettendach aus von Giebel zu Giebel ohne Unterstützung frei gespannten Balken. Bei einer Variante des Pfettendaches bilden dicht aneinander gelegte Balken die Traghölzer der Dachhaut (**Blockdach**, vgl. S. 79).

Rofendach

Bei diesem Grundsystem wird die Dachhaut von **Rofen** getragen. Am First und am Dachfuß aufliegend, erfolgt dies im einfachsten Fall ohne weitere Unterstützung zwischen den beiden Auflagern. Rofen sind die typischen Dachhölzer bei Pultdächern, kommen aber im erhaltenen Bestand weitaus häufiger noch bei Satteldächern vor. Ist ein Rofen am Fußpunkt auf ein Schwellholz aufgestellt, handelt es sich um einen **Standrofen**.

Bei der paarweisen Verbindung am First (**Rofenpaar**) sind Rofen nur dann als solche anzusprechen, wenn sie am Fußpunkt keine horizontalen Zugkräfte erzeugen. Gleiches gilt auch,

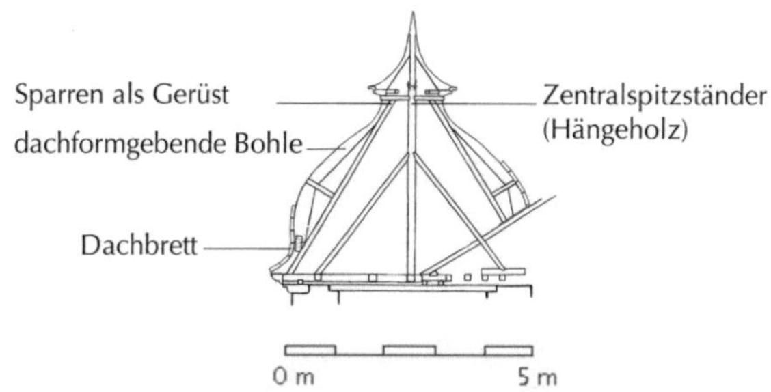

Abb. 182: Geschwungenes Dach (Zwiebeldach). Das Gerüst besteht aus einem Sparrendach, bei dem sich die oberen Enden der Zwischensparren über ein Druckholz gegen den Zentralspitzständer lehnen. Konstruktiv handelt es sich um ein Hängeholz, das durch die Druckstreben für die Dachbalken lastenneutral bleibt. Die Form entsteht durch Bohlen, die in diesem Fall auch die Dachhaut tragen. Ettlingen (Lkr. Karlsruhe), Schloss, Südwestturm, 1729 (d).

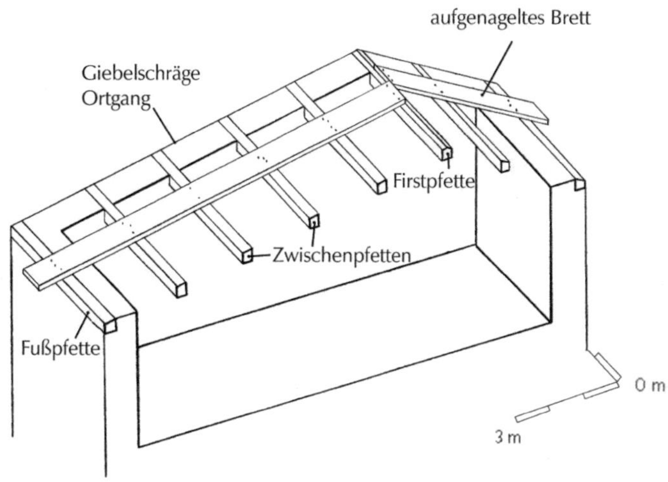

Abb. 183: Pfettendach. Konstanz (Lkr. Konstanz), Kanzleistr. 13, 1225 (d).

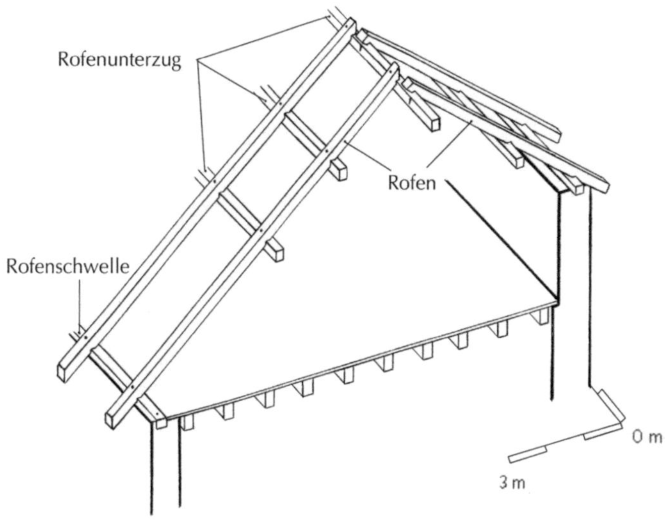

Abb. 184: Rofendach mit frei gespannten Rofenunterzügen zwischen den massiv gemauerten Giebeln. Villingen (Schwarzwald-Baar-Kreis), Brunnenstr. 36, 1322 (d).

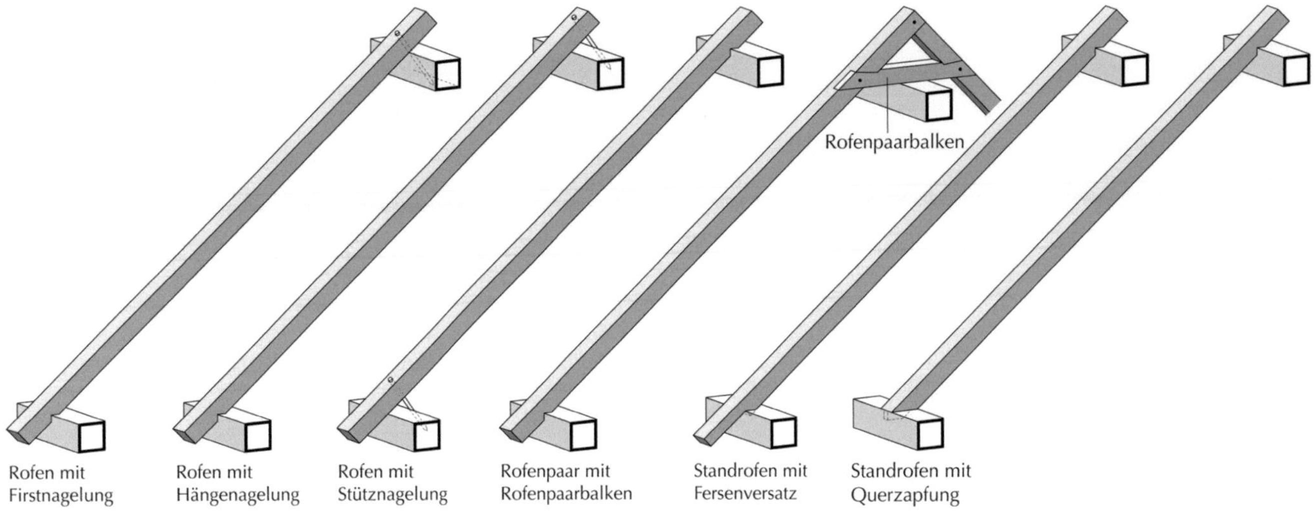

Abb. 185: Varianten der Rofenabzimmerung.

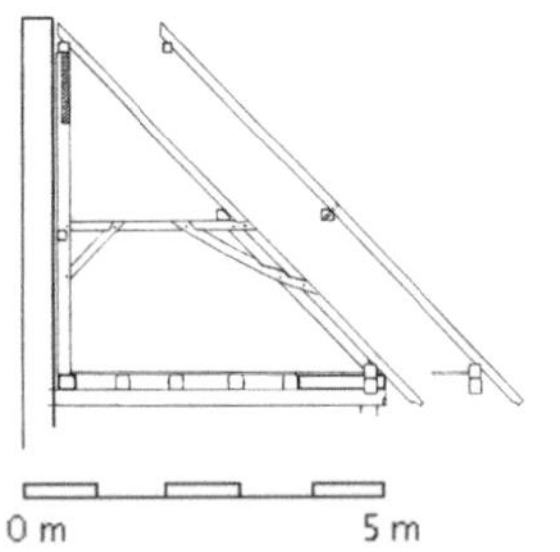

Abb. 186: Rofenpultdach. Die Rofen werden im First vom Rähm des stehenden Längsbundes, in der Mitte von einem dem einseitig abgesprengten Querbund aufgelegten Rofenunterzug und am Dachfuß von einer Rofenschwelle getragen. Waldshut-Tiengen (Lkr. Waldshut), Kaiserstr. 81–83, 1673 (d).

wenn die Rofen wenig unterhalb des Firstes durch einen kurzen Balken (**Rofenpaarbalken**) verbunden sind. In diesem Fall ist das System aus Rofen und Rofenpaarbalken einem unterhalb des Firstes verbauten Unterzug oder Unterfirsträhm aufgesattelt.

Rofen sind prinzipiell von den Sparren zu unterscheiden. Einzeln oder auch paarweise verbaut wirken sie wie ein Balken auf zwei Stützen und erzeugen wie oben erwähnt im Gegensatz zu den Sparren am Dachfuß keine Horizontalkräfte. Hinsichtlich der Frage, ob in dem zu beurteilenden Dachgerüst nun Sparren oder Rofen verbaut sind, lässt sich folgendes Unterscheidungsmerkmal heranziehen: Bedürfen die die Dachhaut tragenden Hölzer einer Unterstützung, würde ihr Tragverhalten also ohne diese verloren gehen, so handelt es sich um Rofen. Kommen diese Dachhölzer ohne eine solche Unterstützung aus, sind sie also selbsttragend, so handelt es sich um Sparren. Je nach Ausbildung der Anschlusspunkte kann sich ein differenziertes Tragverhalten ergeben, das der Funktionsweise eines Rofendaches nicht mehr eindeutig zuzuordnen ist.

Sparrendach

Beim Sparrendach erfolgt die Aufnahme der Dachhautlasten durch die Aufreihung gleichartig abgezimmerter und hintereinander aufgestellter Sparren bzw. **Sparrenpaare (Gespärre)**.

Diese bestehen aus der Anordnung von zwei die Dachschrägen bildenden, gegeneinander geneigten Sparren. Die Gesamtheit aller Sparren bzw. Sparrenpaare im Dach bildet das **Sparrenwerk**.

Jedes einzelne Sparrenpaar ist in der Lage, den anfallenden Dachlastanteil aufzunehmen und eigenständig in die Auflager abzutragen. Dazu sind die Sparren am First kraftschlüssig miteinander verbunden und stemmen sich mit ihren unteren Enden gegen die die Fußpunkte fixierenden Auflager. Damit die Sparrenfüße nicht ausweichen, muss in diesem Grundsystem neben der Übertragung der Vertikallasten die Aufnahme der aus den Sparrenschubkräften resultierenden Horizontalkräfte gewährleistet sein. Die häufigste Form des Sparrendaches ist das Satteldach mit symmetrischen Dachflächen.

Abweichend von der paarweisen Anordnung der Sparren können auch einzeln verbaute Sparren ausgeführt sein, sofern am Fuß- und am

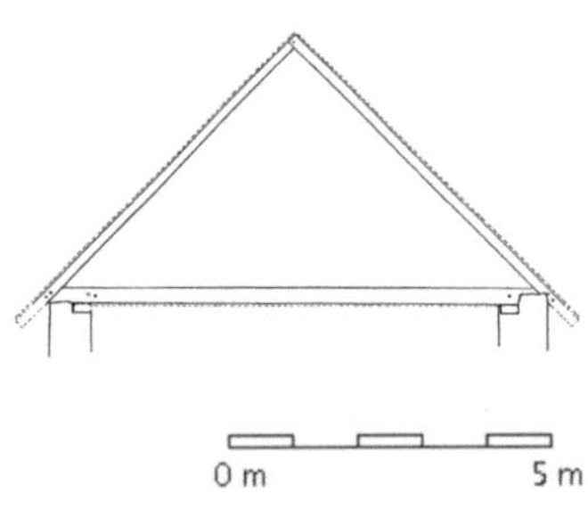

Abb. 187: Grundform eines Sparrendaches. Bergerkirche bei Niederbrechen (Lkr. Limburg-Weilburg), um 1160 (d).

Firstpunkt horizontale Kräfte aufgenommen werden. Dies ist z. B. dann der Fall, wenn sich die einzelnen Sparren ohne konstruktiven Verbund am First gegen eine Wand lehnen (Pultdach).
Es sind zwei Varianten der Schubkrafteinleitung zu unterscheiden, die die Differenzierung in zwei Arten von Sparrendachkonstruktionen erlauben. Die am Sparrenfuß wirkenden Kräfte können entweder in ein quer oder in ein parallel zur Traufe verlaufendes Holz eingeleitet werden. Im erstgenannten Fall handelt es sich um **quer eingebundene Sparren**, bei denen entweder durchlaufende Dachbalken oder kurze Dachfußbalken bzw. Stichbalken und Wechselbalken die Sparrenfüße fixieren. Die so entstehenden Dreiecke werden in Verbindung mit Dachbalken als **geschlossene Sparrenpaare**, in Verbindung mit Dachfußbalken oder Stichbalken als **offene Sparrenpaare** angesprochen. Bei den offenen Sparrenpaaren werden die Vertikalkräfte über Dachfuß- bzw. Stichbalken in Mauerschwellen oder Rähme eingeleitet, wobei der aus den Schubkräften resultierende Horizontalkräfteanteil in geschlossene Sparrenpaare bzw. separate Ankerbalken übertragen wird. Diese Funktion können auch Eisenstäbe übernehmen.
Leiten die Sparren ihre Schubkräfte in ein traufparallel verlaufendes Auflagerholz (**Sparrenschwelle**) ein, so handelt es sich um **längs eingebundene Sparren**. Erfolgt die konstruktive Schubkraftübertragung am Fußpunkt, müssen die Horizontalkräfte durch einzelne, mit den Schwellen verbundene Zug- oder Ankerbalken aufgenommen werden. Sie können unabhängig von der Sparrenebene angeordnet sein. Die Abstände der Zugbalken können variieren.
Wenn eine Schubkraftneutralisierung in der Zugbalkenebene nicht möglich ist, müssen die Horizontalkräfte durch Konstruktionsverstärkungen weiter oben innerhalb des Sparrenpaares aufgenommen werden. Diese Aufgabe erfüllen zum Beispiel tief liegende, zugfest eingebaute Kehlbalken oder mit den Sparren zugfest verbundene Scherbänder.
Beide Varianten der längs und quer eingebundenen Sparren können innerhalb eines Dachwerkes vorkommen.
Zum Grundsystem des Sparrendachs gehört als Sonderform u. a. das **Bogensparrendach,** bei dem die dachhauttragenden Hölzer – Spanten oder Brett-/Bohlenschichtbögen – die Funktion der Sparren (**Bogensparren**) wahrnehmen. Entsprechend der Dachform sind diese

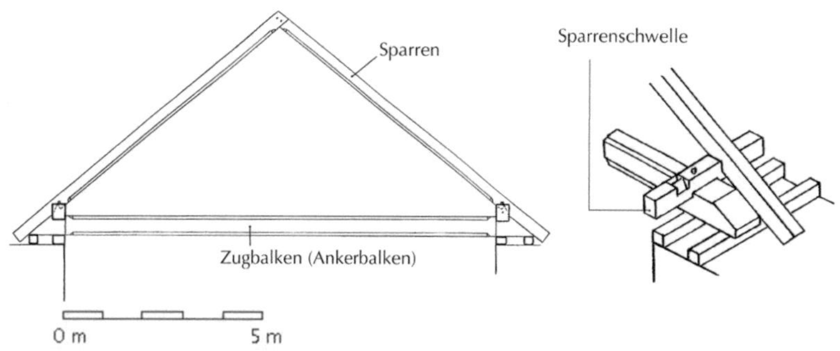

Abb. 188: Sparrendach mit längs eingebundenen Sparrenpaaren und Schubkraftübertragung am Fußpunkt. Cluny (Dép. Saône-et-Loire), ehem. Benediktinerkloster, Aula der Abtei Cluny III, 1107/08 (d).

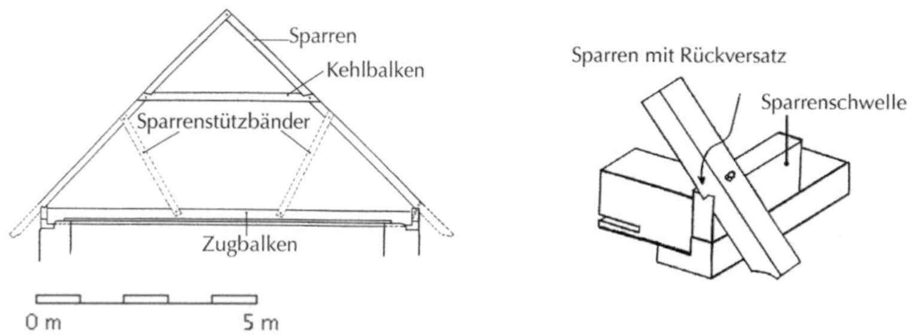

Abb. 189: Sparrendach mit längs eingebundenen Sparrenpaaren, angeblatteten Kehlbalken und aufgenagelten Sparrenstützbändern. Reichenau-Niederzell (Lkr. Konstanz), St. Peter und Paul, 1144/45 (d).

Abb. 190: Bogensparrendach aus Brettschichtbögen. Rottweil (Lkr. Rottweil), Saline Wilhelmshall, Neufraer Str. 29, 2. Viertel 19. Jh.

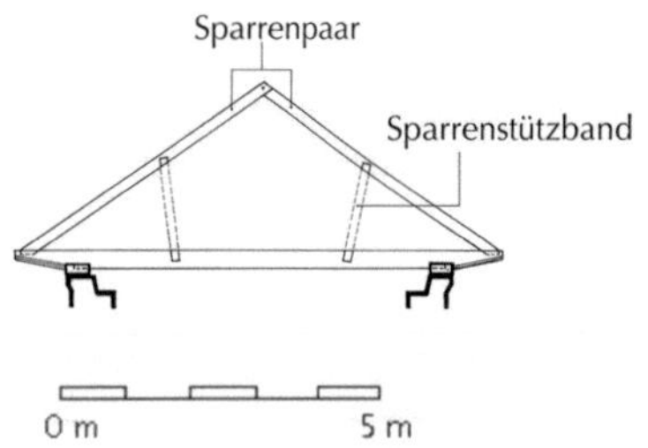

Abb. 191: Sparrendach mit quer eingebundenen Sparrenpaaren und verstärkenden Einzelhölzern (Sparrenstützbänder). Neckartailfingen (Lkr. Esslingen), St. Martin, Langhausmittelschiff, 1111 (d).

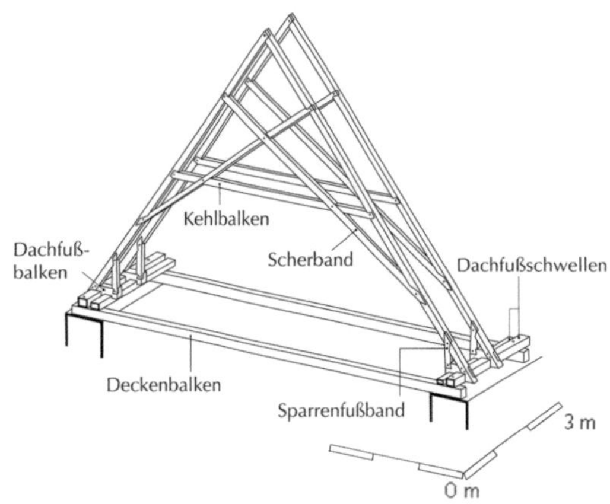

Abb. 192: Sparrendach mit quer eingebundenen offenen Sparrenpaaren und verstärkenden Einzelhölzern, die von der freitragenden Deckenbalkenlage abgesetzt sind. Basel, Kloster Klingental, Altes Dormitorium, 1273/74 (d).

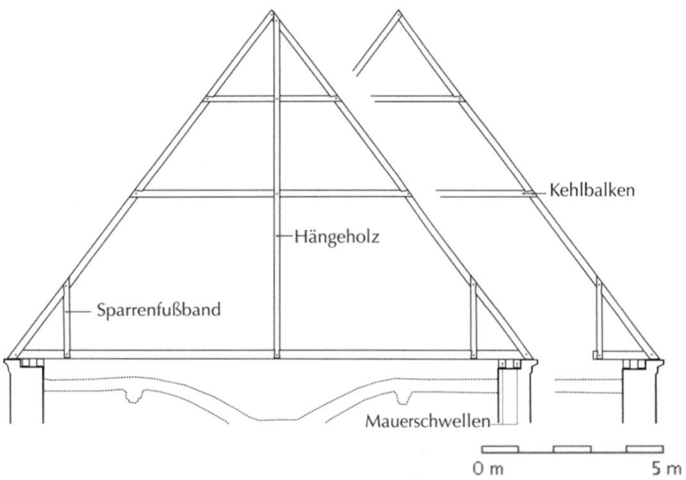

Abb. 193: Sparrendach mit quer eingebundenen Sparrenpaaren und verstärkenden Einzelhölzern alternierend als abgestrebte Hängeträger abgezimmert. Tübingen-Bebenhausen (Lkr. Tübingen), Kloster, Sommerrefektorium, 1334/35 (d).

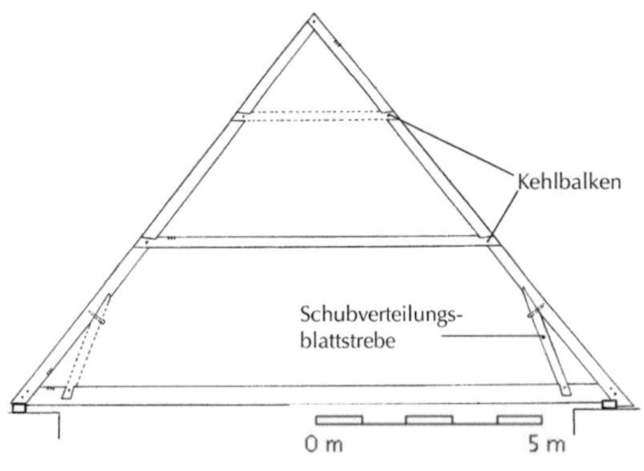

Abb. 194: Sparrendach mit quer eingebundenen Sparrenpaaren, zwei Kehlbalken und Schubverteilern als verstärkende Einbauten. Markgröningen (Lkr. Ludwigsburg), Bartholomäuskirche, westlicher Abschnitt, 1348 (d).

halbkreis-, segmentbogen-, spitzbogenförmig oder geschweift ausgeführt. Sind die Bogensparren aus jeweils einem Holz gefertigt, spricht man von **Spanten**; sind sie aus mehreren Schichten hochkant angeordneter Bretter oder Bohlen zusammengefügt, spricht man von **Brett-/Bohlenschichtbögen**.

6.3.2 Verstärkende Einbauten (tragende und aussteifende Gerüstelemente)

Alle Grundsysteme sind in ihrer einfachen, oben vorgestellten Ausformung tragfähig, jedoch im Bestand selten. Meistens sind die Grundsysteme zusätzlich mit tragenden bzw. aussteifenden Einbauten versehen. Bei der Differenzierung der vorhandenen Verstärkungen werden drei Gruppen unterschieden.

Einzelhölzer

(Abb. 191–194)

Die Gruppe der mit Einzelhölzern verstärkten Grundsysteme ist quantitativ sehr umfangreich. Typische Zusatzhölzer sind Rofenunterzüge bei Rofendächern und Sparrenunterzüge bei Sparrendächern, Kehlbalken sowie alle Varianten der Sparren- und Kehlbalkenunterstützungen, Sparrenstützbänder, -streben, -blattstreben oder die zwischen Kehlbalken und Sparren verbauten Kopfbänder oder -streben. Auch Kreuzbänder, -streben, -blattstreben, Langbänder, -streben, -blattstreben, Scherbänder, -streben, -blattstreben, Schubverteiler, Sparrenfußbänder, -streben, -blattstreben, Zug- oder Hängehölzer und Rispen gehören zu dieser Gruppe.

Vertikal abtragende Zusatzgerüste

(Abb. 195, 196)

Die Grundsysteme können auch durch in den Dachraum reichende Massivwände (Mauerwerk, Blockbau) unterstützt werden. So bilden zum Beispiel Längswände die Auflager für die Rofen des Rofendaches oder Querwände unterstützen die Pfetten des Pfettendaches.

Stehende Quer- und Längsbünde

Im Gegensatz zu den verstärkenden Einzelhölzern handelt es sich bei den folgenden Unterstützungskonstruktionen um eigenständig wirkende, in das Grundsystem eingebaute Gerüste. Sie können als Quer- oder Längsbünde ausgeführt sein. In ihnen können sich die Lasten aus den benachbarten Sparrenpaaren, den Rofen oder den Pfetten konzentrieren, um sie

entweder direkt oder mittelbar in den Unterbau zu übertragen.
Sparrenpaare, die in der Ebene der Querbünde liegen, werden als **Querbundgespärre** bezeichnet, die zwischen den Querbundgespärren eingestellten Sparrenpaare als **Zwischengespärre**. Die direkte Lastübertragung gewährleisten zum Beispiel stehende, haushoch ausgebildete Quer- und Längsbünde (Firstgerüste), während mittelbare Übertragungen bei dachhohen Quer- und Längsbünden über Traufgerüste bzw. Massivbauten erfolgen. Die stehenden Bünde können quer (**stehender Querbund**) oder längs zum First (**stehender Längsbund**) ausgeführt sein. In Dächern ohne eindeutige Längs- oder Querausrichtung (zentrierte Dächer) oder in Dächern mit Walmflächen können die stehenden Bünde diagonal oder fächerförmig unter den Dachgraten angeordnet sein (**stehender Gratbund**).

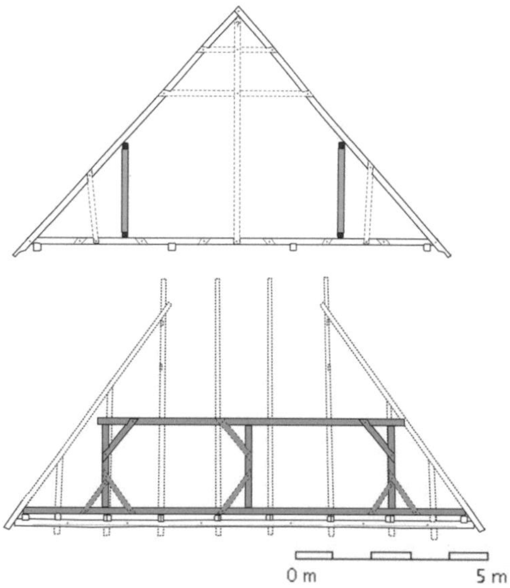

Abb. 195: Zwei stehende Längsbünde (grau), nachträglich in ein älteres Dach eingestellt. Reutlingen (Lkr. Reutlingen), Tübinger Tor, 1374/75 (d).

Stehender Stuhl
Miteinander kombiniert, bilden stehende Längs-, Quer- und gegebenenfalls Gratbünde einen Stuhl (**stehender Stuhl**).
In abbundtechnischer Hinsicht zeigen die innerhalb des Dachraumes ausgeführten Unterstützungskonstruktionen eine den Traufgerüsten ähnliche Vielfalt. Orientiert an der pro Ebene ausgeführten Anzahl von Ständern, die der Anzahl der Längsbünde entspricht, sind die stehenden Stühle einfach, zweifach oder mehrfach ausgeführt.

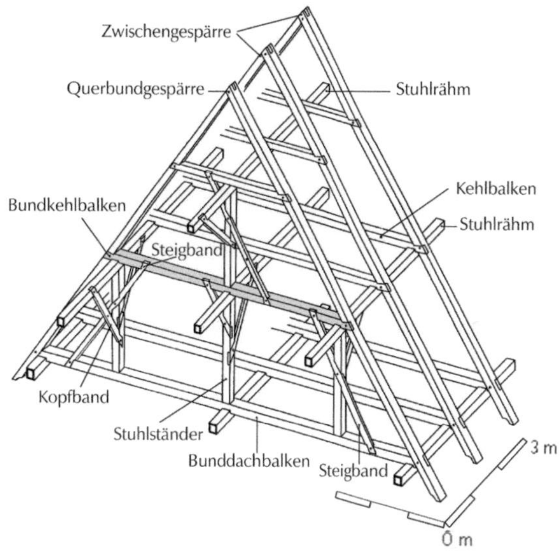

Abb. 196: Sparrendach mit quer eingebundenen Sparrenpaaren und verstärkenden Einbauten aus der Kombination von stehendem Quer- und Längsbund (dreifach stehender Stuhl) im 1. Dachgeschoss sowie einfach stehendem Stuhl im 2. Dachgeschoss. In den Zwischengespärren gibt es verstärkende Einbauten in Form von Kehlbalken. Schwäbisch Hall (Lkr. Schwäbisch Hall), Lange Str. 9, 1394 (d).

Abgestrebte, abgesprengte und abgehängte vertikale und geneigte Zusatzgerüste

(Abb. 197–209)
Alternierend zu den stehenden, die aufgenommenen Lasten vertikal abtragenden Zusatzgerüsten können diese durch den Einbau von schräg verlaufenden Gerüstelementen (Druckhölzer) optimiert werden. Entsprechend ihrer konstruktiven Ausbildung handelt es sich um Druckbänder-/streben-/blattstreben, die sich unterschiedlichen Varianten von Unterstützungskonstruktionen, ausgeführt als vertikale und geneigte Quer-, Längs- oder Radialbünde, zuordnen lassen.
So bestehen abgestrebte Zusatzgerüste selten aus einem, in aller Regel aus zwei paarweise angeordneten, jeweils in gemeinsamen Lasteinleitungspunkten ansetzenden Druckhölzern, während die bei abgesprengten Zusatzgerüsten als Sprengstreben bezeichneten Druckhölzer mit einem horizontalen, ebenfalls auf Druck beanspruchten Holz kombiniert sind. Dessen Funktion übernehmen entweder die mit den Sprengstreben kraftschlüssig verbundenen Kehlbalken oder ein unterhalb des Kehlbalkens verlaufender Druckriegel.
Die Fußpunkte der Sprengstreben greifen entweder in firstparallele Schwellen oder quer dazu verlaufende Zugbalken. Analog zum Sparrendach werden abgesprengte vertikale

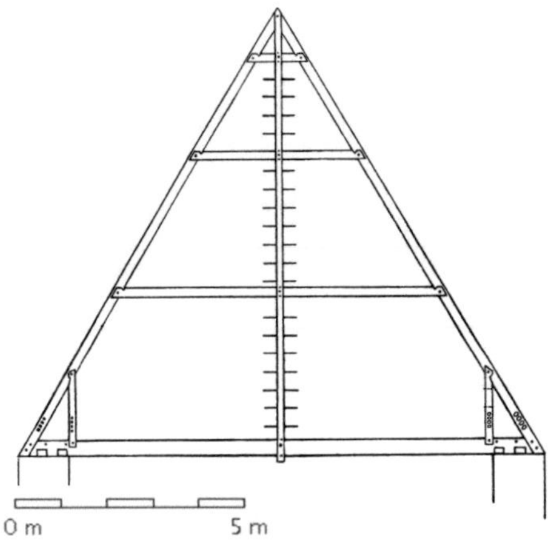

Abb. 197: Über die Sparren des Grundgerüstes abgestrebter Hängeträger. Salem (Bodenseekreis), Klosterkirche, Dachwerk, 1299 (d).

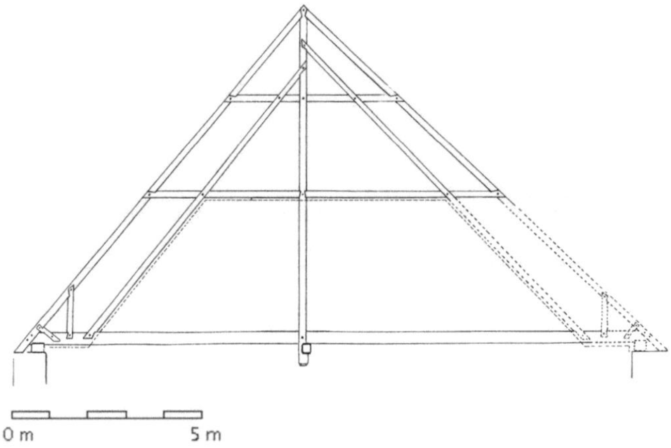

Abb. 198: Über die Sparren des Grundgerüstes und zusätzliche Druckbänder abgestrebter Hängebund im 2. Dachgeschoss. Kloster Maulbronn (Enzkreis), Herrendormitorium, Dachwerk, 1428 (d).

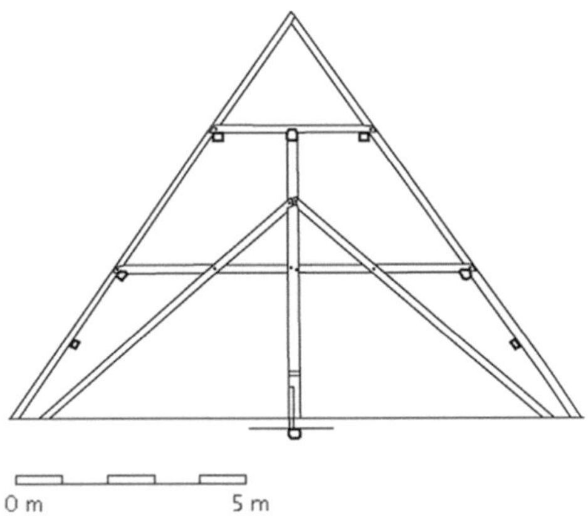

Abb. 199: Durch Unterzüge beanspruchter, über Druckblattstreben abgestrebter Hängebund. Schwäbisch Gmünd-Straßdorf (Ostalbkreis), Alt-St. Cyriak, Langhausdach, 1479 (d).

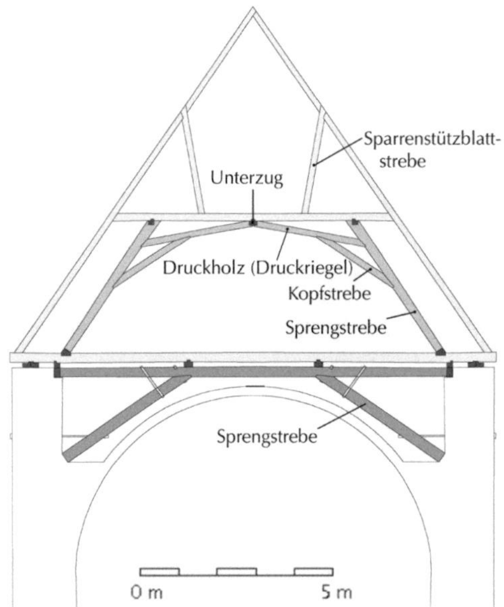

Abb. 200: Sprengbünde im Dach und unterhalb der Dachbalkenlage. Umzeichnung nach einem anonymen Entwurf aus dem frühen 17. Jh.

Abb. 201: Durch Rähme belasteter, über zusätzliche Druckbänder abgestrebter Hängebund, der mit weiteren Hängebünden und den mit ihnen kombinierten Längsbünden ein abgestrebtes Hängewerk ausbildet. Villingen (Schwarzwald-Baar-Kreis), Altes Rathaus, Dachwerk, 1342 (d).

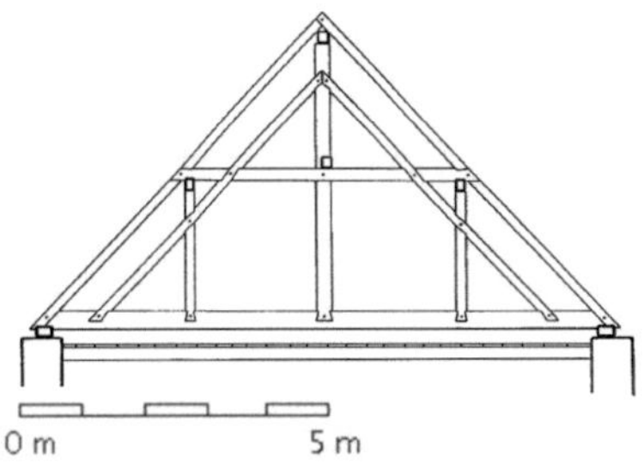

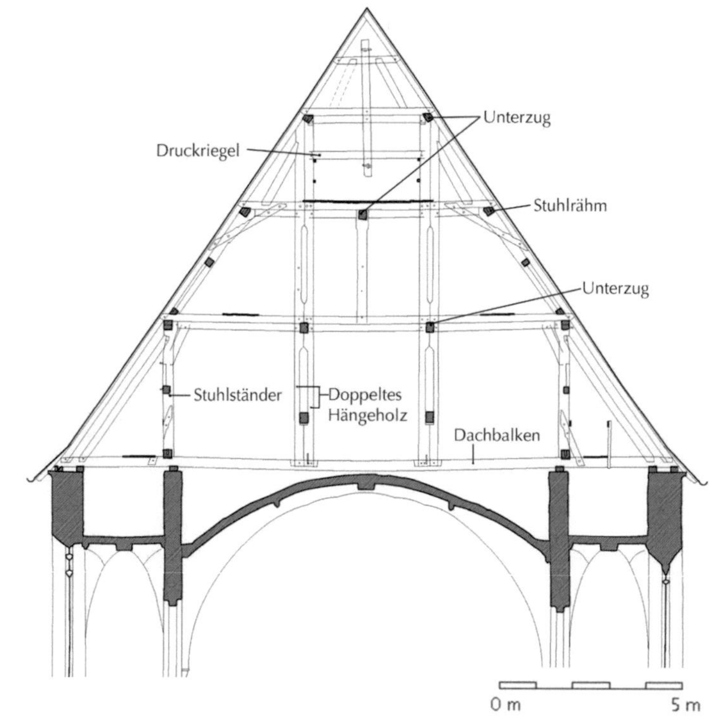

Abb. 202: Das Sparrendach mit quer eingebundenen Sparrenpaaren wird durch drei Kehlbalkenlagen in drei Dachgeschosse und einen Spitzboden unterteilt.
Zur Unterstützung der Kehlbalken sind im 1. Dachgeschoss zwei äußere Stuhlrähme und zwei innere Unterzüge, im 2. Dachgeschoss zwei äußere Stuhlrähme und ein innerer Unterzug und im 3. Dachgeschoss zwei Unterzüge verbaut. All diese Längshölzer entlasten sich in gemeinsamen Querbünden, die sich aus unterschiedlich wirkenden, untereinander kombinierten Zusatzgerüsten zusammensetzen.
Während sich die Stuhlrähme des 1. Dachgeschosses auf stehenden, in einem abgesprengten Querbund integrierten Ständern entlasten, werden sie im 2. Dachgeschoss von abgesprengten Querbünden (liegender Stuhl) getragen, wobei diese zur Aufnahme des mittigen Unterzuges mit einem stehenden, die untere Kehlbalkenlage belastenden Ständer zu ergänzen sind. Dagegen erfolgt die Aufnahme der restlichen Unterzüge über abgesprengte Hängebünde mit gedoppelten Hängehölzern, bei der Letztere eine zusätzliche Beanspruchung durch die Entlastung der Dachbalken erfahren. Die sich in den Hängehölzern aufaddierenden Lasten werden auf verschiedenen Wegen in die Dachfüße eingeleitet. Einen Großteil übernimmt der abgestrebte Querbund im 2. Dachgeschoss, der sowohl durch die Überblattung des Hängeholzes mit dem Kehlbalken und Druckriegel, als auch über die Sprengstreben im 3. Dachgeschoss beansprucht wird. Als eine Art stille Reserve ist der abgesprengte Hängeträger im Spitzboden zu werten. Mit seinem Hängeholz umgreift er nicht nur den abgesetzten Druckriegel des über drei Dachgeschosse ausgeführten Hängebundes. Durch die beidseitige Verzapfung seines Druckholzes mit den Sparren aktiviert er auch das in allen Ebenen gegen Knickung ausgesteifte Sparrenpaar, das nicht zuletzt auf der Ebene des 1. Dachgeschosses einen Teil seiner Druckkräfte an die dort angeordneten Sprengstreben abgibt. Blaubeuren (Alb-Donau-Kreis), Klosterkirche, Dachwerk über dem Langhaus 1499 (i).

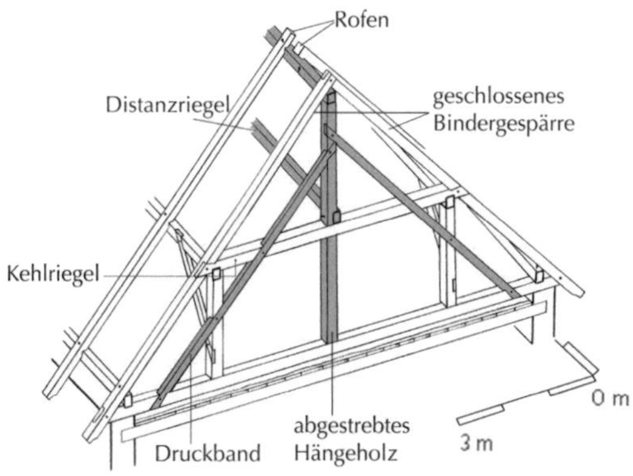

Abb. 203: Rofendach, bestehend aus Rofen, die durch die Kombination von einem zweifach stehenden Stuhl (außen) und einem abgestrebten Hängebund in den Querbünden (grau) unterstützt werden. Basel, Münsterplatz 15, 1386/87 (d).

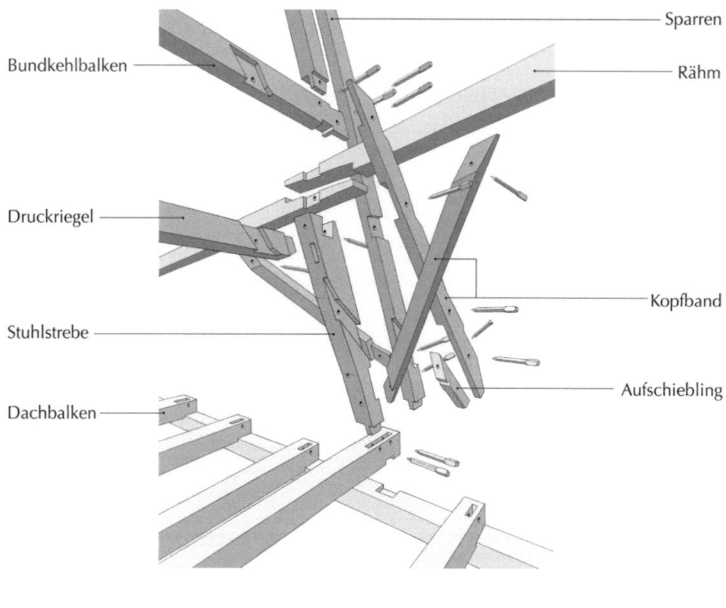

Abb. 204: Knotenpunkte beim abgesprengten Querbund.

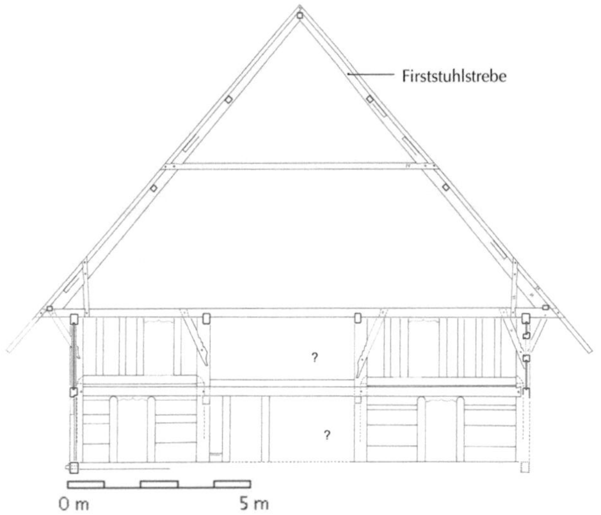

Abb. 205: Abgestrebter, über die Dachhöhe ausgeführter Firststrebenquerbund kombiniert mit einem Firststrebenlängsbund in Firstrichtung, bestehend aus zwei das Firsträhm tragenden Firststuhlstreben. Eschbronn-Mariazell (Lkr. Rottweil), Schrambergerstr. 2 (Lazershof), 1590 (d).

Abb. 206: Sparrendach mit quer eingebundenen und durch Kehlbalken verstärkten Sparrenpaaren. Zusätzlich werden die Sparren durch ein Stuhlgerüst, bestehend aus abgesprengten Querbünden und geneigten Längsbünden (grau), unterstützt (liegender Stuhl). Schwäbisch Hall (Lkr. Schwäbisch Hall), Pfarrgasse 12, 1460 (d).

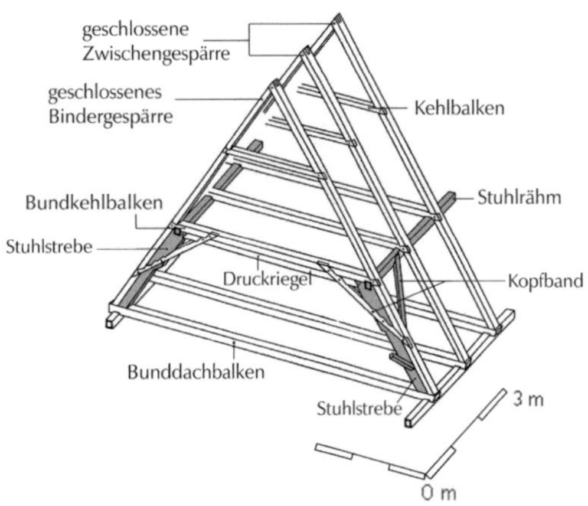

Querbünde in quer und längs gebunden unterschieden. Beide Varianten nehmen ihre Lasten durch traufenparallel verlaufende, von den Grundsystemen beanspruchte Längshölzer auf. Ergänzend zu den abgestrebten und abgesprengten oder geneigten Zusatzgerüsten können die auf das Grundgerüst einwirkenden Lasten auch über den Einbau von Hängehölzern neutralisiert werden. In diesem Fall handelt es sich um abgehängte Unterstützungskonstruktionen, bei denen die über die Hängehölzer aufgenommenen Lasten teilweise eigenständig, unter Zuhilfenahme anderer Zusatzgerüste (z. B. liegende Stühle) oder Ausnutzung des zu verstärkenden Grundgerüstes (Sparrendach) abgetragen werden.

Unabhängig von den vielfältigen Kombinationen untereinander sind die jeweiligen Varianten der Zusatzgerüste entsprechend ihrem räumlichen Zusammenhang drei verschiedenen Systemen zuzuordnen: bei einzelnen Tragachsen Strebe- und Sprengträgern, bei Systemen, die mehrere Tragachsen übergreifen, Strebe- und Sprengbünden und bei einer räumlich, konstruktiv und abbundtechnisch zusammengehörigen Einheit Strebe- und Sprengwerken (siehe S. 101). Durch Hängehölzer ergänzt werden sie zu abgestrebten bzw. abgesprengten Hängeträgern, Hängebünden oder Hängewerken.

Geneigte Quer- und Längsbünde

Quer- und Längsbünde können auch als **geneigte Bünde** ausgeführt sein. Gegen die Dachfläche geneigt oder parallel zu dieser angeordnet, erleichtern sie den Aufrichtvorgang und verbessern die Dachwerksstabilität und -nutzung. Dabei kommt dem parallel zur Dachfläche geneigten Längsbund eine besondere Bedeutung zu.

Liegender Stuhl

Eine häufige Variante der abgesprengten Unterstützungskonstruktionen bildet die Kombination aus abgesprengten vertikalen Querbünden und geneigten Längsbünden, im speziellen Fall den **Sprengstrebenlängsbünden** (**liegender Stuhl**).

Abb. 207: Gegen die Dachfläche geneigte Längsbünde. Wissembourg (Dép. Bas-Rhin), St. Peter und Paul, Kirche der Benediktinerabtei, Langhausdach, Mittelschiff.

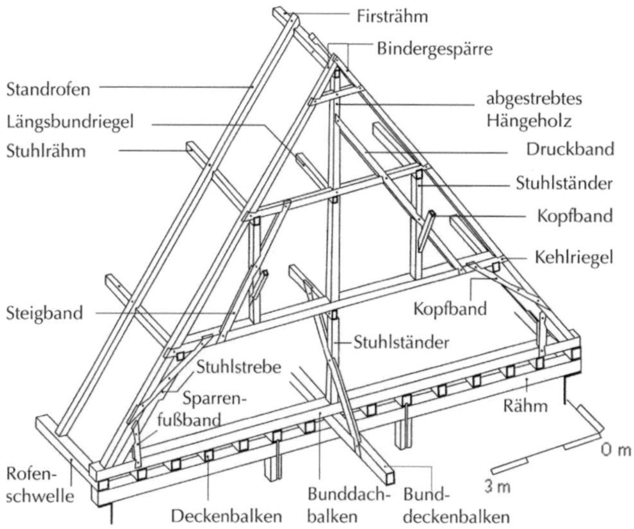

Abb. 208: Rofendach, bestehend aus Standrofen. Zu deren Unterstützung sind in den verschiedenen Dachebenen unterschiedlich zusammengesetzte Zusatzgerüste ausgeführt. Im 1. Dachgeschoss handelt es sich um die Kombination aus einem abgesprengten Querbund und einem einfach stehenden Längsbund. Im 2. Dachgeschoss ist ein zweifach stehender Stuhl zusammen mit einem in den Querbünden über das Sparrenpaar abgestrebten Hängebund ausgeführt. Rottweil (Lkr. Rottweil), Lorenzgasse 3, 1416 (d).

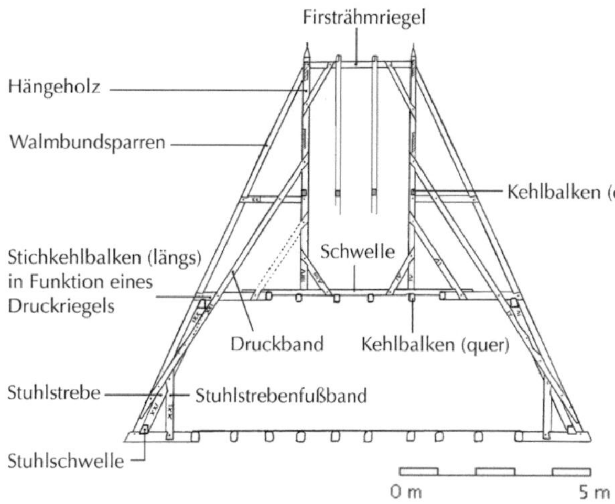

Abb. 209: Sparrendach, Längsschnitt. Durch zwei Kehlbalken (grau) verstärkte Sparrenpaare werden in der Firstachse durch einen Längsbund unterstützt. Er ist über die gesamte Dachhöhe als abgesprengter Hängebund abgebunden. Im 2. Dachgeschoss erfolgt die Absprengung u. a. über lange Druckbänder, die von den Hängehölzern über die Stuhlstreben im 1. Dachgeschoss bis zum Dachfuß reichen. Basel, Martinsgasse 12, 1424 (d).

6.3.3 Mehrstöckige Dachgerüste

(Abb. 210–213)

Bei mehrstöckigen Dachgerüsten laufen die dachhauttragenden Hölzer (Sparren oder Rofen) nicht über die gesamte Dachhöhe durch, sondern sind stockweise übereinandergesetzt. Ändert sich an der stockweisen Unterbrechung der dachhauttragenden Hölzer die Dachneigung, ergibt sich das **geknickte Dach**. Der Wechsel der Dachneigung ist vor allem für das **Mansarddach** bestimmend, kann aber auch über den Wechsel der Dachform bei Kuppel-, Glocken- oder Zwiebeldächern zur Anwendung kommen.

Abb. 210: Mansarddach mit stockweiser Abzimmerung der Sparren. Hüntwangen (Kt. Zürich), Küfergasse 2.

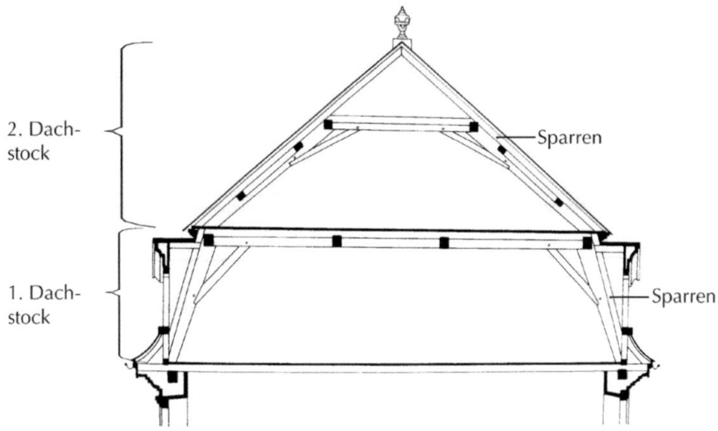

Abb. 211: Mansarddach. Wäderswil, „Friedberg", Whs. Vers. 311, 1811.

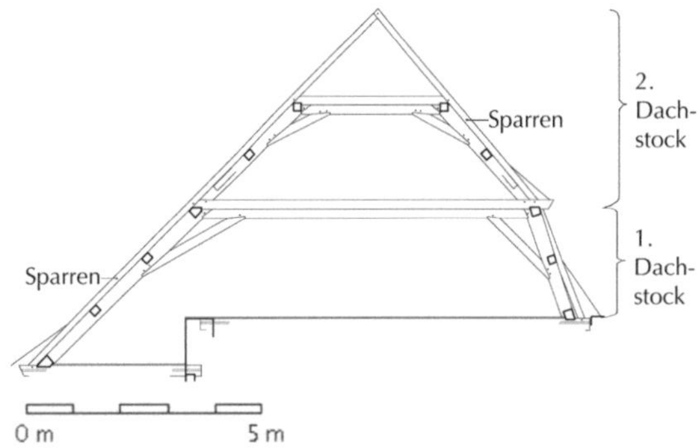

Abb. 212 (links): Einstöckiges Dachwerk, einseitig zweistöckig abgezimmert. St. Märgen (Lkr. Breisgau-Hochschwarzwald), 1761 (a).

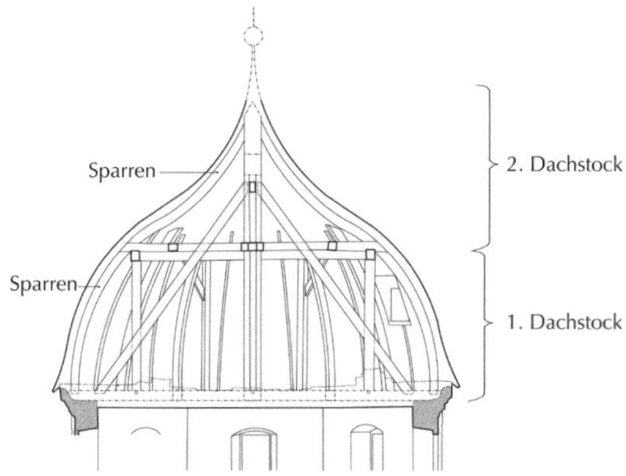

Abb. 213 (rechts): Glockendach, als mehrstöckiges Dachgerüst abgezimmert. Memmingen, Westertor, 1660 (i/d).

Abb. 214: Giebelseitiger Dachüberstand mit Freirofenpaar an einem Holzmassivbau. Rougemont (Kt. Vaud), Route de Saanen, 1810.

6.3.4 Dachüberstände, Vordächer, Schleppdächer und Klebdächer

(Abb. 214–224)

Dachüberstände

Dachüberstände können sowohl an der Trauf- als auch an der Giebelseite vorkommen. Die einfachste Form des giebelseitigen Vorstands erfolgt über das Auskragen der Dachhaut. Für größere Dachüberstände wird die Konstruktion des Hauptdachs über die Fassade hinaus fortgeführt. Die auskragenden Rähme bzw. Unterzüge tragen in diesem Fall ein, zwei oder mehrere **Freigespärre** oder **Freirofenpaare**, auf denen die Dachlattung aufgenagelt ist. Die Freigespärre können als offene oder geschlossene Gespärre ausgebildet sein.

Dachüberstände an der Traufe können durch den Überstand der Dachbalken, der Rofen oder der mit den Dachbalken verblatteten Sparren über die Fassadenflucht erfolgen. Die Flucht des Daches reicht auf diese Weise in der Regel ohne Neigungsänderung über die

Abb. 215: Verschalter giebelseitiger und traufseitiger Dachüberstand, umgangssprachlich auch Ründi genannt. Signau (Kt. Bern), um 1800.

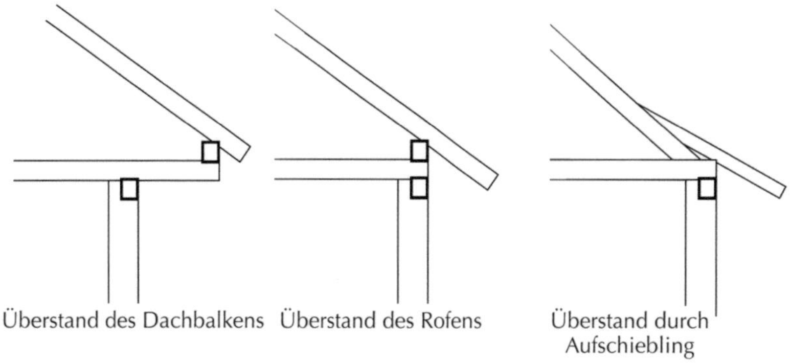

Abb. 216: Verschiedene Konstruktionsformen von Dachüberständen.

Abb. 217: Dachüberstand mit zusätzlicher Stützkonstruktion. Schleitheim (Kt. Schaffhausen), Bahnhofstr. 15, Stallscheune, um 1900.

Abb. 218: Vordach an einem Holzgerüstbau. Ramsen (Kt. Schaffhausen), Oberdorf, frühes 19. Jh.

Abb. 219: Vordach, gebildet aus Vordachrofen, die neben den Hauptdachrofen auf der Dachschwelle aufliegen. Siblingen (Kt. Schaffhausen), Grabenstr. 24, 1539 (d).

Abb. 220: Vordach an einem Massivbau. Guntmadingen (Kt. Schaffhausen), Heuengasse 6–8, 17./18. Jh.

Abb. 221: Kappenvordach. Treppenturm des Jagdschlosses Hermersberg, Niedernhall (Hohenlohekreis), 1588 (d).

Abb. 222: Schleppdach. Cham (Kt. Zug), Enikon, 1896.

Fassade hinaus. Dachüberstände können auch über die Verwendung von **Aufschieblingen** erreicht werden. Diese liegen auf den Sparren bzw. Rofen auf und können auf den Dachbalkenköpfen oder direkt auf der Mauerkrone aufsitzen. Aufschieblinge können durch Aufschieblingsschwellen oder Dachfußwände unterstützt und angehoben werden. Letztere sind traufseitig auf der Dachbalkenlage vor den Sparrenfüßen angeordnet. Bei der Verwendung von Aufschieblingen entsteht ein Knick in der Dachhaut. Beigelegte, mit den Sparren oder Rofen verbundene kurze Hölzer können die Dachfläche auch ohne Knick verlängern.

Vordächer

Vordächer verfügen über eigenständige Konstruktionen, die an das Hauptdach anbinden. Bei traufseitigen Vordächern wird die Dachhaut von **Vordachrofen** getragen. Die notwendige schräg gestellte Stützkonstruktion überträgt die Dachlast auf die Wände des Unterbaus. Das Gerüst der Vordächer setzt sich zusammen aus den Vordachrofen, die in der Regel auf den Sparren bzw. Rofen des Hauptdaches und dem **Vordachrähm** aufliegen, und den vom Unterbau aufsteigenden **Vordachbügen**, die das Vordachrähm tragen. Die Vordachrofen können auch neben den Sparren bzw. Rofen des Hauptdaches auf der Mauerschwelle oder einem Rähm des Unterbaus aufliegen und unter einem unter den Sparren längs laufenden Gegenholz eingespannt sein. Die Vordachbüge können längs durch Kopfstreben oder -bänder ausgesteift und quer durch Zugbänder an den Querbund aufgehängt sein. Bei Massiv- oder Blockbauten kann das Vordach auf auskragenden Gerüsthölzern oder einem in der Fassade verankerten Holz (**Vordachstiel**) abgestützt werden.
Vordächer in der Giebelspitze (Kappenvordächer) setzen in der Flucht der Giebelwand oder des Traufgangs an und kragen vor den Ortgang. Sie haben die Form eines miniaturhaften Walms, sind polygonal aus mehreren kleinen Dachflächen zusammengesetzt oder besitzen eine geschwungene Form.

Schleppdächer

Ein **Schleppdach** ist ein Pultdach in geradliniger oder geknickter Fortsetzung einer Dachfläche, das unten ein eigenes Auflager besitzt. Es überdeckt entweder einen Dachaufbau oder einen anstoßenden Baukörper.

Klebdächer

Zur Abgrenzung von den an das Hauptdach angebundenen Vordächern werden Fassadenschutzdächer als **Klebdächer** bezeichnet. Sie haben keine Verbindung mit der Hauptdachfläche und können wie die Vordächer auf verschiedene Art an der Fassade befestigt werden.

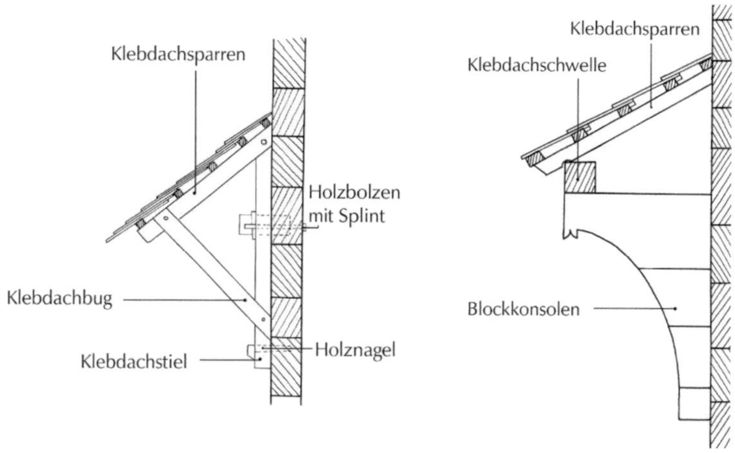

Abb. 223: Konstruktion eines Klebdaches.

Abb. 224: Giebelseitige Klebdächer mit verzierten Bügen. Cham (Kt. Zug), Bibersee, 1792 (i).

Abb. 225: In die Dachkonstruktion integriertes Holzrippengewölbe. Das Gewölbe ist an den Scherbändern befestigt. Oben Ansicht der Dachkonstruktion, unten Ansicht des Gewölbes. Lourdeskapelle Oberwaldbach (Lkr. Günzburg), 1886.

7 Holzgewölbe

(Abb. 225–230)

Holzgewölbe sind gekrümmte oder polygonal gebrochene, aus Holz konstruierte obere Raumabschlüsse. Es kann dabei zwischen **längsgerichteten** und **zentrierten Holzgewölben** unterschieden werden.

Die Benennungen für die unterschiedlichen Formen von Holzgewölben lehnen sich an die Wölbformen im Mauerwerksbau an. Besitzen längsgerichtete Holzgewölbe beispielsweise über ihre Gesamtlänge eine meist gleich bleibende Querschnittsform, können sie bei einem kreissegmentbogigen Querschnitt als **Holz-Tonnengewölbe** und bei einem aus zwei Kreissegmentbögen konstruierten Querschnitt als **Holz-Spitztonnengewölbe** bezeichnet werden. Zentrierte Holzgewölbe sind z. B. über einem kreisförmigen Grundriss errichtete **Holzkuppeln**.

Holzgewölbe setzen sich aus den tragenden Gerüstelementen und den deckenschließenden Elementen zusammen. Letztere folgen in Aufbau und Ansprache den verschiedenen Formen horizontaler Decken (vgl. S. 99 f.), z. B. können sie auch als Putz- oder Stuckdecken ausgebildet sein. Sie können unter, zwischen oder auf den tragenden Gerüstelementen angebracht oder mit diesen identisch sein.

Holzgewölbe ohne eigenständiges Traggerüst, bei denen die deckenschließenden Elemente direkt auf das Dachgerüst aufgebracht sind, z. B. auf die Hölzer eines liegenden Stuhls, können als **integrierte Holzgewölbe ohne eigene Gerüsthölzer** angesprochen werden. Um die gebogene Form der Raumschale zu erzeugen, sind die Hölzer des Dachgerüstes meist bogenförmig ausgenommen oder es sind zusätzliche Füllhölzer eingefügt.

Bei **integrierten Holzgewölben mit eigenen Gerüsthölzern** ist das Holzgewölbe in das

Abb. 226: Übersicht der Holzgewölbe.

Traggerüst eines Dachwerks einbezogen und mit zusätzlichen, ausschließlich das Holzgewölbe tragenden Hölzern ausgebildet.

Ein eigenständiges, nicht in das Gerüst einbezogenes Holzgewölbe ist ein **freitragendes Holzgewölbe**. Dieses kann entweder vollständig unabhängig, ohne jeden Anschluss an das Gerüst ausgebildet oder aber durch einzelne, beispielsweise den Bauvorgang erleichternde Hölzer mit dem Gerüst verbunden sein. Zu diesen freitragenden Holzgewölben gehört auch die gewölbte Balken-Bretter-Decke.

Die tragenden Gerüstelemente eines Holzgewölbes können entweder horizontal oder geneigt angeordnet sein, wobei ausschließlich bei längsgerichteten Holzgewölben horizontale Tragbalken auftreten.

Die geneigten Gerüstelemente können aus gebogen zugearbeiteten Hölzern (**Spanten**) gefertigt oder aus mehreren vertikalen Schichten von Brettern oder Bohlen (**Brett-/Bohlenschichtbögen**) zusammengenagelt sein. Im Allgemeinen verlaufen die Tragglieder in Fallrichtung der Holzgewölbe, es kommen aber auch, z. B. an der Verschneidung zweier Holztonnen, **Kehl- und Gratspanten** bzw. **-schichtbögen** vor. Sind diese unterseitig angeordnet, handelt es sich um **Holzrippen**.

Die in die Längs- oder Querbünde einbezogenen Tragelemente eines Holzgewölbes können als **Bundspanten** bzw. **Bundbrett-/Bundbohlenschichtbögen** bezeichnet werden, weitere, nicht in die Bünde einbezogene Spanten bzw. Bohlenbögen als **Zwischenspanten** bzw. **Zwischenbrett-/Zwischenbohlenschichtbögen**. Neben diesen Gerüsthölzern können Holzgewölbe mit weiteren aussteifenden oder unterteilenden Elementen versehen sein. Hier besteht eine große Vielfalt, beispielhaft sind Abstandsbohlen zwischen den Gerüsthölzern zu nennen.

Abb. 227: Integriertes längsgerichtetes Holzgewölbe ohne eigene Gerüsthölzer. Liebfrauenkirche, Mühlacker-Lienzingen (Enzkreis), 1478/82 (d).

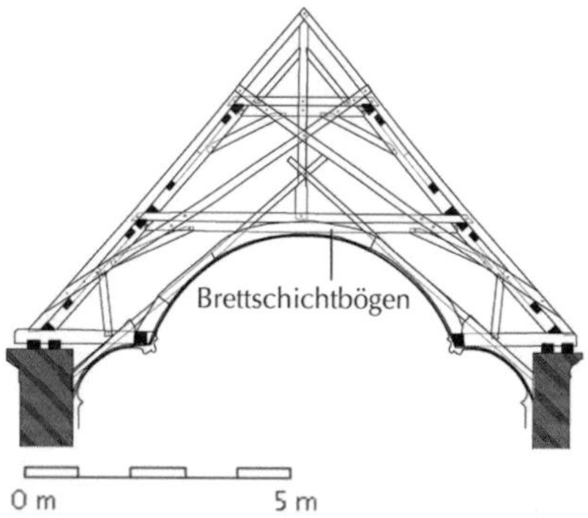

Abb. 228: Integriertes Holzgewölbe mit eigenen Gerüsthölzern. Kloster Raitenhaslach (Lkr. Altötting), sog. Steinerner Saal, 1764/65 (d).

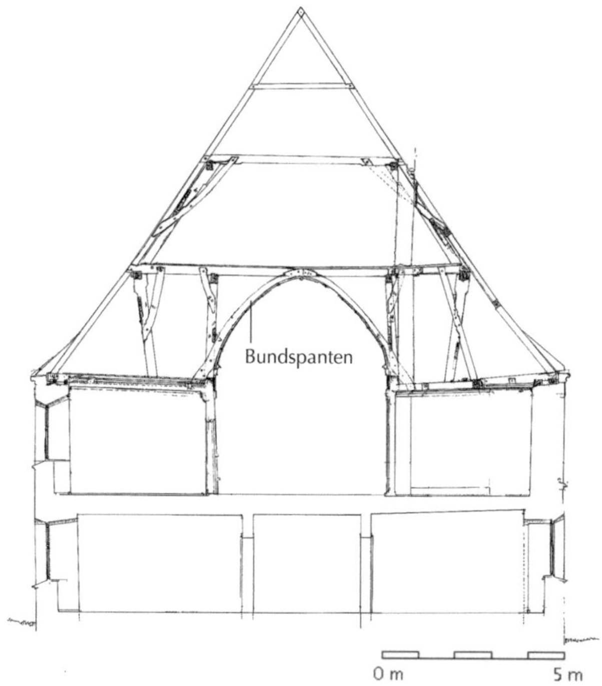

Abb. 229: Integriertes Holz-Spitztonnengewölbe mit eigenen Gerüsthölzern. Blaubeuren (Alb-Donau-Kreis), Dorment, 1479/80 (d).

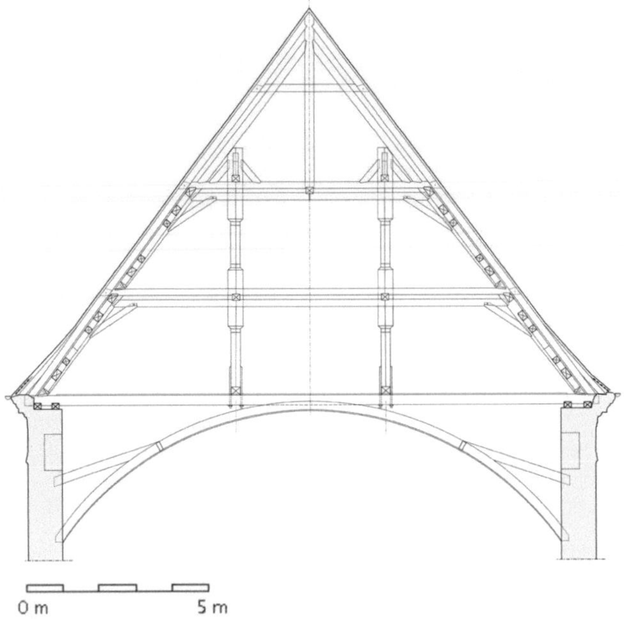

Abb. 230: Freitragendes Holzgewölbe. Pfaffenhofen a.d. Zusam (Lkr. Dillingen a.d. Donau), Pfarrkirche St. Martin, 1722/24(d)

IV Gestaltungsformen

1 Allgemeines

(Abb. 231)
Gestaltungsformen können bei allen auf Sichtbarkeit angelegten Teilen des Holzbaus beobachtet werden. Sie sind das Ergebnis von Repräsentationsbedürfnis und Gestaltungswillen von Bauherrschaft und Handwerkern. Eine Gestaltungsabsicht kann sich in der Kubatur und Struktur des Gefüges, in der Dimensionierung der Bauhölzer, in einer Vielfalt von Detailgestaltungen einzelner Hölzer sowie in additiven Schmuckelementen äußern. Im Holzgerüstbau kann ebenso kann die Wahl, Anordnung und Oberflächenbeschaffenheit des Ausfachungsmaterials Gestaltungselement sein. Die spezifische Bauweise des Blockbaus bietet die Möglichkeit zu einer flächigen Dekoration. Oftmals wurde die Gestaltung von Fassaden oder Innenwänden erst durch eine farbige Fassung erreicht oder komplettiert. Häufig sind an einem Gebäude zugleich Schaufassaden mit deutlich ausgeprägten Zierelementen und Rückfassaden mit schlichtem, konstruktiv gehaltenem Aufbau anzutreffen. Räume von gehobener Bedeutung wie Stuben, Säle oder Hauskapellen erfuhren eine bevorzugte Gestaltung, die auch nach außen artikuliert werden konnte.

Abb. 231: Fassadendekor aus ornamental gestalteten, bemalten Reliefs an Friesen, Balkenköpfen und Bügen. Die glatten Wandflächen tragen aufgemalte Inschriften, Wappen und Kreisornamente. Saanen (Kt. Bern), Pfyffenegg 10, 1659 (i).

Abb. 232: Gestaltung durch Kubatur: Eckerker, Auskragungen, Fenstererker. Markgröningen (Lkr. Ludwigsburg), Wimpelingasse 2, 1599 (d).

Abb. 233: Gestaltungsbereiche.

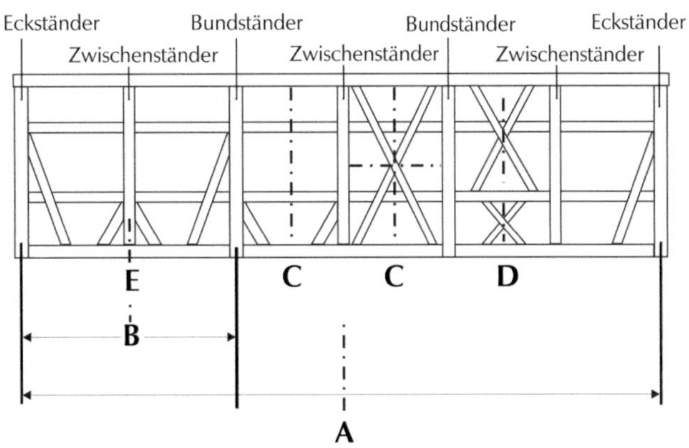

A wandsymmetrisch: Bereich zwischen den Eckständern;
B wandzonensymmetrisch: Bereich zwischen Eck- und Bundständern bzw. zwischen zwei Bundständern;
C wandfeldsymmetrisch: Bereich zwischen zwei Ständern;
D gefachbezogen;
E ständerbezogen.
Symmetrieachse

Bedingt durch die unterschiedliche Größe der Räume sind ungleich breite Wandfelder anzutreffen. Eine Folge davon ist eine in der Regel asymmetrische Anordnung der Bundständer bei Traufgerüsten und der Wandvorstöße bei Blockbauten. Gestaltungselemente können sich daran orientieren oder im Unterschied dazu eine gleichförmig einheitliche Fassadengestaltung erzeugen.
Von den Bauten mit eindeutig auf Sicht gestalteten Fachwerkwänden sind solche abzugrenzen, die ursprünglich verkleidet oder verputzt und deshalb rein konstruktiv konzipiert waren, deren Holzgerüst heute aber offen liegt.

2 Gestaltung durch Kubatur

(Abb. 232)
Bauwerke werden durch Proportionierung des Gesamtbaus oder einzelner Geschosshöhen sowie durch vorspringende Bauteile wie Erker, Freitreppen oder Lauben gestaltet. Gleiches gilt für den Dachbereich, wo besondere Dachformen sowie Dachaufbauten, etwa Zwerchhäuser, Gauben oder Dachtürme ausgebildet sein können. Eine entsprechende Abzimmerung erlaubte es, Auskragungen einzelner Nutzungsebenen auszuführen und als gestalterische Elemente einzusetzen.

3 Gestaltung durch Struktur des Wandgefüges

(Abb. 233–238)
Im Gerüstbau kommt der Anordnung der Hölzer innerhalb der Wand über die konstruktive Notwendigkeit hinaus zumeist eine gestalterische Bedeutung zu. In der Regel geben die tragenden Gerüstelemente wie Bundständer, Schwelle und Rähm die Grundstruktur vor, die durch aussteifende und gerüstergänzende Hölzer erweitert und durch Zierhölzer ergänzt werden. Symmetrische Anordnungen spielen hierbei eine besondere Rolle. Die Gestaltungselemente sind auf die gesamte Fassade bzw. mehrere Fassaden, die Wand, Wandzonen, Wandfelder, einzelne Gefache oder auf einzelne Ständer bezogen. Oftmals wurden dabei mehrfach sich überlagernde symmetri-

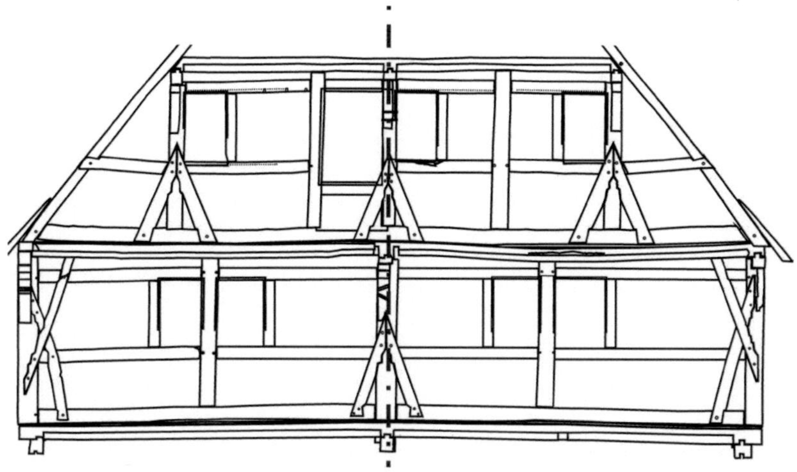

Abb. 234: Wandsymmetrische Gestaltung: Die Wand wird durch Eck- und Bundständer in zwei Wandzonen gegliedert. Diese werden jeweils durch Zwischenständer in Wandfelder und durch Riegel und Fensterstiele in Gefache unterteilt. Der mittlere Bundständer wird durch ständerbezogene Fußbänder betont, die Eckständer durch sich überkreuzende Kopf- und Fußbänder. Reutlingen (Lkr. Reutlingen), Kanzleistr. 24, 1489/90 (d).

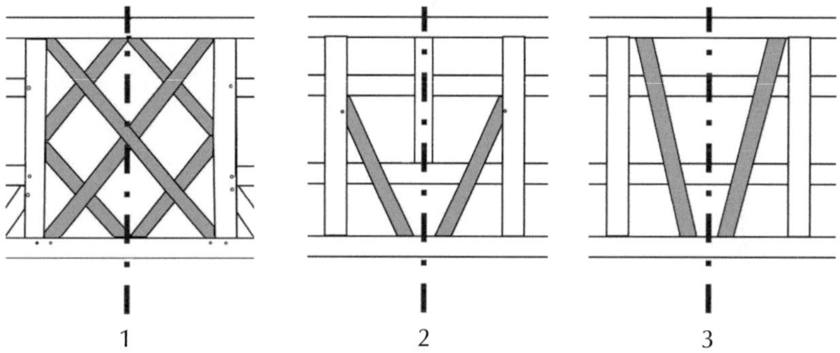

Abb. 235: Wandfeldsymmetrische Gestaltung:
1 rautenförmig angeordnete Kopf- und Fußstreben mit überlagertem Andreaskreuz (Rautenfeld);
2 symmetrisch angeordnete Fußstreben und einmittiger Wandstiel;
3 symmetrisch angeordnete Feldstreben.

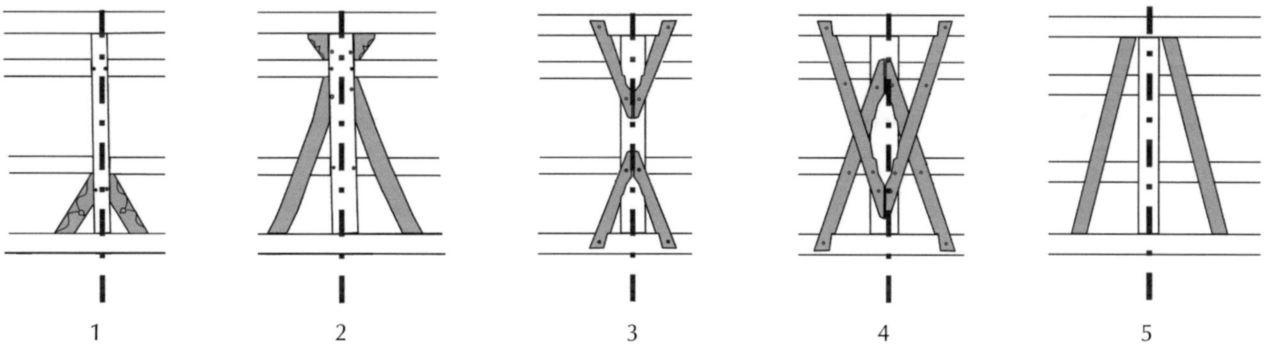

Abb. 236: Ständersymmetrische Gestaltung:
1 kurze, paarweise am Ständer angeordnete gerade Fußstreben;
2 lange, paarweise am Ständer angeordnete geschwungene Fußstreben und Kopfwinkelhölzer;
3 paarweise am Ständer angeordnete, kurze Kopf- und Fußbänder;
4 paarweise am Ständer angeordnete, sich überkreuzende Kopf- und Fußbänder;
5 paarweise am Ständer angeordnete Feldstreben.

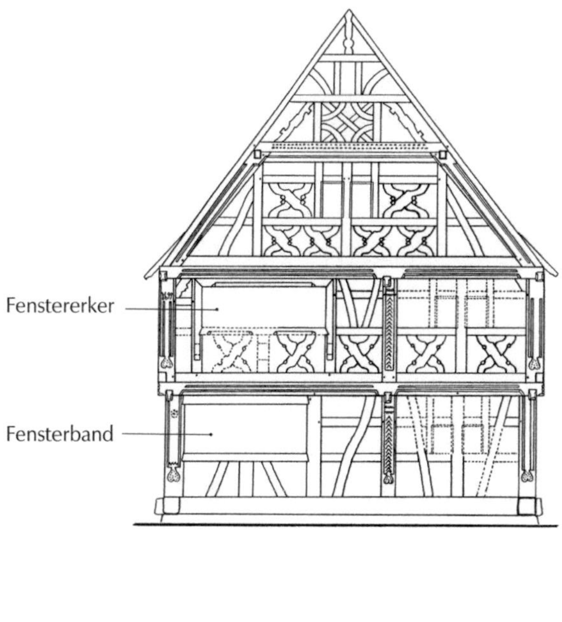

Abb. 237: Reiche Fassadengestaltung mit sich überlagernden symmetrischen Bezügen innerhalb einer asymmetrischen Bundständerstellung, die durch unterschiedliche Raumgrößen im Traufgerüst bedingt ist. Wyhl (Lkr. Emmendingen), Sasbacher Str. 6, 1699 (d).

sche Bezüge geschaffen, die aus funktional bedingten asymmetrischen Bundständerstellungen resultieren.

Eine wesentliche Gestaltungsform im Blockbau stellt die Wahl des Holzquerschnittes der Außenwände sowie der Eck- und Querverbindungen dar.

4 Gestaltung durch Ausformung und Kombination von Gerüsthölzern

(Abb. 239–243)

Ein bedeutendes Gestaltungselement von Schaufassaden bildet die besondere Ausformung der winkelaussteifenden Hölzer. Diese können gerade, einfach gebogen oder S-förmig geschwungen (geschweift) und durch zusätzliche Reliefierung oder Profilierung bereichert sein. Hier sind vor allem die als Nasen bezeichneten Auswüchse zu nennen. Kleinteili-

Abb. 238: Fassadengestaltung durch unterschiedliche Baukuben sowie durch Reliefierung und Profilierung der Wandhölzer. Meiringen (Kt. Bern), um 1910.

Abb. 239: Gefachbezogene Gestaltung:
a geschweifte, genaste Andreaskreuze (überkreuzte genaste S-Streben), getrennt durch Zwischenständer, der mit Flachrelief und Putzeinlagen verziert ist;
b rautenförmig angeordnete, konvex geschwungene und genaste Gefachstreben;
c Zierbohle mit Putzeinlagen als zwei sich überkreuzende, genaste Spitzovale.

Abb. 240: Esslingen (Lkr. Esslingen), Marktplatz 2, 1582 (i).
a Gefachstrebe mit tropfen- und rautenförmigen Putzeinlagen;
b kurze, genaste Fußstrebe mit tropfenförmiger Putzeinlage;
c profilierte Zierbohlen zur Verkleidung des Ortgangs und der Balkenköpfe des Stichgebälks sowie profilierte Schwellen;
d genaste Kopfwinkelhölzer mit herzförmigen Putzeinlagen;
e kurze, genaste Zierstiele mit tropfen- und rautenförmigen Putzeinlagen;
f Zierbohlen mit polychrom gefasstem Flachrelief (Rosetten auf Andreaskreuzen und Flechtbänder);
g lange, z. T. paarweise am Ständer angeordnete Fußstreben;
h Zierbohle mit Putzeinlagen, die eine Zierstrebenanordnung nachbilden.

ge, besonders verspielte Formen wurden häufig durch Vertiefungen hergestellt, die meist farbig gefasst (**Tiefrelief**) oder mit Putz ausgefüllt wurden (**Putzeinlage**). Bei angeblatteten Aussteifungshölzern konnte die Ausformung der Blattverbindungen als Gestaltungsmöglichkeit dienen, zumeist durch gestufte oder geschweifte Formen. Teilweise nutzte man zusätzliche Holz- oder Fugennägel als Gestaltungselemente.
Durch Kombination unterschiedlich geformter winkelaussteifender Hölzer konnte eine Vielfalt an Zierfiguren erzeugt werden. Bei deren Beschreibung ist die Benennung der funktionalen und geometrischen Merkmale den älteren, regional unterschiedlich angewandten und daher oft missverständlichen Namen für bestimmte Zierfiguren vorzuziehen. So lassen sich sogenannte Mannfiguren eindeutiger als paarweise Anordungen kopf- und fußzoniger Hölzer an den Ständern beschreiben. Zierfiguren besitzen in der Regel keine symbolische Bedeutung.
Andreaskreuz und **K-Figur** können als bildhafte Begriffe eine Beschreibung oftmals erleichtern, sind aber teilweise unscharf. K-Figuren treten beispielsweise in mannigfachen Varianten verzapft und/oder verblattet mit unterschiedlich langen, aneinanderstoßenden oder sich überkreuzenden Streben bzw. Bändern auf. Das Andreaskreuz ist neben der bekannten Form auch geschweift in Gestalt von überkreuzten S-förmigen Streben mit oder ohne Nasen an-

Abb. 241: Haigerloch (Zollernalbkreis), Marktstr. 1, 1707 (i).
a paarweise am Ständer angeordnete gerade Fußstreben. Die Hölzer a und b können zusammen mit dem Ständer als K-Figur angesprochen werden;
b Gegenstreben;
c kurze, genaste und konvex geschwungene Gegenstreben;
d kurze, konvex geschwungene Streben;
e genaste S-Streben;
f paarweise am Ständer angeordnete, eselsrückenförmig geschnittene Kopfwinkelhölzer;
g von rautenförmig angeordneten, konvex geschwungenen Gefachstreben überlagertes Andreaskreuz;
h geschwungene, genaste Andreaskreuze.

Abb. 242: Gitter- und Rautenmuster. Hefenhofen (Kt. Thurgau), Wirtshaus Apfel, 1811.

Abb. 243: Gestaltung mit Bundwerk. Amerang, Bauernhausmuseum des Bezirks Oberbayern, ehem. Kirchweidach (Lkr. Altötting), 1847 (i).

zutreffen. Besonders komplexe Zierfiguren können auch durch Bohlen mit Tiefrelief dargestellt werden.

Gitter- und **Rautenmuster** entstehen durch sich engmaschig überkreuzende vertikale und horizontale Hölzer bzw. parallel verlaufende, sich überkreuzende Bänder oder Streben.

Gleiches gilt für das **Bundwerk**. Hier setzen sich die tragenden und aussteifenden Gerüstelemente und die gerüstergänzenden Elemente einer innenseitig angebrachten Verbretterung oder Verbohlung dekorativ von den wandbildenden Elementen ab.

5 Gestaltung durch Schmuckformen

(Abb. 244–252)

Die Gestaltung einzelner Hölzer kann sich auf Kanten, Flächen oder das Vollholz beziehen. Kanten lassen sich mit Fasen, Hohlkehlen, Nuten, Fälzen, Stäben, Karniesen etc. gestalten. Flächen können mit ornamentalem oder figürlichem Relief versehen werden. Aus Vollhölzern lassen sich plastische Formen herausarbeiten. Balkenköpfe, Knaggen, Büge oder Blockkonsolen an Auskragungen, Erkern, Vordächern oder Lauben und Eckständern sind bevorzugte Träger von solchen Gestaltungen. Im Blockbau treten diese mehrheitlich im Bereich der Schwellen-, Brüstungs- und Sturzblockkränze, an den Eck- und Binnenwandvorstößen (z. B. Abfasungen, Malschrot etc.) auf.

Um umlaufende Profile herstellen zu können, wurden an den Ecken versteckte Verbindungen ausgeführt, z. B. an Rähmhölzern, Schwellen bzw. Rahmungen von Türen, Toren oder Fenstern. Während die Profilierung auf Gehrung gestoßen ist, verbirgt sich dahinter eine Eck- oder Querverbindung, die sich oft nur durch einen Holznagel verrät.

Zu den reinen Schmuckformen können inschriftliche und bildliche Darstellungen mit Bezügen zu Errichtung, Bauherr oder Funktion des Hauses sowie Sinnsprüche hinzukommen.

Abfasung, Fasung, Fase: schräge, flache Abarbeitung einer Kante. Ohne An- und Auslauf als **Abkantung** bezeichnet, dient oft als Splitterschutz oder konstruktiver Holzschutz.

An-, Auslauf: Ansätze einer Profilierung, die durch unterschiedlich gestaltete Übergänge zwischen verschiedenen Querschnitten des Bauholzes vermitteln.

Malschrot: figürlich oder ornamental gestaltetes Stirnholz eines Binnenwandanschlusses im Blockbau.

Profilierung: Bearbeitung eines Bauholzes in

Abb. 244: Profile.

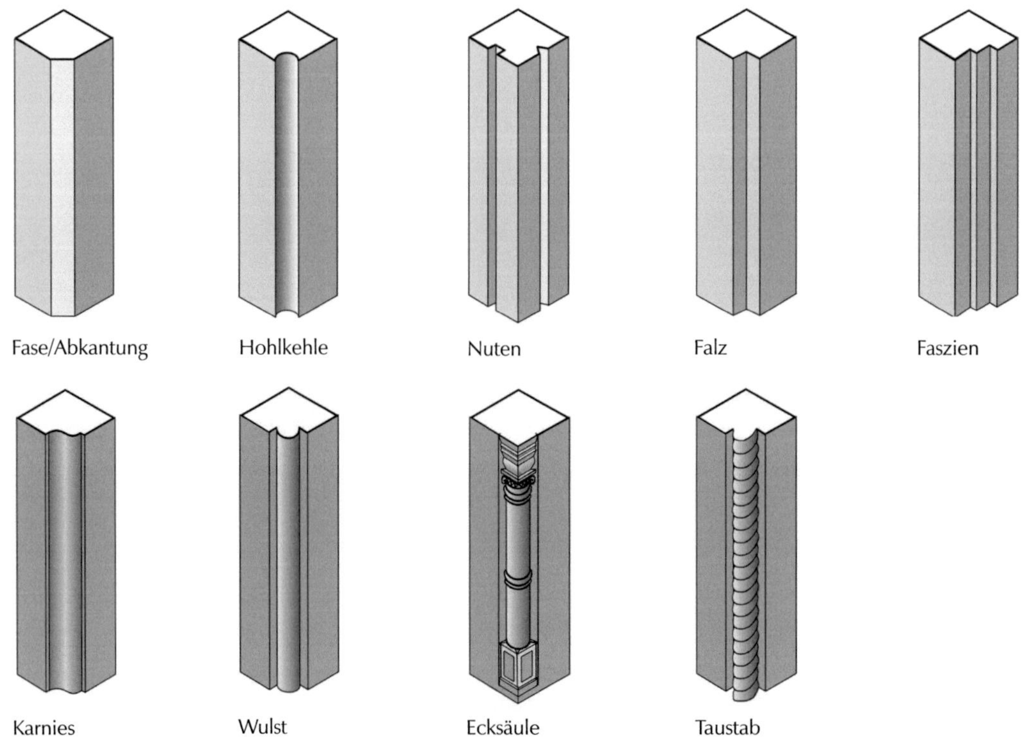

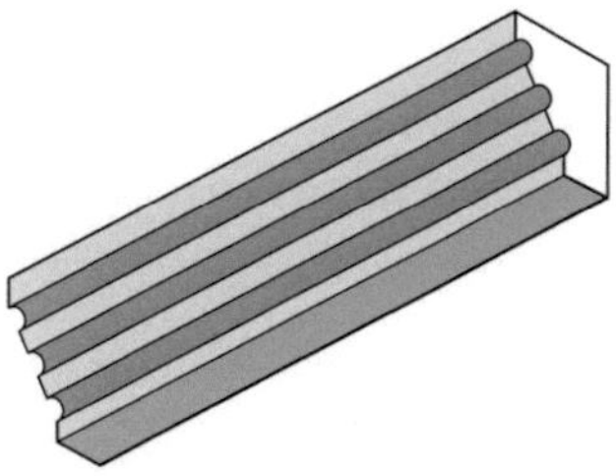

Kehlfries

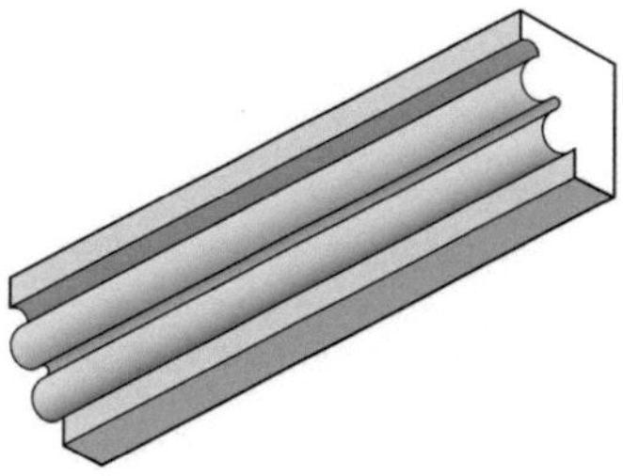

Wulstfries

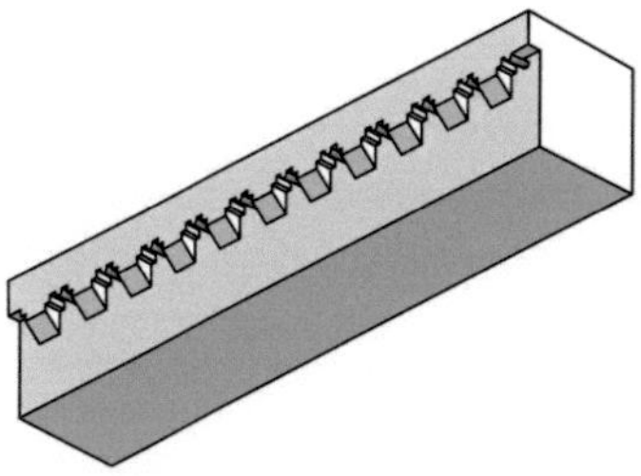

Zinnenfries

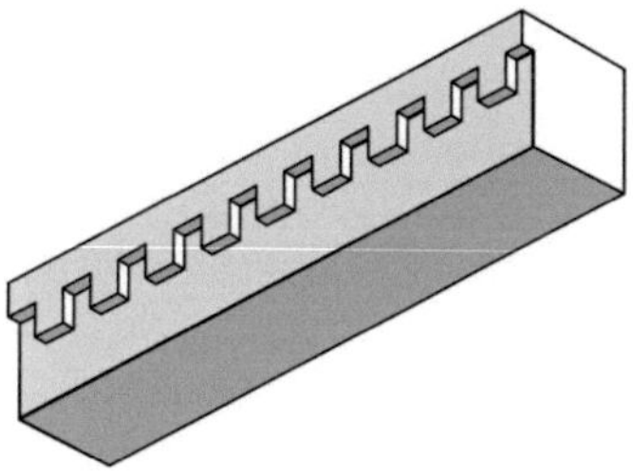

Zahnschnittfries

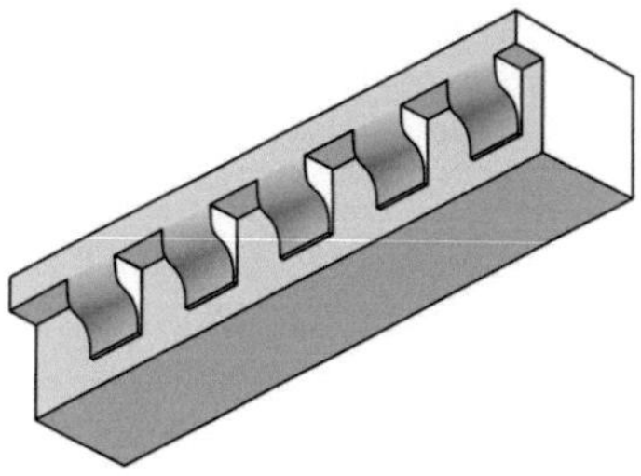

Konsölchenfries

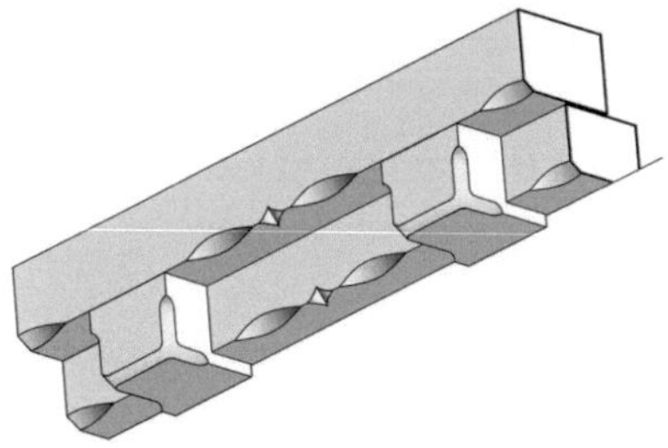

eselsrückenartige Kerbenfolge

Abb. 245: Friese.

Abb. 246: Ausläufe.

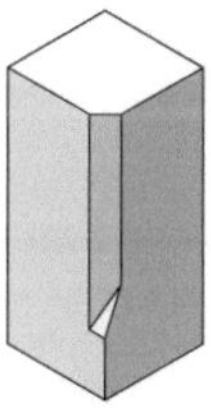

einseitig abgeschrägter Auslauf

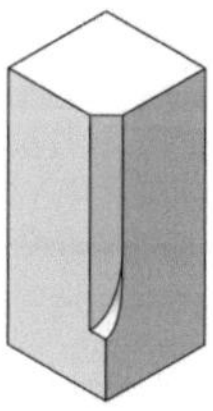

einseitig gekehlter Auslauf

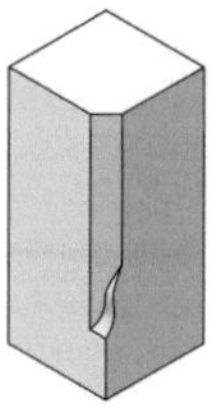

einseitiger Auslauf mit Karniesprofil

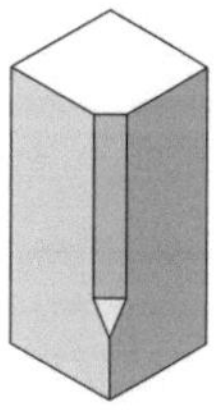

abgeschrägter Auslauf

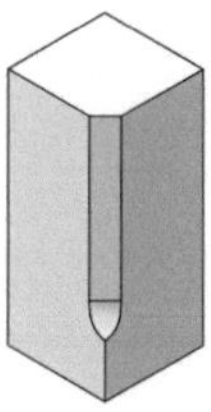

beidseitig gekehlter Auslauf

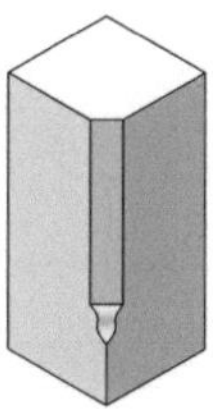

beidseitiger Auslauf mit Karniesprofil

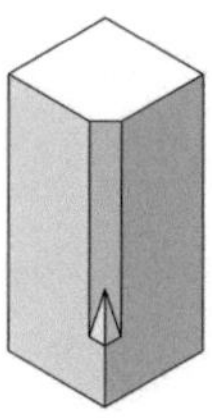

Auslauf mit Eckzier - hier: Ecksporn

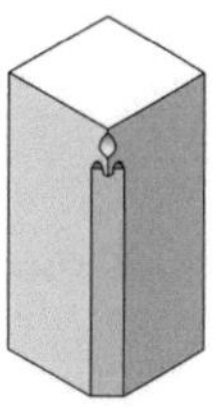

Auslauf mit Eckzier - hier: Ecknase

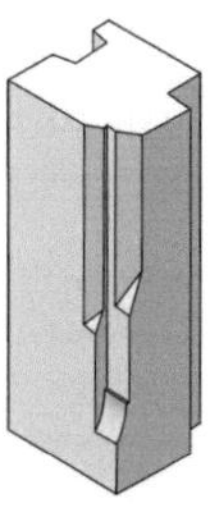

über beide Kanten gefaster Falz mit einseitig gekehltem, abgesetztem Auslauf, die Fasen mit gestaffelt angeordneten, jeweils einseitig abgeschrägten Ausläufen

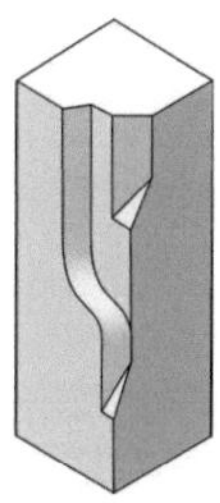

Falz mit gefaster Kante und gefaster Flanke, die Flanke mit S-förmig geschweiftem Übergang zur Ecke und einseitig abgeschrägtem Auslauf, die Fase mit höher ansetzendem, einseitig abgeschrägtem Auslauf

Form von Falz, Hohlkehle, Wulst, Fase, Stab, Karnies, Faszie etc.; einzelne Elemente können plastisch überarbeitet sein, z. B. Taustab, Zahnschnitt, Perlstab, Kerbschnitt.

Reliefierung: Bearbeitung einer Oberfläche; je nach Art der Herausarbeitung in Flach-, Hoch- oder Tiefrelief zu unterscheiden.

Vollskulptur/Applikation: dreidimensionale Gestaltung eines in die Konstruktion eingebundenen Bauteils oder eines separat gefertigten und nachträglich angebrachten Objekts.

Ziernagelung: gehäufte Anordnung von Holznägeln, deren Anzahl über das konstruktiv Notwendige hinausgeht.

Zierverblattung: Gestaltung von sichtbaren Verblattungen durch geschweifte oder über das konstruktiv Notwendige hinausgehende verzahnte Blattformen; bei gegenständig angeordneten Blättern können bildhafte Formen entstehen.

Abb. 247: Knagge mit diagonalem Rundstabprofil. Zug (Kt. Zug), Chamerstr. 120, 1606.

Abb. 248: Ornamentale Gestaltung der Blockkränze mit Friesen und der Binnenwandvorstöße mit Wulsten und Kehlen. Saanen (Kt. Bern), Dorfstr. 26, 1693 (i).

Abb. 249: Bündiger Binnenwandanschluss mit Malschrot.

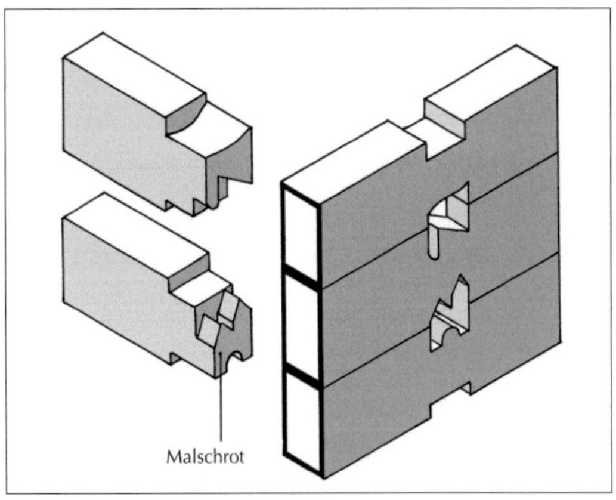

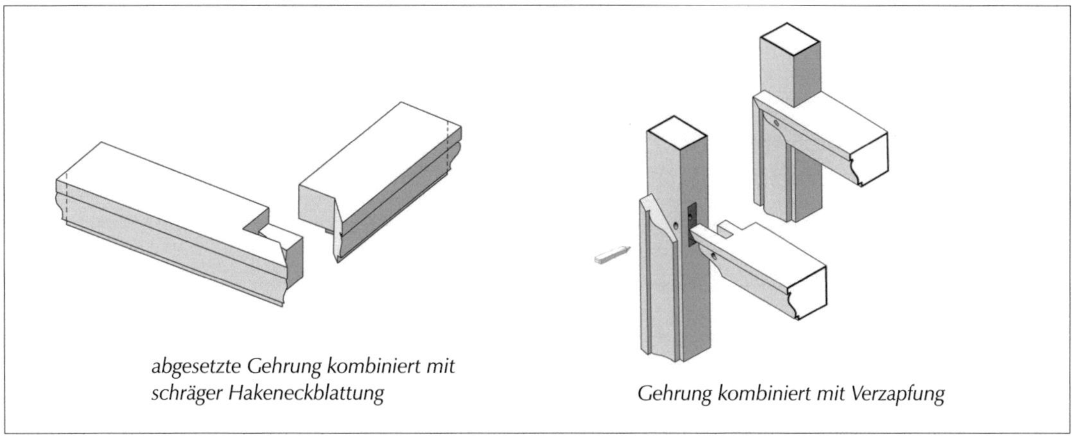

Abb. 250: Versteckte Verbindung.

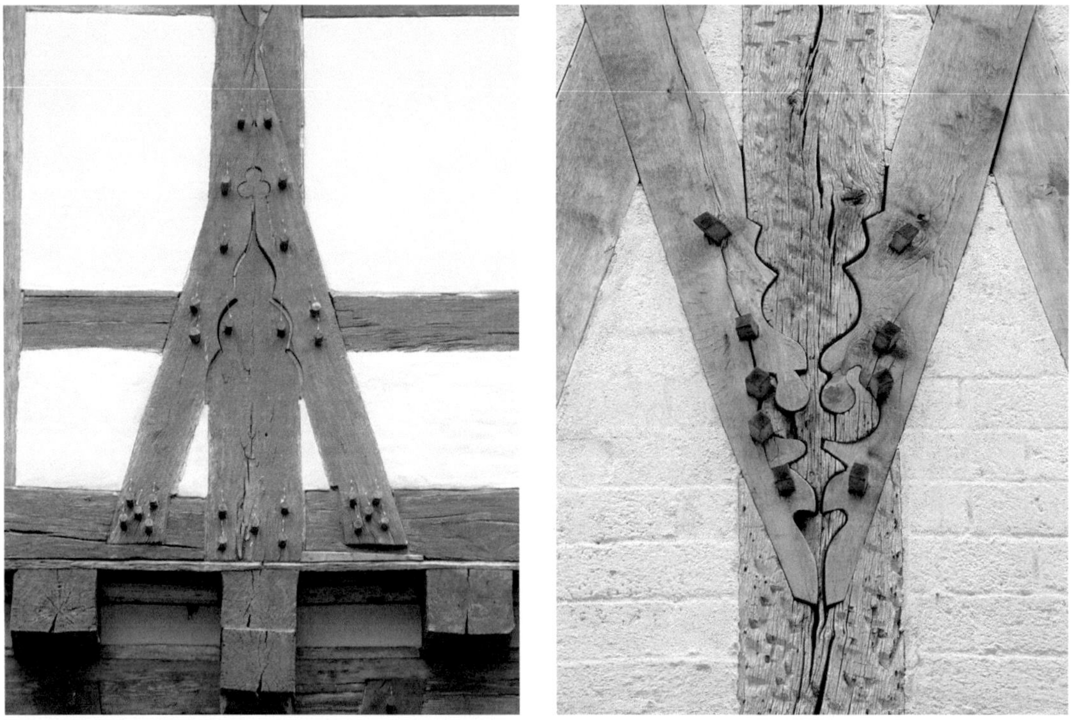

Abb. 251: Zierverblattungen mit Ziernagelungen.

Abb. 252: Türbögen.

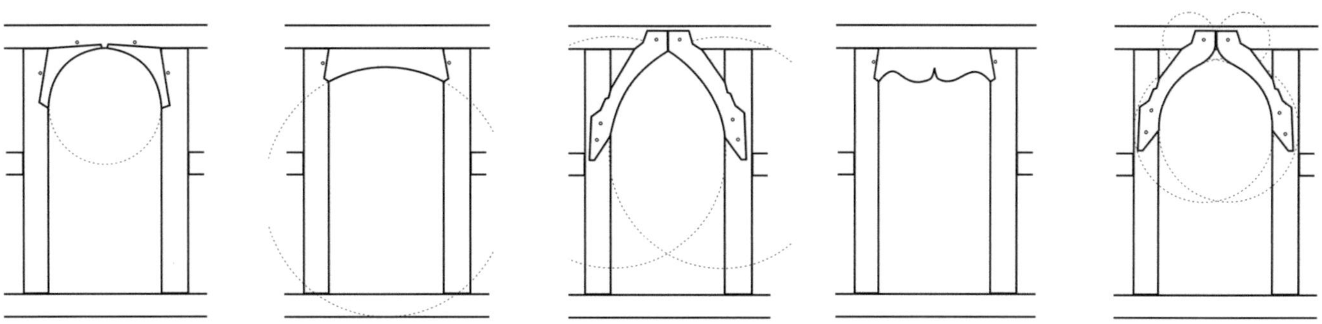

Literatur

Jost Amman/Hans Sachs: Eygentliche Beschreibung aller Stände auff Erden, hoher und nidriger, geistlicher und weltlicher, aller Künsten, Handwercken und Händeln. Frankfurt am Main 1568.

Stadt Bamberg (Hrsg.): 800 Jahre Bamberger Dachwerke. Bamberg 2004.

Ludwig Barth: Die Geschichte der Flößerei im Flußgebiet der oberen Kinzig. Ein Beitrag zur Geschichte der Schwarzwälder Schifferschaften. Karlsruhe 1895.

Basler Denkmalpflege (Hrsg.): Dächer der Stadt Basel. Basel 2005.

Albrecht Bedal: Neue Materialien zum Firstsäulenbau im Kraichgau. In: Konrad Bedal (Hrsg.): Hausbau im Mittelalter I. Jahrbuch für Hausforschung 33. Sobernheim/Bad Windsheim 1983, 299–317.

Albrecht Bedal: Geschoßbau und Stockwerkbau – Beobachtungen zum älteren ländlichen Baubestand im Kraichgau. In: Konrad Bedal (Hrsg.): Hausbau im Mittelalter II. Jahrbuch für Hausforschung, Sonderband. Sobernheim/Bad Windsheim 1985, 265–292.

Albrecht Bedal: Die ältesten Fachwerkhäuser in Schwäbisch Hall. In: Konrad Bedal (Hrsg.): Hausbau im Mittelalter III. Josef Schepers zum 80. Geburtstag gewidmet. Jahrbuch für Hausforschung, Sonderband. Sobernheim/Bad Windsheim 1988, 313–345.

Albrecht Bedal/Isabella Fehle (Hrsg.): Haus(ge)schichten. Bauen und Wohnen im alten Hall und seiner Katharinenvorstadt. Kataloge des Hällisch-Fränkischen Museums Schwäbisch Hall 8. Sigmaringen 1994.

Albrecht Bedal (Hrsg.): Alte Bauernhäuser um Kocher und Jagst – Zur Konstruktion und Funktion ländlicher Gebäude vor 1650 in Württembergisch-Franken. Hohenloher Freilandmuseum, Mitteilungen 20. Schwäbisch Hall 1999.

Albrecht Bedal: Häuser groß und klein – Der Fachwerkbau des 15. Jahrhunderts in Schwäbisch Hall. In: Hausbau im 15. Jahrhundert im Elsaß und am Oberrhein sowie in weiteren Regionen. Jahrbuch für Hausforschung 58. Marburg 2008, 393–420.

Albrecht Bedal: Fachwerkhäuser massenhaft – Wohnhäuser des 14. Jahrhunderts in Schwäbisch Hall. In: Bauforschung in Quedlinburg und der Harzregion. Jahrbuch für Hausforschung 57. Marburg 2010, 259–278.

Konrad Bedal: Bäuerliche Bauten des späten Mittelalters in Nordbayern. In: Ders. (Hrsg.): Hausbau im Mittelalter I. Jahrbuch für Hausforschung 33. Sobernheim/Bad Windsheim 1983, 377–422.

Konrad Bedal: Fachwerk vor 1600 in Franken. Eine Bestandsaufnahme. Quellen und Materialien zur Hausforschung in Bayern 2 = Schriften und Kataloge des Fränkischen Freilandmuseums 11. Bad Windsheim 1990.

Konrad Bedal: Historische Hausforschung. Eine Einführung in Arbeitsweise, Begriffe und Literatur. Quellen und Materialien zur Hausforschung in Bayern 6 = Schriften und Kataloge des Fränkischen Freilandmuseum 18. Bad Windsheim 1993.

Konrad Bedal: Wohnen im hölzernen Gehäus' – Zur Geschichte, Verbreitung und Bedeutung der Bohlenstuben in Süddeutschland. In: Albrecht Bedal/Isabella Fehle (Hrsg.): Haus(ge)schichten. Bauen und Wohnen im alten Hall und seiner Katharinenvorstadt. Kataloge des Hällisch-Fränkischen Museums Schwäbisch Hall 8. Sigmaringen 1994, 93–128.

Konrad Bedal/Hermann Heidrich: Bauernhäuser aus dem Mittelalter. Ein Handbuch zur Baugruppe Mittelalter im Fränkischen Freilandmuseum in Bad Windsheim. Schriften und Kataloge des Fränkischen Freilandmuseums 28. Bad Windsheim 1997.

Konrad Bedal/Herbert May (Hrsg.): Unter Dach und Fach. Häuserbauen in Franken vom 14. bis ins 20. Jahrhundert. Schriften und Kataloge des Fränkischen Freilandmuseums 36. Bad Windsheim 2002.

Konrad Bedal: Säulenbauten des 14. und 15. Jahrhunderts in Bad Windsheim. In: Spuren der Nutzung in historischen Bauten. Jahrbuch für Hausforschung 54. Marburg 2007, 61–78.

Günther Bentele/Alfred Drossel: Fachwerkhäuser im Kreis Ludwigsburg. Bietigheim 1982.

Günther Binding: Fachwerkbau. In: Lexikon des Mittelalters. München 41987, 221–226.

Günther Binding (Hrsg.): Fachterminologie für den historischen Holzbau, Fachwerk – Dachwerk. In Zusammenarb. mit Annette Roggatz. Veröffentlichungen der Abteilung Architektur des Kunsthistorischen Instituts der Universität zu Köln 38. Köln 1990.

Günther Binding: Das Dachwerk auf Kirchen im deutschen Sprachraum vom Mittelalter bis zum 18. Jahrhundert. München 1991.

Günther Binding/Udo Mainzer/Anita Wiedenau: Kleine Kunstgeschichte des deutschen Fachwerkbaus. Darmstadt 41989.

Günther Binding/Norbert Nußbaum: Der mittelalterliche Baubetrieb nördlich der Alpen in zeitgenössischen Darstellungen. Darmstadt 1978.

Rebekka Brandenberger: Die Ausbildung von Dachfuss und Traufe anhand ausgewählter Beispiele. In: Basler Denkmalpflege (Hrsg.): Dächer der Stadt Basel. Basel 2005, 239–250.

Klaus-Dieter Clausnitzer: Historischer Holzschutz. Zur Geschichte der Holzschutzmaßnahmen von der Steinzeit bis zum 20. Jahrhundert. Staufen bei Freiburg 1990.

Lynn T. Courtenay: Holzdächer und Türme. In: Vom Fundament zum Deckengewölbe. Großbauten und ihre Konstruktion von der Antike bis zur Renaissance. Basel 1995.

Johannes Cramer: Bundzeichen – Zeichen der Vorfertigung. In: Fritz Scheidegger (Hrsg.): Aus der Geschichte der Bautechnik, Bd. 2. Basel 1992, 28–36.

Johannes Cramer/Thomas Eißing (Hrsg.): Dächer in Thüringen. Arbeitshefte des Thüringischen Landesamtes für Denkmalpflege 2. Bad Homburg/Leipzig 1996.

Ruth Cypionka/Burghard Lohrum: Mosbach im späten Mittelalter und in der frühen Neuzeit – Neue Erkenntnisse zum Fachwerkbau in Baden. In: Denkmalpflege in Baden-Württemberg 40, 2011, H. 2, 79–86.

Georges Descœudres: Herrenhäuser aus Holz. Eine mittelalterliche Wohngruppe in der Innerschweiz. Schweizer Beiträge zur Kulturgeschichte und Archäologie des Mittelalters 14. Basel 2007.

Friedrich Eisenlohr: Holzbauten des Schwarzwaldes. Karlsruhe 1853.

Thomas Eißing: Kirchendächer in Thüringen und dem südlichen Sachsen-Anhalt. Dendrochronologie – Flößerei – Konstruktion. Arbeitshefte des Thüringischen Landesamtes für Denkmalpflege N. F. 32, 2 Bde. Altenburg 2009.

Thomas Eißing: Besitzmarken – Sortierzeichen – Abbundzeichen. Nicht textuale Markierungssysteme im Holzbau. In: Petra Andrássy/Julia Budke/Frank Kammerzell: Non-Textual marking Systems, Writing and Pseudo Script from Prehistoric to Modern Times. Lingua Aegyptica – Studia monographica 8. Göttingen 2009, 255–268.

Thomas Eißing: Zur Flößerei auf Rhein und Main. In: Klaus Freckmann/Burghart Schmidt (Hrsg.): Der Rheingau und seine historischen Häuser mit einem Beitrag zur Flößerei auf Rhein und Main. Schriftenreihe zur Dendrochronologie und Bauforschung 8. Marburg 2010, 154–178.

Barbara Fischer-Kohnert: Das mittelalterliche Dach als Quelle zur Bau- und Kunstgeschichte – Dominikanerkirche, Minoritenkirche, Dom, Rathaus und Alte Kapelle in Regensburg. Petersberg 1999.

Ulrich Fließ/Hans-Tewes Schadwinkel/Robert Plötz: Arbeitsgeschirr deutscher Zimmerleute, Werkzeuge und Bilder. Führer des Niederrheinischen Museums für Volkskunde und Kulturgeschichte 14. Kevelaer 1985.

Benno Furrer: Beiträge zur Hausgeschichte des 13. und 14. Jahrhunderts in der Innerschweiz. In: Der Geschichtsfreund, Mitteilungen des Historischen Vereins der fünf Orte 141, 1988, 175–200.

Benno Furrer: Bohlen- und Bohlen-Balken-Decken in Bauernhäusern der Voralpen und Alpen. Schöner Wohnen mit Bohlen und Balken. In: Hausbau im Alpenraum, Bohlenstuben und Innenräume. Jahrbuch für Hausforschung 51. Marburg 2002, 29–38.

Benno Furrer: Fenster, Türe und Wandschrank in spätmittelalterlichen Wohnhäusern der Zentralschweiz (um 1200–1500), Haus und Kultur im Spätmittelalter. In: Berichte der Tagung „Ländliche Volkskultur im Spätmittelalter in neuer Sicht" des Fränkischen Freilandmuseums vom 24. bis 26. April 1996. Bad Windsheim 1998, 139–149.

Manfred Gerner: Fachwerk: Entwicklung, Gefüge, Instandsetzung. Stuttgart 1979.

Manfred Gerner: Handwerkliche Holzverbindungen der Zimmerer. Stuttgart 1992.

Manfred Gerner: Fachwerklexikon: Handbuch für Fachwerk und Holzkonstruktionen. Stuttgart 1997.

Manfred Gerner:Entwicklung der Holzverbindungen – Forschungs- und Untersuchungsergebnisse. Stuttgart 2000.

Ernst Gladbach: Die Holz-Architectur der Schweiz. Zürich 1876.

G. Ulrich Großmann: Der Fachwerkbau: Das historische Fachwerkhaus, seine Entstehung, Farbgebung, Nutzung und Restaurierung. Köln 1986.

G. Ulrich Großmann/Petra Krutisch/Holger Reimers (Hrsg.): 500 Jahre Garantie – Auf den Spuren alter Bautechniken. Materialien zur Kunst- und Kulturgeschichte in Nord- und Westdeutschland 12. Marburg 1994.

Karl Gruber: Romanische Dachstühle. In: Deutsche Kunst und Denkmalpflege 17, 1959, H. 1, 57–64.

Otto Gruber: Deutsche Bauern- und Ackerbürgerhäuser. Eine bautechnische Quellenforschung zur Geschichte des deutschen Hauses. Karlsruhe 1926.

Max Gschwend: Schweizer Bauernhäuser. Material, Konstruktion und Einteilung. Schweizer Heimatbücher 144. Bern 1983.

Max Gschwend. Bauernhäuser der Schweiz. Blauen 1988.

Hans-Jürgen Hansen (Hrsg.): Holzbaukunst. Eine Geschichte der abendländischen Holzarchitektur und ihrer Konstruktionselemente. Oldenburg 1969.

Jürg Hanser/Armin Mathis/Ulrich Ruoff/Jürg Schneider: Vom Bohlenständer- zum Fachwerkbau. In: Das neue Bild des alten Zürich. Zürich 1983, 110–127.

Hans Harter: Flößerei. In: Soehnke Lorenz/Thomas Zotz (Hrsg.): Spätmittelalter am Oberrhein, Teil 2,2: Alltag, Handwerk und Handel 1350–1525. Aufsatzband zur Ausstellung Karlsruhe 2001/2002. Ostfildern 2001, 215–223.

Uta Hassler/Fredi Altherr/Alexander von Kienlin (Hrsg.): Appenzeller Strickbau. Untersuchungen zum ländlichen Gebäudebestand in Appenzell Außerrhoden. Zürich 2011.

Friedrich Hess: Dachstühle und Dachdeckungen. Stuttgart 1948.

Olof Holmberg: Ein Beitrag zur Kenntnis mittelalterlicher Holzbaukunst in Württemberg. Berlin 1913.

Stefan M. Holzer/Bernd Köck: Meisterwerke barocker Bautechnik – Kuppeln, Gewölbe und Kirchendachwerke in Südbayern. Regensburg 2008.

Holzlexikon. Nachschlagewerk für die Holz- und Forstwirtschaft, 2 Bde. Leinfelden-Echterdingen 1988.

Karl Friedrich Victor Jägerschmid: Das Murgtal besonders in Hinsicht auf Naturwissenschaft und Statistik. Nürnberg 1800.

Karl Friedrich Victor Jägerschmid: Handbuch für Holztransport und Floßwesen, 2 Textbde. mit Atlas. Karlsruhe 1827–1828.

Bernard Jaggi: Historische Dachwerke in Basel. In: Basler Denkmalpflege (Hrsg.): Dächer der Stadt Basel. Basel 2005, 139–211.

Bernard Jaggi: Zeichen an Dachwerkhölzern. In: Basler Denkmalpflege (Hrsg.): Dächer der Stadt Basel. Basel 2005, 213–223.

Hans-Walter Keweloh (Hrsg.): Flößerei in Deutschland. Stuttgart 1985.

Stefan King: Historische Dachwerke. Eine Ausstellung von Modellen mittelalterlicher Dachkonstruktionen aus den Städten Konstanz, Ravensburg, Rottweil und Villingen. Stuttgart 2002.

Walter Kirchner/Wolfgang Kirchner: Spätmittelalterliche Bauernhäuser im Bereich von Altmühl und Donau. In: Konrad Bedal (Hrsg.): Hausbau im Mittelalter I. Jahrbuch für Hausforschung 33. Sobernheim/Bad Windsheim 1983, 319–376.

Walter Kirchner/Wolfgang Kirchner: Ländliche Ständerbauten der frühen Neuzeit im nordwestlichen Oberbayern. In: Freundeskreis Freilichtmuseum Südbayern e. V., Freundeskreisblätter 20, 1985, 6–40.

Ulrich Klein: Datierte Fachwerkbauten des 13. Jahrhunderts. In: Zeitschrift für Archäologie des Mittelalters 13, 1987, 109–129.

Ulrich Klein: Geschichte des Fachwerks in Deutschland. Fachwerkkonstruktionen des 13.–15. Jahrhunderts. Johannesberger Arbeitsblätter, Themenbereich 9,1. Fulda 2009–2011.

Ulrich Klein: Zum aktuellen Forschungsstand des Holzbaus in Deutschland. In: Holzbau in Mittelalter und Neuzeit. Mitteilungen der Deutschen Gesellschaft für Archäologie des Mittelalters und der Neuzeit 24. Paderborn 2012, 9–38.

Walter Klein: Bauten, Dächer, Handwerker. Bremen 1996.

Karl Klöckner: Der Blockbau. Massivbauweise in Holz. München 1982.

Karl Klöckner: Alte Fachwerkbauten. Geschichte einer Skelettbauweise. München 31993.

Hermann Kolesch: Das altoberschwäbische Haus. Untersuchungen des Ludwig-Uhland-Instituts der Universität Tübingen 17. Tübingen 1967.

Kilian Kreilinger/Georg Waldemar (Hrsg.): Haus, Hof, Landschaft. Festschrift zum 80. Geburtstag von Karl Bedal. Quellen und Materialien zur Hausforschung in Bayern 7 = Schriften des Oberfränkischen Bauernhofmuseums Kleinlosnitz 1. Hof 1994.

Harry Kühnel (Hrsg.): Alltag im Spätmittelalter. Graz/Wien/Köln 1996.

Birgit Kulessa/Sybille Mohnke: Holz als Baumaterial. Überlegungen zur Verfügbarkeit, Verwendungsdauer und zum historischen Holzschutz. In: Walter Melzer (Hrsg.): Mittelalterarchäologie und Bauhandwerk. Beiträge des 8. Kolloquiums des Arbeitskreises zur archäologischen Erforschung des mittelalterlichen Handwerks. Soester Beiträge zur Archäologie 6. Soest 2005, 103–124.

Carl Lachner: Die Holzbaukunst in Deutschland. Ein Versuch. Leipzig 1885.

Landesdenkmalamt Baden-Württemberg/Stadt Zürich (Hrsg.): Stadtluft, Hirsebrei und Bettelmönch – Die Stadt um 1300. Ausstellungskatalog Zürich und Stuttgart 1992/93. Stuttgart 1992.

Lehm im Fachwerkbau. Führer und Schriften des Rheinischen Freilichtmuseums und Landesmuseums für Volkskunde Kommern 29. Köln 1986.

Tamara Leszner/Ingolf Stein: Lehmfachwerk. Alte Technik neu entdeckt. Köln 1987.

Uta Lindgren (Hrsg.): Europäische Technik im Mittelalter 800–1400. Tradition und Innovation. Ein Handbuch. Berlin 1996.

Burghard Lohrum: Beiträge zur südwestdeutschen Hausforschung: Mittelalterliche Abbundzeichen am Fachwerkhaus Hintere Gasse 39 in Sindelfingen. In: Sindelfinger Jahrbuch 22, 1980, 367–406.

Burghard Lohrum: Bundseiten und Bezugsachsenschnittpunkt im historischen Fachwerkbau – Zwei methodische Ansätze zur wissenschaftlichen Konstruktions-, Grundriß- und Nutzungsanalyse. In: Südwestdeutsche Beiträge zur historischen Bauforschung 1. Stuttgart/Warthausen 1992, 151–169.

Burghard Lohrum: Vom binderlosen Sparrendach zur liegenden verzapften Stuhlkonstruktion. Die konstruktive Dachwerksentwicklung in Schwäbisch Hall zwischen 1250 und 1550. In: Albrecht Bedal/Isabella Fehle (Hrsg.): Haus(ge)schichten. Bauen und Wohnen im alten Hall und seiner Katharinenvorstadt. Sigmaringen 1994, 63–80.

Burghard Lohrum: Vom Pfettendach zum Sparrendach. Bemerkungen zur konstruktiven Entwicklung des süddeutschen Dachwerkes ab dem frühen 12. Jahrhundert. In: Herbert May/Kilian Kreilinger (Hrsg.): Alles unter einem Dach – Häuser, Menschen, Dinge. Festschrift für Konrad Bedal zum 60. Geburtstag. Quellen und Materialien zur Hausforschung in Bayern 12. Petersberg 2004, 255–284.

Burghard Lohrum: Pfettendach und Sparrendach. In: Basler Denkmalpflege (Hrsg.): Dächer der Stadt Basel. Basel 2005, 67–114.

Burghard Lohrum: Zum mittelalterlichen Firstständerbau im Kraichgau. In: Firstständerhaus Zeutern – Ein mittelalterlicher Bau im Wandel der Zeit. Festschrift zur Einweihung im Juli 2007. Ubstadt-Weiher 2007, 14–21.

Burghard Lohrum: Die Ostendorf'sche Theorie zur Entwicklung des deutschen Kehlbalkendachwerks im Spiegel des südwestdeutsche Dachbestandes. In: Friedrich Ostendorf – Bauten und

Schriften. Schriften des Südwestdeutschen Archivs für Architektur und Ingenieurbau (saai) am Karlsruher Institut für Technologie (KIT) 1. Karlsruhe 2009, 97–107.

Burghard Lohrum: Hängeträger – Hängebund – Hängewerk. In: Andreas Diener/Marlene Kleiner/Charlotte Lagemann/Christa Syrer (Hrsg.): Entwerfen und Verwerfen. Planwechsel in Kunst und Architektur des Mittelalters und der Frühen Neuzeit. Festschrift für Matthias Untermann zum 65. Geburtstag. Heidelberg, arthistoricum.net, 2022. Online: https://doi.org/10.11588/arthistoricum.885.

Burghard Lohrum: Bauen mit Holz im historischen Steinbau. Funktion und Entwicklung hölzerner Bauteile im Steinbau. In: Erhalten historischer Bauwerke e. V. (Hrsg.): Historische Holzbauwerke. Tagung Insel Reichenau 2022. Schriftenreihe zur Denkmalpflege 6. Stuttgart 2022, 33–62.

Burghard Lohrum: Das traufständige Rofendach im Norden Südeuropas am Beispiel des mittelalterlichen Stadtgefüges Villingens. In: Villingen im Wandel der Zeit. Jahrbuch Geschichts- und Heimatverein Villingen 46, 2023, 21–52.

Soehnke Lorenz/Thomas Zotz (Hrsg.): Spätmittelalter am Oberrhein, Teil 2,2: Alltag, Handwerk und Handel 1350–1525. Aufsatzband zur Ausstellung Karlsruhe 2001/2002. Ostfildern 2001.

Thomas Lutz: Das Bauholz: Flösserei, Provenienz, Handelsformen, Kennzeichnung. In: Basler Denkmalpflege (Hrsg.): Dächer der Stadt Basel. Basel 2005, 115–138.

Tilmann Marstaller: Mittelalterliche Hausbauten in Reutlingen – Eine Quelle zur Geschichte der Stadt / Das Haus Pfäfflinshofstraße 4 – Bauen und Wohnen am Rande der Reutlinger Altstadt. In: Heimatmuseum Reutlingen (Hrsg.): Unter Putz und Pflasterstein – Bauforschung und Mittelalterarchäologie in Reutlingen, zum Beispiel Pfäfflinshofstraße 4. Reutlingen 1999, 47–56; 57–106.

Tilmann Marstaller: Kanzleistraße 24 in Reutlingen von 1267 (d) – Ein Holzgerüst aus der Frühzeit der Reichsstadt. In: Südwestdeutsche Beiträge zur historischen Bauforschung 7. Esslingen 2007, 9–27.

Tilmann Marstaller: Der Wald im Haus – Zum Wechselspiel von Holzressourcen und Hausbau. In: Der Wald im Mittelalter: Funktion – Nutzung – Deutung. Das Mittelalter 13, 2008, H. 2, 63–84.

Tilmann Marstaller: Herrschaftliche Großbauprojekte in Tübingen zwischen 1475 und 1500. In: Hausbau im 15. Jahrhundert im Elsaß und am Oberrhein sowie in weiteren Regionen. Jahrbuch für Hausforschung 58. Marburg 2008, 421–449.

Horst Masuch: Arbeitsweise und Ergebnisse der historischen Bauforschung – Abbundzeichen und Dachwerke. In: Niedersächsische Denkmalpflege 5, 1985, H. 11, 70–80.

Herbert May/Kilian Kreilinger (Hrsg.): Alles unter einem Dach – Häuser, Menschen, Dinge. Festschrift Konrad Bedal zum 60. Geburtstag. Quellen und Materialien zur Hausforschung in Bayern 12. Petersberg 2004.

D. W. H. Miles/Henry Russell: Plumb and Level Marks. In: Vernacular Architecture 26, 1995, 33–38.

Friedrich Ostendorf: Die Geschichte des Dachwerks erläutert an einer großen Anzahl mustergültiger alter Konstruktionen. Leipzig/Berlin 1908; Nachdruck Hannover 1982.

Hermann Phleps: Holzbaukunst, der Blockbau: Ein Fachbuch zur Erziehung werkgerechten Gestaltens. Wiesbaden 1942; Nachdruck Karlsruhe 1989.

Hermann Phleps: Alemannische Holzbaukunst. Wiesbaden 1967; Nachdruck Karlsruhe 1988.

Pius Räber: Die Bauernhäuser des Kantons Aargau. Bd. 2, Fricktal und Berner Aargau. Baden 2002.

Christian Renfer: Dachgerüst und Dachgestalt als Ausdruck frühneuzeitlicher Hausformenentwicklung im schweizerischen Mittelland und Voralpengebiet. In: Arbeitskreis für Hausforschung (Hrsg.):

Zur Bauforschung über Spätmittelalter und frühe Neuzeit. Berichte zur Haus- und Bauforschung 1. Marburg 1991, 263–286.

Hans Reuther: Barocke Dachwerke in Mainfranken. In: Deutsche Kunst- und Denkmalpflege 1, 1955, 44–53.

Hieronymus Rodler: Eyn schön büchlin und underweisung der kunst des Messens mit dem Zirckel, Richtscheidt oder Lineal. Simmern 1531.

Erwin Rohrberg: Schöne Fachwerkhäuser in Baden-Württemberg. Stuttgart 1981.

Joh. Andreas Romberg: Die Zimmerwerks-Baukunst in allen ihren Theilen. Glogau ^{3}1850.

Ulrich Ruoff: Zimmermannskunst in Zürich. In: Unsere Kunstdenkmäler 30, 1979, 187–192.

Hans-Joachim Sachse: Dachwerks- und Gewölbekonstruktionen der Abteikirche zu Ottobeuren. In: Deutsche Kunst- und Denkmalpflege 56, 1964, 20–31.

Hans-Joachim Sachse: Barocke Dachwerke, Decken und Gewölbe. Berlin 1975.

Hans-Tewes Schadwinkel: Die Arbeit der Zimmerleute. Schriftenreihe des Freilichtmuseums Sobernheim 12. Sobernheim 1988.

Hans-Tewes Schadwinkel/Günther Heine: Das Werkzeug des Zimmermanns. Hannover 1986.

Carl Schäfer: Die Fällzeit des Holzes und dessen Behandlung nach der Fällung. In: Zentralblatt der Bauverwaltung 1882. Abdruck in: Von deutscher Kunst. Gesammelte Aufsätze. Berlin 1910, 201 ff.

Carl Schäfer: Deutsche Holzbaukunst. Dresden 1937.

Dietrich Schäfer: Das Bauernhaus im Deutschen Reiche und in seinen Grenzgebieten. Dresden 1905/1906; Nachdruck Dresden 1995.

Gerd Schäfer: Geschoßständerbauten des 15. Jahrhunderts im Limpurger Land. In: Südwestdeutsche Beiträge zur historischen Bauforschung 1. Warthausen/Stuttgart 1992, 171–182.

Adolf Schahl: Fragen der Fachwerkforschung in Südwestdeutschland. Stuttgart 1967.

Eugen Schempp: Mittelalterliche Fachwerkhäuser in Sindelfingen. In: Sindelfinger Jahrbuch 17, 1975, 251–281.

Hermann Schilli: Das oberrheinische (mittelbadische) Kniestockhaus. In: Badische Heimat 37, 1957, 63 ff.

Hermann Schilli: Das Schwarzwaldhaus. Stuttgart 1953.

Hermann Schilli: Fachwerkhäuser in Baden. Freiburg 1981.

Hansjörg Schmid: Die Formen des bäuerlichen Anwesens im Raum von Südwestalb und Bodensee bis zum Hochschwarzwald – eine hausgeographische Studie. Tuttlingen 1988.

Ulrich Schnitzer: Schwarzwaldhäuser von gestern für die Landwirtschaft von morgen. Landesdenkmalamt Baden-Württemberg Arbeitsheft 2. Stuttgart 1989.

Oswald Schoch: Rutschpartien ins Tal – Vom Ries-Betrieb im Nordschwarzwald. In: Schwäbische Heimat 42, 1991, 339–352.

Wolfgang Schöller: Ein Katalog mittelalterlicher Baubetriebsdarstellungen. In: Technikgeschichte 54, 1987, H. 2, 77–100.

Manfred Schuller: Bamberger Dachwerke von 1350 bis 1800. In: Kilian Kreilinger/Georg Waldemar (Hrsg.): Haus, Hof, Landschaft. Festschrift zum 80. Geburtstag von Karl Bedal. Quellen und Materialien zur Hausforschung in Bayern 7 = Schriften des Oberfränkischen Bauernhofmuseums Kleinlosnitz 1. Hof 1994, 122–138.

Hans Schwab: Die Dachformen des Bauernhauses in Deutschland und in der Schweiz, ihre Entstehung und ihre Entwicklung. Oldenburg 1914.

Hans Schwab: Das Schweizerhaus, sein Ursprung und seine konstruktive Entwicklung. Aarau 1918.

Walther Stauffer: Zimmermannsarbeit, Hausbau im Emmental. In: Paul Hugger (Hrsg.): Altes Handwerk 5, H. 50. Basel 1980, 3–15.

Heiko Steuer: Frühmittelalterlicher Holzbau. In: Zeitschrift für Archäologie des Mittelalters 13, 1985, 199–227.

Stichting Historisch Boerderij-Onderzoek (Hrsg.): De Benaming van Houtverbindingen en constructieve houten Elementen bij oude Boerderijen. Arnhem 21982.

Heinrich Stiewe: Fachwerkhäuser in Deutschland. Darmstadt 2007.

Klaus Thinius-Hüser: Historische Holzkonstruktionen. Karlsruhe 1998.

Jost Trier: Lehm, Etymologien zum Fachwerk. Münstersche Forschungen 3. Marburg 1951.

Stefan Uhl: Das sogenannte Altoberschwäbische Fachwerkhaus und die Fachwerkbauten des 17. und 18. Jahrhunderts in Winterstettenstadt. In: Arbeitskreis für Hausforschung (Hrsg.): Neue Untersuchungen zu städtischen und ländlichen Bauten. Berichte zur Haus- und Bauforschung 3. Sobernheim/Bad Windsheim 1994, 135–170.

G. A. Volz: Das Anrücken des Langholzes. In: Aus dem Schwarzwald 1908, 5–8.

Wegleitung für die Aufnahmen der bäuerlichen Hausformen und Siedlungen in der Schweiz, im Auftrag des Kuratoriums der „Aktion Bauernhausforschung in der Schweiz“ ausgearbeitet von Alfredo Baeschlin, Alfred Bühler und Max Gschwend. Schweizerische Gesellschaft für Volkskunde. Basel 1948.

Walter Weiss: Fachwerk in der Schweiz. Berlin/Basel 1991.

Paul Werner: „Klingschrot und Malschrot“ oder bemalte Durchsteckverbindungen in Surheim/Obb. In: Jahrbuch der bayrischen Denkmalpflege 31, 1977, 173–179.

Erich Wieser/Bernd Becker: Die Entwicklung des spätmittelalterlichen Säulenbaues in Bad Windsheim und Uffenheim. In: Jahrbuch der bayrischen Denkmalpflege 29, 1972–74, 35–78.

Johann Wilhelm: Architectura Civilis oder Beschreibung und Vorreissung vieler vornehmer Dachwerck oder Hoher Helmen, Creutzdächer, Wiederkehrungen, Welscher Hauben, auch Kelter, Fallbrücken: Item allerley Pressen Schnecken oder Windelstiegen und anderen dergleichen Mechanischen Fabrichen. Frankfurt 1649 und 1668.

Klaus Zwerger: Das Holz und seine Verbindungen – Traditionelle Bautechniken in Europa und Japan. Berlin 1997.

Paul Zalewski (Hrsg.): Dachkonstruktionen der Barockzeit in Norddeutschland und im benachbarten Ausland. Petersberg 2009.

In folgenden Zeitschriften und Reihen finden sich weitere Beiträge zum Holzbau in Süd(west)-deutschland und der Schweiz:

Die Bauernhäuser in der Schweiz. Hrsg. Schweizer Gesellschaft für Volkskunde. Basel 1965 ff.

Denkmalpflege in Baden-Württemberg. Nachrichtenblatt der Landesdenkmalpflege 1, 1972, H. 1; 4, 1975, H. 4; 5, 1976, H. 2, 3; 6, 1977, H. 3; 9, 1980, H. 3; 10, 1981, H. 1, 3, 4; 11, 1982, H. 1, 2, 3; 12, 1983, H. 3; 13, 1984, H. 1, 4; 15, 1986, H. 3; 17, 1988, H. 1; 19, 1990, H. 2; 26, 1997, H. 3; 28, 1999, H. 1; 30, 2001, H. 3; 32, 2003, H. 4; 33, 2004, H. 1; 37, 2008, H. 3; 38, 2009, H. 4; 39, 2010, H. 1; 40, 2011, H. 1, 2.

Konrad Bedal (Hrsg.): Hausbau im Mittelalter I. Jahrbuch für Hausforschung 33. Sobernheim/Bad Windsheim 1983.

Konrad Bedal (Hrsg.): Hausbau im Mittelalter II. Jahrbuch für Hausforschung, Sonderband. Sobernheim/Bad Windsheim 1985.

Konrad Bedal (Hrsg.): Hausbau im Mittelalter III. Josef Schepers zum 80. Geburtstag gewidmet. Jahrbuch für Hausforschung, Sonderband. Sobernheim/Bad Windsheim 1988.

Historische Ausstattung. Hrsg. Arbeitskreis für Hausforschung. Jahrbuch für Hausforschung 50. Marburg 2004.

Hausbau im Alpenraum, Bohlenstuben und Innenräume. Hrsg. Arbeitskreis für Hausforschung. Jahrbuch für Hausforschung 51. Marburg 2002.

Hausbau im 15. Jahrhundert im Elsaß und am Oberrhein sowie in weiteren Regionen. Hrsg. Arbeitskreis für Hausforschung. Jahrbuch für Hausforschung 58. Marburg 2008.

Bauernhausforschung in Deutschland und der Schweiz. Hrsg. Arbeitskreis für Hausforschung. Jahrbuch für Hausforschung 63. Petersberg 2018.

Holzbau in Mittelalter und Neuzeit. Mitteilungen der Deutschen Gesellschaft für Archäologie des Mittelalters und der Neuzeit 24. Paderborn 2012.

Südwestdeutsche Beiträge zur historischen Bauforschung. Hrsg. Arbeitskreis für Hausforschung Baden-Württemberg, Bde. 1 (1992), 2 (1994), 3 (1996).

Südwestdeutsche Beiträge zur historischen Bauforschung. Hrsg. Arbeitskreis für Hausforschung, Regionalgruppe Baden-Württemberg und Landesdenkmalamt Baden-Württemberg, Bde. 4 (1999), 5 (2002).

Südwestdeutsche Beiträge zur historischen Bauforschung. Hrsg. Regierungspräsidium Stuttgart – Landesamt für Denkmalpflege und Arbeitskreis für Hausforschung, Regionalgruppe Baden-Württemberg, Bde. 7 (2007), 8 (2009).

Register

= verweist auf einen synonym zu verwendenden Begriff
→ verweist auf den zu bevorzugenden Begriff

D

T

Konkordanz der Begriffe

Spalte 1 und 2: dieser Band

Spalte 3 und 4: Günther Binding (Hrsg.): Fachterminologie für den historischen Holzbau, Fachwerk – Dachwerk. In Zusammenarb. mit Annette Roggatz. Veröffentlichungen der Abteilung Architektur des Kunsthistorischen Instituts der Universität zu Köln 38. Köln 1990.

Spalte 5 und 6: Lutz Volmer/W. Haio Zimmermann (Hrsg.): Glossar zum prähistorischen und historischen Holzbau. Studien zur Landschafts- und Siedlungsgeschichte im südlichen Nordseegebiet 3. Rahden 2012.
(https://nihk.de/fileadmin/Dateien/images/Publikationen/SLSN/SLSN_Band_3_Downloadversion.pdf)

Register	**Seite**	**Binding 1990**	**S.**	**Glossar 2012**	**S.**
A					
Abbund/Abbinden	19, 31 ff., 76, 95, 101, 113	Abbund	7	Abbund	411
Abbundebene	31 f., 34				411
Abbundeinheit	32, 35				
Abbundmarke	34; *Abb. 41*				
Abbundplatz/Zurichtplatz/ Zimmerplatz	31, 57; *Abb. 33, 36*			Abbundplatz	412
Abbundseite = Bundseite					
Abbundzeichen	34 ff.; *Abb. 41–43*	Abbundzeichen	7	Abbundzeichen	412
abgesprengter Längsbund	*Abb. 171, 209*			liegender Stuhl	290
abgesprengter Querbund	116; *Abb. 140, 142, 168, 186, 202, 204, 206, 208*			liegender Stuhl	290
abgesprengtes Gerüst	101, 113, 116; *Abb. 167, 168*			liegender Stuhl	290
abgestrebtes Gerüst	101, 113, 116; *Abb. 142, 167, 168, 172, 197–199*			liegender Stuhl	290
Abholzigkeit	30			Abholzigkeit	404
Abkantung	130; *Abb. 244*				

Register	Seite	Binding 1990	S.	Glossar 2012	S.
Anbartung	37; *Abb. 47*				
Anblattung	38; *Abb. 50, 59a, b, 61a, b, 62a*			Anblattung	327, 328, 337
Andreaskreuz	129; *Abb. 235, 239–241*	Andreaskreuz	7	Andreaskreuz	189
Ankämmung	40; *Abb. 60a,b, 65b*			Endverkämmung Aufkämmung	317, 360
Ankerbalken	93, 111; *Abb. 150, 158, 188*	Ankerbalken	7	Ankerbalken	211
Annagelung	*Abb. 69*			Holznagel	371
Anschlussholz	37 ff.; *Abb. 46, 48, 59b, 61b*				
Ansdach → Blockdach					
Applikation	132; *Abb. 150*				
Aufblattung/Blattaufnagelung	38; *Abb. 51, 52, 69*			Aufblattung	327
Aufkervung/Kerve	40; *Abb. 58, 72*				
Aufklauung/Klaue	40; *Abb. 57, 62a, 62b, 72*			Aufklauung	359, 360
Auflage	*Abb. 62a*				
Auflageblatt	*Abb. 62a*				
Auflager	66 f.; *Abb. 79*				
Auflagerversatz/Gehrungsversatz	*Abb. 61a*			Gehrungszapfen	344
Aufpickung	*Abb. 165a*				
Aufrichten	34, 36, 38; *Abb. 44, 45*			Aufrichten	414
Aufrichtungshilfe	36			Aufrichten	414
Aufriss	32 f.				
Aufrissfeld	34				
Aufrisszone	33				
Aufschiebling	90, 94, 109, 120; *Abb. 150, 164, 204*	Aufschiebling	9	Aufschiebling	269
Aufschieblingsschwelle	90, 120; *Abb. 150*				
Aufstand	*Abb. 62a*				
Ausfachung	87, 125; *Abb. 165a, b*	Ausfachung	9	Ausfachung	232
Ausgleichsholz	*Abb. 107*				
Ausknicken	66				
Auskragung	33, 69, 75, 81, 86 f., 126, 130; *Abb. 85, 143, 232*	Auskragung	9, 41	Auskragung	190
Auslauf	130; *Abb. 246,*			Auslauf	225
Ausreißen	27, 66; *Abb. 78*				
aussteifendes Gerüstelement	87 f., 94 f.; *Abb. 150*	Aussteifung	9	Aussteifung	180
Austragung	57				

Register	Seite	Binding 1990	S.	Glossar 2012	S.
Axt	20, 24, 27, 29; *Abb. 16, 17, 30, 33*			Axt	422
B					
Backsteinausmauerung	*Abb. 165a*			Ausfachung Ausmauerung	231, 232
Balken	18 f., 29 f., 37, 71, 108 f.; *Abb. 16, 29, 32, 36, 84, 85*	Balken	9	Balken	86, 206, 208
Balken-an-Balken-Decke	*Abb. 165b*	Dübelbalkendecke	9	Balken-an-Balken-Decke	213
Balken-Bohlen-Decke	*Abb. 166*				
Balken-Bretter-Decke	*Abb. 166, 170*			Balkendecke mit Bretterverkleidung	254
Balkendach → Pfettendach					
Balkendecke	66; *Abb. 165b*	Balkendecke	9	Balkendecke	212, 254
Balkenlage/Gebälk	32 f., 81, 88 f., 92 f., 108; *Abb. 34, 40, 150*	Balkenlage	9	Balkenlage	207
Balkenrost	32				
Balkenstern	33				
Band	94 f., 191 ff.; *Abb. 150*	Band	11	Band	184
Basisstock	87; *Abb. 132, 137, 144*				
Bauklammer	64; *Abb. 33, 75*				
Bezugsachsenschnittpunkt	35; *Abb. 42*				
Biegekraft	16, 55				
biegesteif	66 f.; *Abb. 85*				
Biegezugfestigkeit	66				
Binderebene → Querbund, Längsbund					
Bindergespärre → Querbund-gespärre		Bindergespärre	11	Bindergespärre	267
Binnenwandanschluss	130; *Abb. 119, 122, 249*				
Binnenwandvorstoß	130; *Abb. 92, 248, 249*				
Blatt	38 f., 94 f., 129, 132; *Abb. 46, 70, 150, 251*	Blatt	11	Blatt	326, 329
Blattaufnagelung = Aufblattung					
Blattnagel	62; *Abb. 74*			Holznagel	371, 372
Blattstoß	*Abb. 67*				
Blattstrebe	94, 113; *Abb. 150, 199, 200*				
Blattzapfung	*Abb. 61a, 69*			Blattzapfen	350
Blindboden = Fehlboden				Blindboden	140

Register	Seite	Binding 1990	S.	Glossar 2012	S.
Bloch	23				
Block	71				
Blockbau	19, 30 f., 36, 65, 68, 71 ff.; *Abb. 76, 87–94*			Blockbau	132, 197
Blockdach	79, 109; *Abb. 123–125*			Blockdach	264
Blockholz	71; *Abb. 87–90*			Blockholz	200
Blockkammer	79; *Abb. 126*	Blockstube	11		
Blockkonsole	74, 130; *Abb. 92, 99, 127*				
Blockkranz	36, 71, 73, 79, 130; *Abb. 92, 108, 248*			Blockkranz	200
Blockschwelle	*Abb. 107*			Blockschwelle	201
Blockstock	76				
Blockzange	74 f.; *Abb. 103–106*			Blockzange	205
Bock → Sprengbund					
Boden	21				
Bodenbohle	74; *Abb. 96, 99, 107, 110*			Bohle	402
Bogenbund	101; *Abb. 167*				
Bogenschloss	*Abb. 67*				
Bogensparren	94, 111 f.; *Abb. 150, 190*				
Bogensparrendach	111; *Abb. 190*				
Bogenträger	101; *Abb. 167*				
Bogenwerk	101; *Abb. 167, 173*				
Bohle	18 f., 31, 36; *Abb. 32, 150*	Bohle	11	Bohle	402
Bohlenbau → Bohlenblockbau				Bohlenbau	146
Bohlendecke/Bohlenboden	92; *Abb. 166*				
Bohlenblockbau	71; *Abb. 94*			Bohlenblock	146
Bohlenfüllung	*Abb. 165a*				
Bohlenlamellendach → Bogensparrendach		Bohlenlamellendach	11		
Bohlenständerwand → Bohlenfüllung					
Bohrer	22, 26 f.; *Abb. 21*			Bohrer	
Bolzen	61 f., 64; *Abb. 75, 105, 106, 171*				
bombiertes Dach → Tonnendach					
Borke	13, 20; *Abb. 1, 2*				
Borte	23				

Register	Seite	Binding 1990	S.	Glossar 2012	S.
Breitbeil	24, 29; *Abb. 16, 17, 33*			Breitbeil	425
Brett	18 ff., 23, 31; *Abb. 32, 150*	Brett	13	Brett	402
Brettfüllung	*Abb. 165b*			Bretterbalkenfüllung	242
Brettsäge = Schottsäge					
Brettschichtbogen/Bohlen-schichtbogen	111 f., 123; *Abb. 190, 228*				
Brettschindel	79, 96, 104; *Abb. 150*				
Bruchleiste	*Abb. 7*				
Bruchsteinausmauerung	*Abb. 165a*			Bruchstein	227
Bruchstufe	*Abb. 7*				
Brust	38 f., 41; *Abb. 46, 51*				
Brustriegel → Riegel				Brustriegel	177
Brüstungsblockkranz	75; *Abb. 108*				
Brüstungsriegel	95; *Abb. 150, 155, 164*			Brüstungsriegel	177
Brüstungsstrebe	*Abb. 164*				
Bug	94, 120, 130; *Abb. 150, 164, 224, 231*	Büge	13	Bug	191
Bund	32; *Abb. 36*				
Bundachse	32	Bundwand	13	Bundwand	160
Bundachsenschnittpunkt	32				
Bundaxt = Schrotaxt				Bundaxt	432
Bunddachbalken	92; *Abb. 150, 196, 206, 208*				
Bunddeckenbalken	92; *Abb. 150, 208*			Bundtram	209
Bundkehlbalken	93; *Abb. 150, 159, 196, 204*				
Bundschwelle	89; *Abb. 150*				
Bundseite/Abbundseite	32, 38; *Abb. 37, 38*	Bundseite	13	Bundseite	160
Bundseitenebene	32				
Bundspanten	123; *Abb. 229*				
Bundständer	32 f., 66, 81, 85, 89 f., 126, 128; *Abb. 150, 155, 233*	Bundständer	13	Bundständer	169
Bundstrebe	*Abb. 150*				
Bundwerk	130; *Abb. 243*	Bundwerk	13	Bundwerk	196, 241
D					
Dachbalken	90; *Abb. 40, 150, 155, 204*	Dachbalken	13	Dachbalken	210, 296
Dachbrett	96; *Abb. 150, 182,*				

Register	**Seite**	**Binding 1990**	**S.**	**Glossar 2012**	**S.**
Dachfirstständer	90; *Abb. 137, 138, 150, 159*	Dachfirstständer	19	Dachfirstständer	275, 292
Dachfirstturm/Dachreiter	107; *Abb. 179*				
Dachflächenturm	107; *Abb. 179*				
Dachfußbalken	90, 92, 111; *Abb. 150, 192*				
Dachfußschwelle	90; *Abb. 150, 192*			Dachfußbalken	270
Dachfußwand	120; *Abb. 164*				
Dachgerüst	81, 87, 104, 107 ff.; *Abb. 131, 180, 181*	Dachstuhl	15	Dachstuhl Dachtragwerk	287, 258
Dachgeschoss	81; *Abb. 132*			Dachgeschoss	104
Dachhaut	67, 79, 87, 104, 107 ff., 117 ff.; *Abb. 181*	Dachhaut	13	Dachhaut	300
Dachhautträger	*Abb. 181*				
Dachkehle	104; *Abb. 174*			Dachkehle	125
Dachlatte	*Abb. 32, 150*	Dachlatte	15	Dachlatte	300
Dachreiter = Dachfirstturm					
Dachspitzständer	90; *Abb. 150*			Dachständer	275
Dachspitzturm	107; *Abb. 179*				
Dachstock	*Abb. 132, 144*				
Dachstockrähm	91; *Abb. 150, 155*				
Dachstockschwelle	89; *Abb. 150, 155*	Dachschwelle	15		
Dachüberstand	118; *Abb. 214–217*			Dachüberstand	124
Dachüberstandsbug	*Abb. 217*				
Dachüberstandsrähm	*Abb. 217*				
Dachunterfirstständer	90; *Abb. 150*	Unterfirstständer	19		
Dachunterspitzständer	90; *Abb. 150*				
Dechsel	24; *Abb. 17*			Dechsel	425
Decke	89			Decke	253
Deckenbalken	32 f., 65, 67, 85, 87, 89, 92; *Abb. 150, 154, 192, 208*			Deckenbalken	213
Deckenblockkranz	75 f.				
Deckenfeld	89				
Deckleiste	*Abb. 166*				
Diagonalbund	32; *Abb. 39*				
Diagonalstichbalken → Eckstichbalken				Diagonalstichbalken	219
Diele	19, 31			Diele	63, 83, 252, 402
Distanzholz	71; *Abb. 91*				
Distanzriegel	88, 93; *Abb. 203*				

Register	Seite	Binding 1990	S.	Glossar 2012	S.
Dollen	62, 71, 73, 76; *Abb. 73, 90, 95, 114, 115*	Dollen	15	Dollen	371
Doppelgabelstütze	79; *Abb. 128, 129*				
Doppelnut	*Abb. 165a*				
Doppelzapfen	*Abb. 59a, 62d*				
Drift = Trift					
Drittelwalm	105; *Abb. 177*			Drittelwalm	126
Druckband/-strebe/-blattstrebe	90, 101; *Abb. 142, 150, 172, 182, 198, 199, 201, 208, 209*				
Druckfestigkeit	16, 65				
Druckholz	92, 101, 113; *Abb. 150, 171, 182, 200, 202*				
Druckholzzelle	*Abb. 3*				
Druckkraft	16, 24, 39 f., 55, 66 ff., 101; *Abb. 202*				
Druckriegel	92 f., 113; *Abb. 150, 200, 202, 204, 206*			Spannriegel	293, 296
Dübel → Dollen		Dübel	15	Dübel	372
Durchmauerung	*Abb. 165a*				
Durchsteckung	*Abb. 61a, b*			Durchsteckung	315
Durchsteckzapfung	*Abb. 61b, 62a, 63, 73*			durchgezapfter Ankerbalken Durchzapfung	344
E					
Eckaufblattung	*Abb. 62a*			Eckanblattung	329
Eckblattung	*Abb. 65a*			Eckblatt	329
Ecknase	*Abb. 246*				
Ecksäule	*Abb. 244*				
Eckschale	*Abb. 62a*				
Ecksporn	*Abb. 246*				
Eckständer	89 f., 130; *Abb. 150, 155, 233*			Eckständer	169
Eckstichbalken	92; *Abb. 40, 150, 155*			Eckstichbalken	219
Eckverbindung	41, 53, 76; *Abb. 65, 66, 113, 114*			Eckverband	361
Eckverkämmung	*Abb. 113*			Eckverband mit Verkämmung	364
Eckverschränkung	*Abb. 113*			Eckverschränkung	361
Eckvorstoß	*Abb. 92*				

Register	Seite	Binding 1990	S.	Glossar 2012	S.
Einblattung	38 f.; *Abb. 51, 62a*			Anblattung	327, 328, 337
Einfeldträger	69; *Abb. 84, 85*				
Einhälsung	*Abb. 45, 62b, 64, 115*			Einhälsung	17
Einklinkung	38 f.; *Abb. 59b*				
Einsatzzapfen	57, 62; *Abb. 73, 74*				
Einschubbohle	*Abb. 166*				
Einschubbrett	*Abb. 166*				
Einschubdecke	*Abb. 166*			Einschubdecke	255
Einzelvorstoß	*Abb. 110, 116, 118*			Vorstoß	362
Eisenband	*Abb. 75*				
Eisennagel	*Abb. 75*				
Embolie	16				
Erdgeschoss	81; *Abb. 121, 132*	Erdgeschoss	17	Erdgeschoss	102
Erdries	20				
Erdstock → Basisstock					
Erker	126, 130; *Abb. 232*			Erker	118
Eselsrücken	*Abb. 241, 245, 252*			Eselsrückenbogen	224
Eulenloch → Firstfach				Eulenloch	128
F					
Fächerstichbalkenlage	33; *Abb. 40*				
Fachwerk	87, 126	Fachwerk	17	Fachwerk	144
Fällkeil	20				
Fallkerbe	20; *Abb. 7*				
Fällkerbe	*Abb. 7*				
Fällschnitt	20; *Abb. 7*				
Falschkern	17				
Falz	27, 130 ff.; *Abb. 244, 246*	Falz	17	Falz	235
Falzhobel	*Abb. 23*				
Farbkernbildung	17				
Farbkernholz	17				
Fase	130, 132; *Abb. 244, 246*	Fase	17	Fase	224
Fasengehrung	*Abb. 61a*				
Faser	16, 18, 20, 24, 26 f., 41, 65 f., 76; *Abb. 78*				
Faszie	132; *Abb. 244*				
Fehlboden	*Abb. 166*			Fehlboden	256
Feld	33 f., 87, 89; *Abb. 39, 151, 233*				

Register	Seite	Binding 1990	S.	Glossar 2012	S.
Feldband/-stebe/-blattstrebe	95; *Abb. 150, 155, 164*				
Feldriegel	95; *Abb. 150, 155*				
Feldständer → Zwischenständer				Felderständer	169
Fensterband	*Abb. 237*				
Fenstererker	*Abb. 232, 237*	Fenstererker	17	Fenstererker	118
Fensterständer	95; *Abb. 150, 164*				
Fensterstiel	95; *Abb. 92, 100, 150, 164*			Fensterstiel	204
Fersenversatz	40; *Abb. 56, 69*			Fersenversatz	357
First	32, 81, 83, 104 f., 110; *Abb. 174*			First	17
Firstbaum → Firstpfette				Firstbaum	17
Firstfach	106; *Abb. 177*				
Firstgerüst	81, 83 ff., 89 ff., 113; *Abb. 134–142*				
Firstnagelung	*Abb. 185*				
Firstpfette	*Abb. 183*	Firstpfette	17	Firstpfette	284
Firsträhm	83; *Abb. 134, 141, 150, 208*				
Firsträhmriegel	90 f.; *Abb. 150, 209*				
Firstsäule → Dachfirstständer		Firstständer	19	Firstständer	172, 275
Firstsprengstrebe	90; *Abb. 150*				
Firststrebenlängsbund	*Abb. 140, 205*				
Firststrebenquerbund	*Abb. 140, 205*				
Firststuhlstrebe	*Abb. 150, 205*				
Firstunterzug	*92, Abb. 150, 184*				
Firstverblattung	*Abb. 72*				
Firstverzapfung	*Abb. 72*			Scherzapfen	349, 350
Firstzierständer	90; *Abb. 150*				
Flachbogen	*Abb. 252*			Flachbogen	223
Flachrelief	*Abb. 239*				
Flanke	*Abb. 46, 63*				
Flächenlast	*Abb. 83*				
Flechtwand → Flechtwerk				Flechtwand	243
Flechtwerk	13, 87, 96; *Abb. 150, 165a*			Flechtwand	243
Fleckling → Kantholz					
Fledermausgaube	107; *Abb. 179*			Fledermausgaube	129
Floß	21 ff.; *Abb. 10*				
Floßauge = Wiedloch				Floßloch Floßbohrung	407

Register	Seite	Binding 1990	S.	Glossar 2012	S.
Floßzug	21				
Flößerzeichen	23; *Abb. 15*				
Flugrähm → Freirähm					
Flugdach → Vordach					
Fluggespärre → Freigespärre		Freigespärre	19	Flugsparren	268
Freigespärre	118; *Abb. 214*	Freigespärre	19	Freigespärre	268
Freirofen	118; *Abb. 214*				
freistehender Ständer/Stütze	90; *Abb. 150*			freistehender Ständer	176
Frühholz	13, 16				
Fuchsschwanz	26; *Abb. 18, 33*			Fuchsschwanz	429
Fugennagel	38, 62, 129; *Abb. 63, 74*				
Füllholz	96, 122; *Abb. 69, 150*	Füllholz	19	Füllbrett	233
Fußband/-strebe/-blattstrebe	94, 101; *Abb. 150, 155, 164, 234, 240*			Fußband	184, 271
Fußpfette	*Abb. 183*			Fußpfette	203, 274 283
Fußwinkelholz	95; *Abb. 150*			Fußwinkelholz	184
G					
Gabelaufblattung	93; *Abb. 61a, 62a, 154*			Gabelständer	173
Gabeleinblattung	*Abb. 62a*			Gabelständer	173
Gabelzapfung	*Abb. 61a*			Gabelständer	173
Gattersäge	26; *Abb. 18*			Gattersäge	429
Gabelschloss	*Abb. 61a*				
Gaube	107, 126; *Abb. 179*			Gaube	129
Gebälk = Balkenlage					
Gefach/Gefachfeld	13, 69, 87, 89, 126; *Abb. 151, 233, 234*	Gefach	19	Gefach	231
Gefachholz	95; *Abb. 150*	Gefach	19	Gefach	231
Gefachstiel	*Abb. 165a*	Gefach	19	Gefach	231
Gefachstrebe	*Abb. 239–241*	Gefach	19	Gefach	231
Gefüge	38, 41, 55, 87 f., 125; *Abb. 150, 155*			Gefüge	141
Gefügeknoten	37				
Gegenholz	37 ff., 120; *Abb. 46, 48*			gegenläufige Streben	188
Gehrung	130; *Abb. 59a, 61a, 65a, 72, 250*			Gehrungsmaß	416
Gehrungsblatt	*Abb. 61a*			Gehrungsstoß	314
Gerberstoß	*Abb. 67*				

Register	Seite	Binding 1990	S.	Glossar 2012	S.
Gerüst/Holzgerüst	32 f., 41, 68 f., 81 ff., 87, 122; *Abb. 150*	Gerüst	21	Gerüst Gerüstbau	141, 442, 147
Gerüstelement	65, 68 ff., 87 ff., 94, 112 f., 122 f., 126; *Abb. 150*				
Geschoss	81, 85, 89; *Abb. 132*			Geschossbalken	215
Geschossbalkenlage	81, 85			Geschossbalken	215
Geschossdeckenbalken	92; *Abb. 141, 150*			Geschossbalken	215
Geschossdeckenriegel	85, 92; *Abb. 143, 150*			Geschossriegel	179
Geschosslangriegel	85, 92; *Abb. 150*			Geschossriegel	179
Geschossquerriegel	85; *Abb. 140*			Geschossriegel	179
Geschossriegel	34, 85, 92 ff.; *Abb. 150, 159*			Geschossriegel	179
Geschossriegelkette	*Abb. 141*			Geschossriegel	179
Geschosswand	89; *Abb. 151*				
Geschosswandfeld	89; *Abb. 151*				
Geschosswandzone	89; *Abb. 151*				
Gespärre = Sparrenpaar				Gespärre	265
Gestör	22 f.; *Abb. 10*				
Giebel	74, 105 f.; *Abb. 174*			Giebel	127
Giebelfußwalm	106; *Abb. 177*				
giebelständig	104; *Abb. 175*			giebelorientiertes Gebäude	107
Giebelstocksparren	*Abb. 94, 150*	Geschossbau	21		
Giebelwand	*Abb.* 143, 174			Giebelwand	116
Gittermuster	130; *Abb. 242*			Gitterfachwerk	194
Glaserschloss	*Abb. 67*				
Glockendach	106; *Abb. 178, 213*				
Grabendach	105; *Abb. 176*			Grabendach	120
Grat	104; *Abb. 174*				
Gratbogensparren	*Abb. 190*				
Gratbund	113				
Gratfaltendach	106; *Abb. 178*				
Gratleiste	*Abb. 73*				
Gratrofen	94; *Abb. 150, 174*				
Gratschifterrofen	57, 94; *Abb. 150, 174*			Gratschifter	269
Gratschiftersparren	57, 94; *Abb. 150, 174*			Gratschifter	269
Gratspanten	123				
Gratsparren	94; *Abb. 150, 174*			Gratsparren	268
Gratstichbalken	93; *Abb. 150*	Gratstichbalken	9	Gratstichbalken	219
Gratzapfen	*Abb. 122*				
Grundrissfeld	33; *Abb. 39*			Grundriss	105
Grundschwelle	90; *Abb. 150, 155*			Grundschwelle	162, 201

Register	Seite	Binding 1990	S.	Glossar 2012	S.
Gwätt/Gwättkopf → Vorstoß				Gwettköpfe	362
H					
Hahnenbalken → Kehlbalken		Hahnenbalken	21	Hahnenbalken	273
Hakenanblattung	*Abb. 59a,b*			Hakenblatt	335
Hakenblatt	*Abb. 70, 121*			Hakenblatt	335
Hakenblattstoß	*Abb. 67*				
Hakeneckblattung	*Abb. 65a, 250*			Hakeneckblatt	337
Hakeneckkämmung	*Abb. 65b*			Hakeneckkamm	325
Hakensplint	62; *Abb. 74*				
Halbholz/Hälbling	30, 71, 75; *Abb. 32*			Halbholz Hälbling	401, 400
Hälblingsblockbau	71; *Abb. 88, 114*				
Halbwalm	*Abb. 177*			Halbwalm	126
Halsriegel → Riegel				Halsriegel	179
Handelsmarke	23; *Abb. 14*				
Hängebund	101, 116 f.; *Abb. 142, 167, 170–172, 194 f., 202–204*			Hängesprengwerk	298
Hängegerüst	101; *Abb. 168*			Hängewerk	297
Hängeholz	92, 101 f., 112, 116; *Abb. 150, 171–173, 182, 193, 202, 203, 208, 209*			Hängeständer	171
Hängenagel	62; *Abb. 74, 185*				
Hängesäule → Hängeholz				Hängesprengwerk	298
Hängeträger	101, 116; *Abb. 167, 193, 197, 202*			Hängesprengwerk	298
Hängewerk	101, 116; *Abb. 167, 171, 173, 201*	Hängesprengwerk	21	Hängesprengwerk	298
Haubenbohle	*Abb. 162*				
Herzbohle, -brett = Kernbohle, -brett					
Hinterhaus	79; *Abb. 126*			Hinterhaus	53
Hobel	24, 27, 29; *Abb. 22, 23*			Hobel	430
Hochfirstständer	83, 90; *Abb. 134, 135, 141, 150*				
Hochfirstständergerüst	83; *Abb. 131, 134, 135*				
Hochspitzständer	83, 90; *Abb. 136, 150*	Hochsäule	23	Hochsäule	275
Hochspitzständergerüst	83, 90, 93; *Abb. 131, 136*				

Register	Seite	Binding 1990	S.	Glossar 2012	S.
Hochständer	83; *Abb. 137, 138, 140, 141, 150*	Hochsäule	23	Hochsäule	275
Hochständergerüst	83; *Abb. 131, 137, 138, 140, 141*				
Hochstock	81; *Abb. 132*				
Hochstrebe	85, 90; *Abb. 142, 150*				
Hochstrebengerüst	85; *Abb. 131, 142*				
Hochstudgerüst → Hochfirstständergerüst				Hochstudbau	158
Hochstud → Hochfirstständer				Hochstudbau	158
Hochunterfirstständer	83, 90; *Abb. 139, 150*	Hochsäule	23	Hochsäule	275
Hochunterfirstständergerüst	83; *Abb. 139*	Hochsäule	23	Hochsäule	275
Hohleisen	29, 34; *Abb. 27*			Hohleisen	436
Hohlkehle	73, 130, 132; *Abb. 96, 244*				
Hohlziegelausmauerung	*Abb. 165a*				
Holzausgleichsfeuchtigkeit	17, 76				
Holzbolzen	62, 75; *Abb. 74, 105, 106, 171*				
Holzgerüstbau	34, 65, 81 ff., 87, 125; *Abb. 44, 131, 150*			Holzgerüstbau	131
Holzgewölbe	122 ff.; *Abb. 226*				
Holz-Tonnengewölbe	122				
Holzkeilpickung	*Abb. 165a*				
Holzkuppel	122				
Holznagel	23, 38 f., 61 f., 66 f., 130, 132; *Abb. 13, 46, 74, 251*	Holznagel	23	Holznagel	371, 372
Holznagelloch/Nagelloch	22, 32, 34; *Abb. 16, 46*				
Holzrippe	123				
Holzrippengwölbe	*Abb. 225*				
Holzschwert	62; *Abb. 74*			Holzbau	46
Holzstrahl	*Abb. 1a*				
I, J					
Jagdzapfen	*Abb. 69*	Jagdzapfen	23	Jagdzapfen	348
Jahrring	13, 18 f.			Jahrring	396
Joch → Querzone				Joch	149, 150
Jochstrebe → Kopfstrebe					
K					
Kaiserstiel → Dachspitzständer		Kaiserstiel	23	Kaiserstiel	276

Register	Seite	Binding 1990	S.	Glossar 2012	S.
Kambium	13; *Abb. 2*				
Kamm/Kammsteg	40; *Abb. 54*	Kamm	23	Kamm mit Haken	319
Kammsitz	40; *Abb. 54*				
Kantholz	18, 22, 31, 71, 75 f., 88; *Abb. 150, 165b*	Kantholz	23	Kantholz	200, 402
Kantholzblockbau	30, 71 f.; *Abb. 87, 89, 90, 92, 95, 96, 115, 116*			Kantholzblockbau	197
Kappenvordach	120; *Abb. 221*				
Karnies	27, 130, 132; *Abb. 244, 246*				
Kassettendecke	*Abb. 166*				
Katzenbaum → Unterfirstriegel				Katzenbalken	285
Kegeldach	*Abb. 178*			Kegeldach	120
Kegelwand → Stummelwand bzw. Blockkonsole				Kegelwand	206
Kehlbalken	62, 90, 93 ff., 111 f.; *Abb. 150 189, 193, 194*	Kehlbalken	25	Kehlbalken	272
Kehlfaltendach	106; *Abb. 178*				
Kehlfries	*Abb. 245*				
Kehlgebälkriegel	93; *Abb. 150, 159*				
Kehlriegel	93 ff.; *Abb. 150, 154, 155, 203*			Kehlriegel	272, 293
Kehlrofen	94; *Abb. 150, 174*				
Kehlschifter	57				
Kehlschifterrofen	94; *Abb. 150, 174*				
Kehlschiftersparren	94; *Abb. 150, 174*				
Kehlspanten	123			Kehlsparren	268
Kehlsparren	94; *Abb. 150, 174*			Keil	372, 437
Keil	30 f., 61, 64				
Keilbohle → Schließbohle				Keilbohle	253
Keilbolzen	64				
Keilladen = Schließbohle				Keilladen	253
Keilnut	*Abb. 165a*			Keilnut	234
Keilschloss	*Abb. 67*				
Keilsplint	*Abb. 75*				
Keilspundung	*Abb. 165a*			Keilspundung	235
Ketschhobel	27, 29; *Abb. 22*				
Kerbe	29, 73; *Abb. 30*				
Kerbenfolge	*Abb. 245*				
Kerve = Aufkervung					

Register	Seite	Binding 1990	S.	Glossar 2012	S.
Kernbohle, -brett/Herzbohle, -brett	18; *Abb. 6*				
Kernholz	17 f.; *Abb. 1*				
K-Figur	129; *Abb. 241*			K-Strebe	189
Kielbogen	*Abb. 252*			Kielbogen	224
Klammerholz	62; *Abb. 74*				
Klaue → Aufklauung		Klaue	25		
Klebdach	118, 121; *Abb. 223, 224*			Klebdach	122
Klebdachbug	*Abb. 223*				
Klebdachschwelle	*Abb. 223*				
Klebdachsparren	*Abb. 223*				
Klebdachstiel	*Abb. 223*				
Klemmbank	29; *Abb. 28*				
Knagge	94, 130; *Abb. 150, 162, 247*	Knagge	25	Knagge	191
Knauf	*Abb. 150*				
Knickdach	106; *Abb. 178*				
Kniegeschoss	81; *Abb. 132, 133*	Kniestock	25	Kniestockgeschoss	104
Kniestock	81; *Abb.* 132, 133			Kniestock	104, 128, 202
Knüpfel	*Abb. 33*				
Konsölchenfries	*Abb. 245*				
Kopfband/-strebe/-blattstrebe	94, 101, 112, 120; *Abb. 150, 196, 204, 206, 234–236*			Kopfband	184
Kopfriegel → Riegel				Kopfriegel	179
Kopfwinkelholz	95; Abb. *150, 164, 236, 240*			Kopfbandknagge	191
Kragträger	70; *Abb. 85*				
Kreuzaufsteckung	*Abb. 62a*				
Kreuzaxt	29; *Abb. 16, 27*			Kreuzaxt	424
Kreuzband/-strebe/-blattstrebe	95, 112; *Abb. 150*			Kreuzbänder	273
Kreuzdach	105; *Abb. 176*				
Kreuzeckkämmung	*Abb. 65b*				
Kreuzeinsatzzapfen	*Abb. 74*			Kreuzzapfen	324
Kreuzgiebeldach = Kreuzdach					
Kreuzkamm	*Abb. 63*			Kreuzkamm	323
Kreuzkopfwand → Stummelwand					
Krüppelwalm → Schopfwalm				Krüppelwalm	126
Kuppeldach	106, 117; *Abb. 178*				

Register	Seite	Binding 1990	S.	Glossar 2012	S.
L					
Lagerschwelle	89; *Abb.* 150				
Langband/-strebe/-blattstrebe	94, 112; *Abb. 81, 150, 159, 171*			lange Fußstrebe	181
Langriegel	95; *Abb. 150*			Längsriegel	294
Längsbalkenlage	32, 85	Längsbalkenlage	9	Längsbalkenlage	207
Längsbund	32 f., 35, 62, 89, 93, 112 f., 116; *Abb. 39, 171, 186, 195, 196, 201, 206–209*			Längsgebinde	149
Längsbundriegel	*Abb. 208*				
Längssäge	25; *Abb. 19*				
Längsverbindung/Stoß/Längsstoß	55, 73; *Abb. 67, 97*				
Längszone	33, 83, 85; *Abb. 39*				
Latte	31, 36, 95; *Abb. 165b*			Latte	300, 402
Laube	74, 79, 126, 130; *Abb. 127*			Laube	66
Laubenkonsole	74; *Abb. 92, 127*				
Laubenrähm	*Abb. 127*				
Laubenschwelle	*Abb. 127*				
Laubenständer	*Abb. 127*			Laubenständer	171
Leergespärre → Zwischengespärre		Leergespärre	25	Leergespärre	267
Lehmwickel	86; *Abb. 150, 165a*			Lehmwickel	239
Lehmwickeldecke	*Abb. 166*			Lehmwickelfüllung	237
Lehmwickelfüllung	*Abb. 165a*			Lehmwickelfüllung	237
Lehmziegelausmauerung	*Abb. 165a*			Lehmziegel	228
Lehrgespärre → Schablonenbund					
Leitungsbast	13; *Abb. 2*				
liegender Stuhl	116; *Abb. 167, 202, 206*			liegender Dachstuhl	290
Linienlast	69; *Abb. 83*				
Löffelbohrer	22, 26, 34; *Abb. 16, 21, 33*			Löffelbohrer	431
Lot	28				
Lukarne	107			Lukarne	129
M					
Malschrot	130; *Abb. 249*			Malschrot	370
Mannfigur	129	Mann	25		
Mantelständer/Schalenständer	74; *Abb. 99, 101*			Mantelstud	204
Mantelstiel	74 f.; *Abb. 100–102*			Mantelstud	204

Register	Seite	Binding 1990	S.	Glossar 2012	S.
Mantelstud → Mantelstiel				Mantelstud	204
Mansarddach	81, 117; *Abb. 210, 211*			Mansarddach	121
Mansardgiebeldach	*Abb. 158*			Mansarddach	121
Mansardpultdach	105; *Abb. 176*			Mansarddach	121
Mansardsatteldach	105; *Abb. 176*			Mansarddach	121
Mansardzeltdach	106; *Abb. 178*			Mansarddach	121
Mauerfeder → Schwellenkranz					
Mauerlatte → Mauerschwelle		Mauerlatte	25	Mauerlatte	164
Mauerschwelle	67, 89, 111, 120; *Abb. 107, 150*	Mauerschwelle	25	Mauerschwelle	164
Mäuseplatte	79; *Abb. 130*			Mäuseplatte	140
Mehrreihenständergerüst → Hochständergerüst				Hochständer	275
Mittelkamm	*Abb. 60b, 63*			Mittelkamm	321
N					
Nebenstichbalkenlage	*Abb. 40*				
Nut	27, 75 f., 130; *Abb. 244*	Nut	27	Nut	234
Nuthobel	27; *Abb. 23*				
O					
Obergeschoss	81; *Abb. 132*			Obergeschoss	103
Oberstock	87; *Abb. 132, 145, 147*				
offene Verblattung	38; *Abb. 50*				
Ort/Ortgang	120; *Abb. 174, 183*			Ort	124
Ortgangbrett	*Abb. 150*			Ortgang	124
P					
Parallelsatteldach	105; *Abb. 176*			Paralleldach	120
Parallelverbindung	41, 61; *Abb. 73*				
Pfahl	65, 90; *Abb. 150, 153*			Pfahl	164
Pfette	69, 74, 79, 87, 94, 109, 112; *Abb. 150*	Pfette	27	Pfette	282, 286, 294
Pfettendach	79, 94, 109, 112; *Abb. 180, 181, 183*	Pfettendach	27	Pfettendach	262, 264
Pfettenkonsole	74; *Abb. 92, 99*				
Pfosten	65, 90; *Abb. 150, 153*	Pfosten	27	Pfosten	147, 165
Profilhobel	27; *Abb. 23*				

Register	Seite	Binding 1990	S.	Glossar 2012	S.
Sattelholz	93; *Abb. 62a, 150, 154*	Sattelholz	29	Sattelholz	222
Sattelschwelle	93; *Abb. 62a, 150*				
Saumschwelle → Stockschwelle				Saumschwelle	162
Schablone/Schablonenbund	34			Schablone	419
Schale → Gabelaufblattung		Schale	29		
Schäleisen	20				
Schalenständer = Mantelständer				Mantelstud	204
Scheibe	68; *Abb. 82*				
Scheinzapfen → Einsatzzapfen					
Scherband/-strebe/-blattstrebe	95, 111 f.; *Abb. 142, 150, 192, 225*			Scherbänder	273
Schere	95	Schere	29	Schere	273
Scherzapfenstoß	*Abb. 67*				
Scherzapfung	*Abb. 65a, 72*	Scherzapfen	29	Scherzapfen	349, 350
Schifterblatt	57				
Schiftereinblattung	*Abb. 72*				
Schifterschnitt	57				
Schifterzapfen	57; *Abb. 72*				
Schiftung	57; *Abb. 68, 72*	Schifter	29	Schifter	269
Schindel	29, 96, 104; *Abb.* 150			Schindel	249
Schlagschnur	28 f.; *Abb. 16, 24, 25, 33*			Schlagschnur	418
Schleifzapfung	*Abb. 59a, 61a, 62a*	Schleifzapfen	29	Schleifzapfen	348
Schleppdach	118, 120; *Abb. 222*			Schleppdach	121
Schleppdachgaube	107; *Abb. 179*			Schleppgaube	129
Schlichthobel = Raubank					
Schließbohle/Keilladen	76; *Abb. 109, 111, 166*				
Schlossbohle/Zunge	75; *Abb. 104*				
Schlüsselzapfen → Einsatzzapfen					
Schneckenbohrer	26 f.; *Abb. 21*			Schneckenbohrer	432
Schopfwalm	106; *Abb. 177*			Schopfwalm	126, 127
Schottsäge/Brettsäge	25; *Abb. 18, 19*			Schottsäge	426
Schrägblattstoß	*Abb. 61b, 67*			Schräge Anblattung	335
Schrägstichbalkenlage	33				
Schrägverbindung	41, 57; *Abb. 69–72*			Schräge Holzverbindungen	340, 345, 348
Schraubbolzen	*Abb. 75*				
Schropphobel/Schrupphobel	27; *Abb. 22*				

Register	Seite	Binding 1990	S.	Glossar 2012	S.
Schrotaxt/Bundaxt	20, 24 f., 29; *Abb. 16, 17, 30, 33*				
Schroten	20				
Schrotsäge/Quersäge	20, 24 f.; *Abb. 16, 18, 33*			Schrotsäge	428
Schrupphobel = Schropphobel					
Schub → Schließbohle					
Schubverteilungsband/-strebe/-blattstrebe	95, 112; *Abb. 150, 194*			Schubverteiler	276
Schüsselung	18; *Abb. 6*				
schwäbischer Mann → K-Figur					
Schwalbenschwanz	39, 62; *Abb. 59a*	Schwalbenschwanz	31		
Schwalbenschwanzeinlage	62; *Abb. 67, 73, 74*				
Schwalbenschwanzleiste	*Abb. 73*				
Schwalbenschwanznutung	*Abb. 122*				
Schwalbenschwanzquernutung	*Abb. 61a*				
Schwalbenschwanzüberkämmung	*Abb. 63*			Schwalbenschwanzkamm	322
Schwalbenschwanzzapfen	*Abb. 67*				
Schwebegespärre → Freigespärre		Schwebegiebel	31	Schwebegespärre	268
Schwelle	33, 66 f., 69, 89 f., 94 f., 111, 113, 126, 130; *Abb. 150, 240*	Schwelle	31	Schwelle	161, 162, 201, 203
Schwellenblockkranz	75, 79, 130; *Abb. 92, 93, 108*				
Schwellenkranz	75, 90; *Abb. 150, 155*			Schwellenkranz	161
Schwellenschloss	53, 75; *Abb. 97, 108*			Schwellenschloss	354
Schwellriegel	95; *Abb. 150, 155*			Schwellriegel	163
Schwertkeil	*Abb. 103, 104*				
Schwertriegel → Langriegel					
Schwertung → Langband/-strebe/-blattstrebe		Schwertung	31	Schwertung	178, 183
Schwertzapfung	*Abb. 61b*				
Schwinden	18, 20, 66, 76			Schwinden	396
Schwundriss	*Abb. 5*			Schwundriss	397
Segmentbogen	*Abb. 252*				
Seitenbund	32, 90 f.; *Abb. 39*				
Seitenkamm	*Abb. 60b, 63*			Seitenkamm	320
Seitensteg	*Abb. 65b*				
Senkblei	28 f.			Senkblei	417
Setzwaage	28; *Abb. 26*			Setzwaage	419
Sitz = Sasse					

Register	Seite	Binding 1990	S.	Glossar 2012	S.
Sohlbalken → Unterzug					
Sommerfällung	20				
Spannriegel → Druckband, Druckriegel		Spannriegel	31	Spannriegel	293, 296
Spanten	111 f., 123				
Sparren	34, 36, 65, 69, 79, 81, 83, 87, 89 ff., 94 f., 109 ff., 117 ff.; *Abb. 150, 160,188, 189, 197, 198, 210*	Sparren	31	Sparren	266, 279
Sparrendach	33, 67, 83, 90, 92, 110 ff., 116; *Abb. 131, 180, 181, 188–194, 196, 202, 206, 209*	Sparrendach	31	Sparrendach	258
Sparrenfußband/-strebe/-blattstrebe	95, 112; *Abb. 150, 187, 192, 193*			Sparrenstrebe	272, 278
Sparrenknecht → Fußwinkelholz		Sparrenknecht	31	Sparrenknecht	271
Sparrenpaar/Gespärre	36, 83, 87, 90 ff., 94, 110 f.; *Abb. 172, 181, 188, 189, 191–194, 196, 202, 206, 209*				
Sparrenschwelle	89 f., 111; *Abb. 150, 188, 189*	Sparrenschwelle	33	Sparrenschwelle	274
Sparrenstützband/-strebe/-blattstrebe	95, 112; *Abb. 150, 189, 191, 200*			Sparrenstrebe	272 278
Sparrenunterzug	83, 90, 92, 112; *Abb. 150*				
Sparrenwerk	110			Sparrendach	258
Spätholz	13, 16				
Sperrrafen → Langband/-strebe/-blattstrebe					
Spiraldach	106; *Abb. 178*				
Spitzboden	81; *Abb. 132, 202*				
Spitzbogen	*Abb. 252*			Spitzbogen	223
Spitzsäule → Spitzständer		Spitzsäule	33	Spitzständer	275, 292
Spitzständer	90	Spitzsäule	33	Spitzständer	275, 292
Spitztonnendach	105				
Spitztonnengewölbe	122; *Abb. 229*				
Spitzzapfung	*Abb. 61b*				
Splint	64; *Abb. 75, 105, 106*			Splint	372
Splintholz	17, 20; *Abb. 1a, b*			Splint	372
Sprengband/-strebe/-blattstrebe → Druckband/-strebe/-blattstrebe					

Register	Seite	Binding 1990	S.	Glossar 2012	S.
Sprengbund	62, 64, 66 f., 70, 90, 101; *Abb. 167, 171, 172, 200*			liegender Stuhl	290
Sprengstrebe	90, 93, 113; *Abb. 150, 171, 200, 202*			Sprengwerk liegender Stuhl	299, 290
Sprengstrebenlängsbund = liegender Stuhl				liegender Stuhl Sprengwerk	290, 299
Sprengträger	101; *Abb. 167, 169*			liegender Stuhl Sprengwerk	290, 299
Sprengwerk	90, 101; *Abb. 167, 171*	Sprengwerk	33	Sprengwerk	
Spundwand → Bohlenfüllung		Spundung	33	Spundung	299
Stabbau → Holzgerüstbau		Stabbau	33	Stabbau	235
Staken	13, 96; *Abb. 150, 165a*	Staken	33	Stake	145
Stakendecke	*Abb. 166*			Stakendecke	273
Stakenfüllung	*Abb. 165a*			Staken-Lehmfüllung	236
Stakungsloch	*Abb. 165a*			Stakung	236
Stamm	13, 16 ff., 20 ff., 24, 26, 28 ff., 31, 36, 71; *Abb. 2, 3, 6, 29, 31*				
Ständer	28, 41, 65, 68 f., 75 f., 87, 90 ff., 113, 126, 129; *Abb. 77, 82, 101, 150, 154, 202, 236, 241*	Ständer	35	Ständer	168, 204
Ständerbau → Holzgerüstbau		Ständerbau	35	Geschossbau	157
Standrofen	94, 109; *Abb. 150, 185, 208*				
Stecheisen/Stemmeisen	29, 34; *Abb. 27, 33*			Stecheisen	435
Stechwerkzeug	29; *Abb. 27*				
Stecken	96; *Abb. 165a*				
Steg	*Abb. 46, 62b*				
stehender Stuhl	113; *Abb. 139, 196, 208*			stehender Dachstuhl	288
Steigband/-strebe/-blattstrebe	94; *Abb. 150, 196, 208*	Steigband	35	Steigband	183, 296
Steigbaum/Steighilfe	36			Steigbaum	382
Stemmeisen = Stecheisen				Stemmeisen	435
Stichbalken	33, 86, 91 f., 111; *Abb. 150, 155, 157*	Stichbalken	9 35	Stichbalken	219, 270
Stichbogen	*Abb. 252*				
Stichkehlbalken	*Abb. 209*				
Stiel	19, 74 f., 89; *Abb. 101, 164*	Stiel	35	Stiel	174
Stirn	40; *Abb. 46*				

Register	Seite	Binding 1990	S.	Glossar 2012	S.
Stirnholz	40, 130			Stirnholz	403
Stirnbrett	*Abb. 150*				
Stirnversatz	40; *Abb. 56, 69*			Stirnversatz	356
Stirnzapfen	*Abb. 67*			Stirnversatz mit Zapfen	357
Stock	35, 81, 86 f., 89 ff.; *Abb. 43, 132*	Stockwerkbau	35	Stockwerk	101, 103, 157
Stockdeckenbalken	92; *Abb. 150, 155, 164*				
Stockdeckenbalkenlage	*81*				
Stockdifferenzierung	35; *Abb.* 43				
Stockende = Wurzelende					
Stockrähm	87; *Abb. 160*				
Stockschwelle	89; *Abb. 150, 164*			Stockwerkschwelle	162
Stocksparren	94; *Abb. 150, 155, 160*				
Stockwand	86, 89; *Abb. 143, 151*				
Stockwandfeld	89; *Abb. 151*				
Stockwandzone	89; *Abb. 151*				
Stoß	55, 73; *Abb. 61b, 67*	Stoß	35	Stoß	313, 314, 340
Stoßaxt	29; *Abb. 27*			Stoßaxt	423
Strebe	70, 91, 94, 129 f.	Strebe	37	Strebe	181, 182, 281
Strebebund	101; *Abb. 167*				
Strebengabelung	*Abb. 62b*				
Strebeträger	70, 101, 108; *Abb. 86, 167*				
Strebewerk	101; *Abb. 167*				
Streichbalken	89; *Abb. 150, 152*	Streichbalken	37	Streichbalken	216
Strickbau → Kantholzblockbau					
Stufenzapfen	*Abb. 62a, 63*				
Stuhlrähm	41, 91; *Abb. 141, 150, 155, , 196, 202, 206*			Stuhlrähm	294
Stuhlrähmriegel	91; *Abb.* 150			Stuhlriegel	296
Stuhlständer	89 ff.; *Abb. 150, 155, 196*	Stuhlsäule	37	Stuhlständer	292
Stuhlstrebe	41, 89 ff.; *Abb. 62b, 140, 150, 204, 206, 209*				
Stuhlstrebenfußband	*Abb. 209*				
Stuhlschwelle	89; *Abb. 150, 159*	Stuhlschwelle	37	Stuhlschwelle	293
Stütznagel	62; *Abb. 74, 185*				

Register	Seite	Binding 1990	S.	Glossar 2012	S.
Stummelbalken → Dachfußbalken					
Stummelwand	74; *Abb. 98*				
Sturzriegel	95; *Abb.150, 155, 164*			Sturzriegel	178
Symbolzeichen	34; *Abb. 41*				
T					
Tafel	21; *Abb. 9*				
Täferdecke	*Abb. 166*				
Taustab	*Abb. 244*				
Tiefrelief	129 f., 132				
Tonnendach	105; *Abb. 176*				
Tragbalken	69 f., 108, 123				
Traufbrett	*Abb. 150*				
Traufe	81, 94, 104 ff., 109, 118; *Abb. 174*	Traufe	37	Traufe	124
Traufgerüst	81, 85–87, 89, 92, 113, 126; *Abb. 131, 143–149, 164, 237*			Traufenhaus	108
Traufseitendifferenzierung	35 f.				
traufständig	75, 104; *Abb. 175*			trauforientiertes Gebäude	108
Traufwand	*Abb. 174*			Traufwand	117
Trift/Drift	23				
Türbogen	*Abb. 252*				
Türständer	19, 95; *Abb. 150*			Türständer	173, 204
Türstiel	19, 95; *Abb. 92, 100 102, 150*			Türstiel	204
U					
Überblattung	38, 53, 95; *Abb. 63, 71, 202*				
Überfangzapfen → Einhälsung					
Überkämmung	40, 53; *Abb. 54, 62b, 63*			Überkämmung	364
Überkreuzung	39; *Abb. 63*				
Überkreuzverbindung	40, 53; *Abb. 63, 66*				
Überzug	92,101; *Abb. 150*	Überzug	37	Überzug	217
Unterbaugerüst → Traufgerüst					
Unterfirstkehlbalken	83, 91, 93; *Abb. 139, 150*				
Unterfirstlangriegel	93; *Abb. 150*				
Unterfirsträhm	83, 90 f., 93, 110; *Abb. 139, 150*				

Register	Seite	Binding 1990	S.	Glossar 2012	S.
Vordachsparren	94; *Abb. 150*				
Vordachstiel	120; *Abb. 220*				
Vorderhaus	79			Vorderhaus	53
Vorholz	37, 53; *Abb. 46, 66*	Vorholz	39	Vorholz	358, 362
Vorkragung → Auskragung		Vorkragung	41	Vorkragung	190
Vorstoß	76; *Abb. 113–115, 117*			Vorstoß	362
W					
Wackenausmauerung	*Abb. 165a*				
Waldkante	30	Waldkante	41	Waldkante	395
Walm	57, 94 f., 105 f., 120; *Abb. 174, 177*			Walm	125
Walmansatz	90, 94, 106				
Walmbundsparren	94; *Abb. 150, 209*				
Walmende	106				
Walmkehlriegel	94; *Abb. 150, 160*				
Walmrofen	94; *Abb. 150, 160, 174*				
Walmsparren	94; *Abb. 150, 174*				
Walmspitzständer	90; *Abb. 150*				
Walmwand	*Abb. 174*				
Wand	69, 71, 89, 95 f., 111, 120, 126; *Abb. 170, 233–235*			Wand	114
Wandband/-strebe/-blattstrebe → Feldband/-strebe/-blattstrebe					
wandfeldsymmetrisch	*Abb. 233*				
Wandstiel	95; *Abb. 150, 155, 235*				
wandsymmetrisch	*Abb. 233*				
Wandzone	126; *Abb. 234*				
wandzonensymmetrisch	*Abb. 233*				
Wange	*Abb. 46, 61a*			Wangentreppe	383
Wechselbalken	92, 111; *Abb. 150, 157*	Wechselbalken	41	Wechselbalken	222
Wechselriegel	95; *Abb. 150*				
Weichschwanz → Schwalbenschwanz					
Weller → Lehmwickel					
Wiede	21 f.; *Abb. 8, 10–12*				
Wiedkeil	21; *Abb. 8, 10, 11*				
Wiedkeilloch	22; *Abb. 13*				

Register	Seite	Binding 1990	S.	Glossar 2012	S.
Zugband/-strebe/-blattstrebe	95, 120; *Abb. 150, 217, 218, 220*			Zugband	185
Zugfestigkeit	16, 65 f., 92, 111				
Zugholz/Zugbalken	66, 92, 109, 111, 113; *Abb. 150, 168, 171, 188, 189*			Zugbalken	300
Zugholzzelle	*Abb. 3*				
Zugkraft	16, 24, 38 f., 55, 62, 64 f., 92, 109				
Zugstab → Zugholz					
Zunge = Schlossbohle					
Zurichten	29, 31; *Abb. 36*				
Zurichtplatz = Abbundplatz					
Zusatzgerüst	101, 112 f., 116; *Abb. 167, 172, 202, 208*				
Zusatzzeichen	34 f.; *Abb. 43*				
Zweidrittelwalm	105; *Abb. 177*				
Zweimannsäge	20				
Zwerchdach	107				
Zwerchgiebel	107; *Abb. 179*			Zwerchgiebel	129
Zwerchgiebelgaube	107; *Abb. 179*				
Zwerchhaus	107, 126; *Abb. 179*			Zwerchhaus	129
Zwerchhausgaube	107; *Abb. 179*				
Zwiebeldach	106, 117; *Abb. 178, 182*				
Zwischenbrettschichtbogen/ Zwischenbohlenschichtbogen	123				
Zwischengespärre	113; *Abb. 196, 206*				
Zwischenhochständer	95; *Abb. 136, 150*				
Zwischenpfette	*Abb. 183*				
Zwischenspanten	123				
Zwischenständer	89, 94 f.; *Abb. 150, 155, 234, 239*			Zwischenständer	169
Zwischenstuhlstrebe	90; *Abb. 150, 156*				

Bildnachweis

1–5, 7, 9, 11, 13, 15, 17, 18, 20–23, 25, 26 rechts, 27, 28, 30–32, 37–39, 41–43, 46–92, 94–97, 99–105, 107–127, 130–137, 139–147, 149–157, 159, 160, 162–170, 172, 174–189, 191–222, 224–237, 239–252: Autor:innen
6: aus Phleps 1989, S. 35
8: Kantonale Denkmalpflege Basel-Stadt, Foto B. Thüring
10: aus Max Schefold, Alte Ansichten aus Württemberg, Stuttgart 1957, Bd. 2, Nr. 9243
12: aus Jägerschmid 1827, Tab. XXXI, Fig. 1 und 2
14: aus Jägerschmid 1800, Abb. 171
16: aus Amman/Sachs 1568
19 Mitte: aus Klein 1996, S. 81
19 unten: aus Weiß 1991, S. 93
24: Bildsammlung Albert Nyfeler
26 links: aus Georgius Agricola, De re metallica, Basel 1556, S. 136
26 links Mitte: aus Wilhelm 1668, Deckblatt (Ausschnitt)
26 rechts Mitte: aus D. W. H. Miles/Henry Russell: Plumb and Level Marks. In: Vernacular Architecture 26, 1995, S. 36, Abb. 6
29: aus Weiss 1991, S. 28
33: aus Rodler 1531, S. 69
34: Hermann Heidrich, Fränk. Freilandmuseum Bad Windsheim
35: aus Stauffer 1980, S. 6
36: aus Kühnel 1996, S. 63
40: Stadtbauamt Pfullendorf
44: Kilian Kreilinger, München
45: Ernst Brunner
93: aus Lindgren 1996, S. 296
98: Johannes Gfeller, Münchenbuchsee
106: Kantonale Denkmalpflege, Bern
128, 129: aus Helmut Keim, in: Hausbau im Alpenraum (2002), S. 272
138: aus Isabell Hermann, Bauernhäuser in der Schweiz 11, S. 253, Abb. 453a
148: Amt für Archäologie des Kt. Thurgau/www.archaeologie.tg.ch
158: aus Gschwend 1988, S. 140
161: Pius Räber
171: Foto: R. Szostek; Zeichnung: Autoren
173: aus Heinrich Freyherr von Pechmann: Beschreibung der in Baiern eingeführten Bogenhängwerksbrücken. In: Ders. (Hrsg.): Jahrbücher der Baukunde, Stuttgart und Tübingen 1825, Bd. 1, Taf. 4
190: Landesamt für Denkmalpflege im Regierungspräsidium Stuttgart, Foto: Dr. H. Hell, Reutlingen
223: aus Gschwend 1983, S. 92
238: Foto Giorgio Sommer, vor 1914 (FLM Ballenberg, SBF)

Druck und Bindung
Books on Demand GmbH
In de Tarpen 42, 22848 Norderstedt